Berichtigung

Im Beitrag G r e w e n, J., Entstehung von Verformungstexturen, ist auf Seite 98 die Abb. 15 durch das folgende obere Teilbild zu ergänzen:

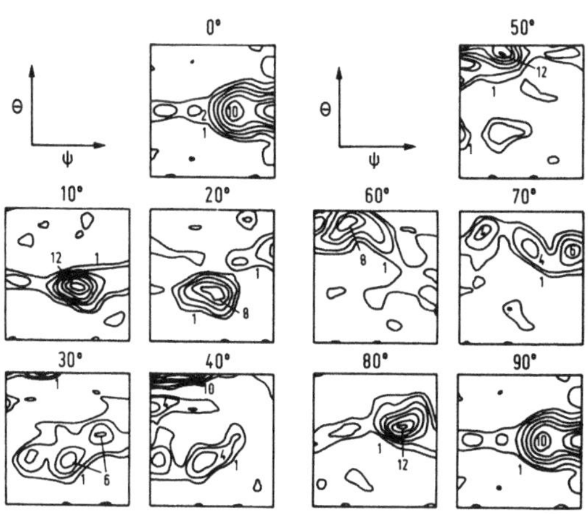

Theoretisch

Mechanische Anisotropie

Herausgegeben von H. P. Stüwe

Österreichische Akademie der Wissenschaften
Erich-Schmid-Institut für Festkörperphysik

Springer-Verlag
Wien New York

Mit 92 Abbildungen

Softcover reprint of the hardcover 1st edition 1974

Library of Congress Catalog Card Number 74-2708

ISBN-13:978-3-211-81226-6 e-ISBN-13:978-3-7091-8359-5
DOI: 10.1007/978-3-7091-8359-5

VORWORT

Das Problem der mechanischen Beanspruchung von Festkörpern wird aus wissenschaftlichem Interesse, aber auch auf Grund seiner eminent praktischen Bedeutung seit langem studiert. Die frühen theoretischen Arbeiten der Kontinuumsmechanik legten zunächst idealisierend isotropes Verhalten des Werkstückes zugrunde, seit längerem werden aber auch anisotrope Medien in den Kreis der Betrachtungen gezogen. In den zwanziger Jahren unseres Jahrhunderts entstand eine zweite Arbeitsrichtung, die sich mit diesen Fragen, ausgehend von kristallphysikalischen Grundlagen, beschäftigt. Die Möglichkeit der Züchtung großer Kristalle und die durch Röntgenstrahlbeugung gegebene Struktur- und Texturforschung standen an der Wiege der neuen Richtung, in der die Anisotropie des elastischen und plastischen Verhaltens im Mittelpunkt steht. Diese Arbeiten werden heute weltweit in großem Umfang betrieben, besonders auch unter Berücksichtigung der Bedeutung von Gitterfehlern.

Auf den internationalen Kongressen der Gesellschaft für angewandte Mathematik und Mechanik haben während einer Reihe von Jahren Vertreter beider Arbeitsrichtungen über ihre Ergebnisse berichtet. Leider flaute diese Zusammenarbeit immer mehr ab und etwa seit Ende des Zweiten Weltkrieges haben sich beide Gruppen weitgehend isoliert. Die so wichtige Kenntnis der Ergebnisse der sachlich verwandten Nachbargruppe ist leider auf beiden Seiten sehr zurückgegangen.

Bei dieser bedauerlichen Sachlage schien es des Versuches wert, durch eine Diskussionstagung, auf der Vertreter beider Arbeitsrichtungen zu Worte kommen, einen neuerlichen Brückenschlag zu bewerkstelligen. Erfreulicherweise fand dieser Plan Zustimmung auf beiden Seiten. Am 17. und 18. Mai 1973 veranstaltete das Leobner Erich-Schmid-Institut für Festkörperphysik der Österreichischen Akademie der Wissenschaften im Auftrag des Bundesministeriums für Wissenschaft und Forschung in Wien ein Kolloquium über "Elastische und Plastische Anisotropie", aus dem dieses Buch entstanden ist.

Insbesondere Hein Peter Stüwe, der Herausgeber, hat sich um das Zustandekommen des Kolloquiums, seine Organisation und die Drucklegung der Beiträge, zu denen einige neue hinzugekommen sind, sehr verdient gemacht. Aufrichtiger Dank sei auch allen Autoren für ihre Beiträge ausgesprochen. Dem Bundesministerium für Wissenschaft und Forschung und dem Verein zur Förderung der Metallforschung sind wir für finanzielle Unterstützung zu Dank verpflichtet. Dem Verlag sei für freundliches Entgegenkommen vielmals gedankt.

Möge das Buch bei den Fachkollegen ebenso freundlich aufgenommen werden wie die Vorträge und Diskussionen auf dem Wiener Kolloquium durch den kleinen Kreis geladener Gäste, und möge in Hinkunft die angebahnte Brücke zu immer dichterem Erfahrungsaustausch der beiden Gruppen dienen, zur Erweiterung unseres Wissens, zur Vermehrung unseres Könnens auf einem wichtigen Gebiet.

Erich Schmid

INHALTSVERZEICHNIS

Seite

EINLEITUNG: ANISOTROPIE UND IHRE STRUKTURELLEN URSACHEN

H. P. STÜWE, Leoben

1. Definition der Anisotropie

Man nennt einen Körper anisotrop, wenn seine Eigenschaften von der Richtung abhängen, in der sie gemessen werden. Die beiden Pfeile in Abb. 1 sollen ein solches Experiment bedeuten, der Kreis dazwischen eine kugelförmige Probe*. Anisotrop ist der Körper, wenn man das Meßergebnis durch eine Drehung der Kugel ändern kann. Kann man das nicht, so nennt man den Körper isotrop.

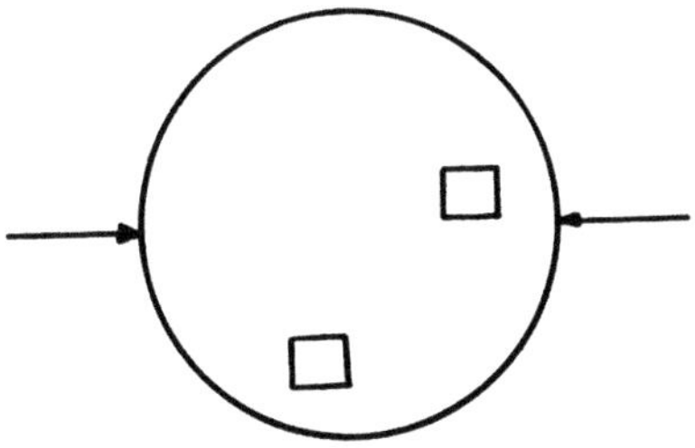

Abb. 1: Zur Definition von Isotropie und Homogenität

Zweckmäßig wählt man für die Probe meist eine andere Gestalt. Es genügt jedoch für unsere Definition, wenn man sich den Probekörper aus einer Kugel herausgearbeitet denken kann. An

*Beispielsweise könnten die beiden Pfeile Kontakte sein, mit denen ein bestimmtes elektrisches Feld an die Probe gelegt wird. Man mißt den Strom und bestimmt daraus die Leitfähigkeit.

die Stelle einer Drehung der Kugel tritt dann der Vergleich mehrerer Proben gleicher Gestalt, die dem Material in verschiedenen Orientierungen entnommen wurden. Dagegen sollen keine Effekte betrachtet werden, die bei der Drehung nicht kugelförmiger Proben beobachtet werden, wie etwa bei der Magnetisierung eines Ellipsoids (Formfaktor). Diese "Gestalt-Anisotropie" soll aus der obigen Definition ausgeschlossen bleiben.

Nur selten ändern sich die Eigenschaften ganz regellos mit der Orientierung. Gewöhnlich lassen sich z.B. Spiegelebenen angeben, zu denen die Eigenschaftsänderungen symmetrisch verlaufen. Gibt es drei solcher Spiegelebenen und stehen sie aufeinander senkrecht, so nennt man das Material "orthogonal anisotrop" oder abgekürzt "orthotrop". Ein Beispiel für diesen sehr häufigen Fall sind gewalzte Bleche; die Spiegelebenen stehen hier senkrecht auf Walzrichtung, Querrichtung und Blechnormale.

Ein Spezialfall der Orthotropie liegt dann vor, wenn sich eine Ebene angeben läßt, in der eine Eigenschaft nicht von der Richtung abhängt, während in den anderen räumlichen Richtungen Anisotropie herrscht, die jedoch rotationssymmetrisch um die Ebenennormale ist. Solche Stoffe nennt man "transversal isotrop". Beispiele hierfür finden sich häufig in gezogenen Drähten, aber auch in gewachsenen Schichten. Ausgezeichnete Achse ist dann die Drahtachse bzw. die Wachstumsrichtung; senkrecht dazu beobachtet man Isotropie.

Gelegentlich kann man sich die Probe nicht aus einer Kugel herausgearbeitet vorstellen - etwa bei der Bestimmung der Zugfestigkeit von dünnen Blechen. In solchen Fällen spricht man von "ebener" Anisotropie bzw. Isotropie.

In allen Fällen wird vorausgesetzt, daß der Körper homogen ist. Das bedeutet, daß er in allen seinen Teilen die gleichen Eigenschaften hat. Zum Beispiel sollen die beiden in Abb. 1 eingezeichneten kleinen Volumenelemente in allen Eigenschaften innerhalb der Meßgenauigkeit gleich sein; dies soll auch für alle anderen solchen Volumenelemente gelten.

2. Anisotropie und Inhomogenität

Wirklich homogene Stoffe gibt es in der Natur nicht. Wenn man die Volumenelemente in Abb. 1 nur klein genug macht, dann kann man es einrichten, daß sie manchmal einen Atomkern, manchmal auch nur leeren Raum umfassen. Es zeigt sich nun, daß makroskopisch beobachtete Anisotropie stets ein Zeichen dafür ist, daß die mikroskopischen Inhomogenitäten, also die Bausteine des betrachteten Stoffes, nach bestimmten geometrischen Regeln angeordnet sind.

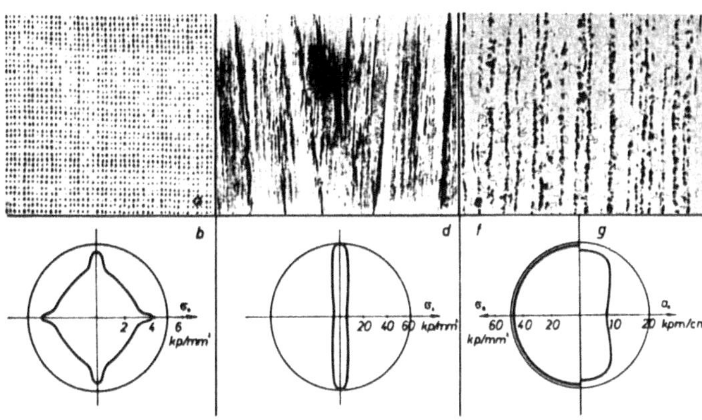

Abb. 2: Zur Anisotropie makroskopisch inhomogener Werkstoffe: a) Segeltuch, c) Holz, e) Baustahl: b) d) f) Zugfestigkeit; g) Kerbschlagzähigkeit

Abb. 2 zeigt hierfür drei grobe Beispiele, nämlich Segeltuch, Holz und Baustahl. Darunter ist in Polarkoordinaten die Zugfestigkeit von Proben aufgetragen, die aus diesen Materialien in verschiedenen Richtungen (der Bildebene) entnommen wurden. Segeltuch und Holz sind deutlich anisotrop, der Stahl erscheint isotrop. Dagegen wird eine Anisotropie des Stahles erkennbar, wenn man statt der Zugfestigkeit die Kerbschlagzähigkeit aufträgt.

In diesen drei Beispielen ist ganz offensichtlich, wie die

Anisotropie von der Anordnung der Inhomogenitäten bewirkt wird (der Fäden im Gewebe, der Fasern und Zellen im Holz und der nichtmetallischen Einschlüsse im Stahl). Solche Stoffe können als homogenes, anisotropes Kontinuum nur dann behandelt werden, wenn man Volumenelemente angeben kann, die einerseits klein sind gegenüber dem Probenkörper, andererseits aber groß gegenüber den Inhomogenitäten des Materials. Das setzt den Abmessungen der Probenkörper eine untere Grenze. Diese Einschränkung besteht praktisch nicht, wenn der Körper "makroskopisch homogen" ist, wenn seine Anisotropie also lediglich durch die Anordnung von Molekülen oder Atomen bestimmt ist, wie in den nun folgenden Beispielen.

3. Anisotropie makroskopisch homogener Stoffe

3.1. Fadenmoleküle in Flüssigkeiten

In einer Flüssigkeit ist die Ausrichtung von Fadenmolekülen gewöhnlich regellos. Wenn die Flüssigkeit aber strömt oder sich in einem elektrischen oder magnetischen Feld befindet, können sich die Fadenmoleküle ordnen. Zwei Beispiele für solche Ordnungen zeigt Abb. 3.

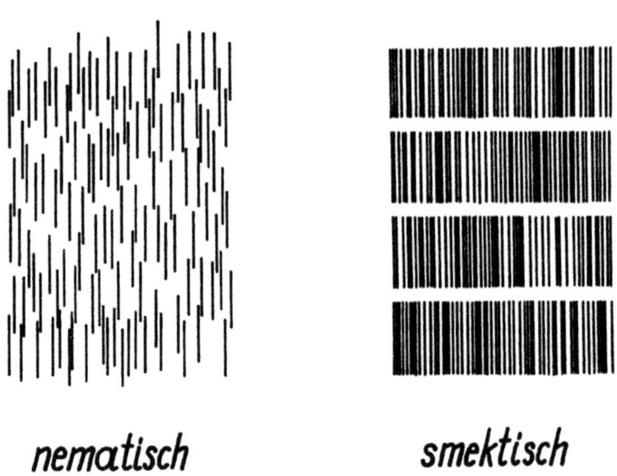

Abb. 3: Struktur "flüssiger Kristalle"

Sind die Moleküle mehr oder weniger parallel gerichtet, so spricht man von einer nematischen Flüssigkeit; bilden sie obendrein Schichtstrukturen, so nennt man die Flüssigkeit smektisch.

Solche Stoffe sind anisotrop. Schon vor 1oo Jahren entdeckte man die Anisotropie ihre optischen Eigenschaften und prägte für sie den romantischen Namen "flüssige Kristalle". Aber auch mechanisch, daß heißt in ihren rheologischen Eigenschaften, sind solche Stoffe anisotrop. Das bekannteste Beispiel sind homogene Seifen, die eine smektische Struktur besitzen (die Molekülschichten können gegeneinander leicht abgleiten, darum ist Seife glitschig). Die wichtigste technische Anwendung hierfür ist die Schmierung von Metallen mit ungesättigten Fettsäuren (z.B. Palmöl). Die Fettsäuren-Moleküle reagieren mit der Metalloberfläche zu einer monomolekularen Seifenschicht und stehen dann senkrecht auf der Oberfläche; auf diesen Molekülrasen können zwei Metallteile leicht gegeneinander gleiten.

3.2. Schichtstrukturen im festen Zustand

Innerhalb einer smektischen Schicht können die einzelnen Moleküle um ihre Längsachse beliebig gedreht sein. Dies ist nicht möglich, wenn die Moleküle durch Seitenketten Bändergestalt haben. Ein Beispiel hierfür ist Seide. Beim Kaltwalzen von Seide ordnen sich die Moleküle so, daß nicht nur ihre Längsachsen, sondern auch die Bandebenen sich parallel ausrichten. Kaltgewalzte Seide ist deshalb nicht, wie die zuvor beschriebenen Flüssigkeiten, transversal isotrop, sondern orthotrop.

Ein Beispiel von etwas größerer technischer Bedeutung ist pyrolytischer Graphit. Abb. 4a zeigt die normale Graphit-Struktur: hexagonale Schichten sind in regelmäßiger Folge übereinander gestapelt und bilden ein Kristall-Gitter. Pyrolytischer Graphit, der bei hohen Temperaturen aus der Gasphase niedergeschlagen wird, bildet ebenfalls hexagonale Flächengitter. Sie sind allerdings nicht regelmäßig, sondern regellos übereinander gestapelt (Abb. 4b). Bei der praktischen Herstellung wachsen die hexagonalen Schichten stets parallel zur Werkstückoberfläche auf.

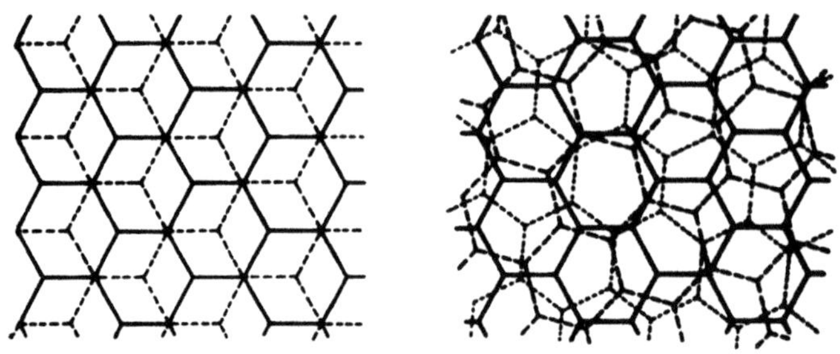

a b

Abb. 4: Struktur von a) normalem und b) pyrolytischem Graphit

Dieser Werkstoff ist äußerst anisotrop (bei transversaler Isotropie!). Zum Beispiel ist seine Wärmeleitfähigkeit parallel zu den Schichten ähnlich der eines Metalls; senkrecht dazu der eines Halbleiters. Dies nutzt man z.B. auf dem Nasenkegel von Raketen. Die Graphitschicht wirkt als Isolator für das Innere des Raketenkopfes und gleichzeitig leitet sie die Wärme seitlich gut ab.

3.3. Kristalle

Kristalle galten schon immer als das Schulbeispiel für ein anisotropes Kontinuum. Die Anisotropie ihrer Eigenschaften war schon sorgfältig studiert worden, ehe ihr atomistischer Aufbau bekannt war. Heute weiß man, daß die makroskopische Anisotropie der Kristalle daher rührt, daß ihre Atome auf fest vorgegebenen Punkten eines räumlichen Gitters angeordnet sind.

4. Anisotropie in linearen Gleichungssystemen

Viele physikalische Zusammenhänge lassen sich in weiten Grenzen durch lineare Gleichungen von Typ A = B . C beschreiben. Eine Reihe solcher Beziehungen zeigt die folgende Tabelle:

A	Stufe des Tensors B	C
Masse (Skalar)	0	Volumen (Skalar)
Polarisation (Vektor)	1	Temperatur (Skalar)
Strom (Vektor)	2	Feld (Vektor)
Polarisation (Vektor)	3	Spannung (Tensor 2. Stufe)
Dehnung (Tensor 2. Stufe)	4	Spannung (Tensor 2. Stufe)

In homogenen Körpern ist die Masse dem Volumen proportional. Beide Größen sind Skalare, deshalb ist der Proportionalitätsfaktor B, die Dichte, ebenfalls ein Skalar bzw. ein Tensor der Stufe 0. Bei der Pyroelektrizität wird ein Vektor mit einem Skalar verbunden, B ist also ein Vektor bzw. ein Tensor der ersten Stufe. Das Ohmsche Gesetz, die Piezo-Elektrizität und das Hookesche Gesetz werden ebenfalls durch lineare Gleichungen beschrieben. Die Stufe des Tensors B in der Tabelle nimmt dabei von Zeile zu Zeile zu.

Die Größen A und C beschreiben Eingangs- und Ausgangsgrößen eines Experimentes. Der Tensor B muß also die Anisotropie des Materials beschreiben und auch alle Symmetrieeigenschaften enthalten, die diese Anisotropie etwa hat - bei Kristallen z. B. die Kristallsymmetrie. Das ermöglicht einige allgemeine Aussagen. Zum Beispiel kann ein zweistufiger Tensor nur dann kubische Symmetrie haben, wenn das Tensorellipsoid eine Kugel ist. Kubische Kristalle sind also im elektrischen Widerstand (und gegenüber allen anderen Transportvorgängen) isotrop. Dagegen können sie elastisch sehr wohl anisotrop sein und sind das in der Regel auch.

Diese Zusammenhänge sind sehr sorgfältig untersucht worden. Das Hookesche Gesetz, in dem B ein Tensor vierter Stufe ist, wird als schwierigstes Beispiel im Beitrag von Parkus ausführlich behandelt. Über die experimentelle Bestimmung der Matrixelemente von B, also der elastischen Konstanten, berichtet der Beitrag von Warlimont. Gegenwärtig erscheint es erstmals möglich, diese Konstanten mit Hilfe der Pseudo-Potentialtheorie theoretisch zu berechnen. Über den Stand der Erkenntnisse auf dem Gebiet berichtet der Beitrag von Baumann.

5. Plastische Anisotropie

Viele Experimente, in denen Anisotropie sichtbar wird, lassen sich jedoch nicht durch lineare Gleichungssysteme beschreiben. Dies gilt z. B. von der Korrosion, der Spaltbarkeit und Wachstumsgeschwindigkeit (Kristalltracht!). Vor allem aber gilt dies für das plastische Verhalten von Metallkristallen, dem der Großteil dieses Buches gewidmet ist.

Für die Spannung, bei der ein Metallkristall plastisch zu fließen beginnt, gilt meist das Schmidsche Schubspannungsgesetz. Es besagt, daß ein Kristall dann plastisch zu fließen beginnt, wenn die außen angreifenden Kräfte so bemessen sind, daß mindestens in einem Gleitsystem des Kristalls eine bestimmte "kritische Schubspannung" erreicht wird. Dieses Gleitsystem wird dann betätigt.

Mit dieser Aussage ist es möglich, die Anisotropie der im Zugversuch gemessenen Streckgrenze von Einkristallen geschlossen zu beschreiben. Hierbei wird allerdings stillschweigend vorausgesetzt, daß die kritische Schubspannung symmetrisch ist; daß es also gleichgültig ist, ob ein Gleitsystem "vorwärts" oder "rückwärts" betätigt wird. Meist ist das so; es gibt jedoch interessante Ausnahmen. Hierfür zwei Beispiele:

Im kubisch-raumzentrierten Gitter sind die $\langle 111 \rangle$ Richtungen Gleitrichtungen. Der Charakter der Gleitebenen ist nicht so klar; neben den längst bekannten $\{110\}$ Ebenen werden neuerdings immer häufiger die $\{112\}$ Ebenen diskutiert. Das Peierls-Potential im Gleitsystem (11$\bar{2}$), [111] ist jedoch unsymmetrisch, so daß das Gleitsystem (11$\bar{2}$) [$\bar{1}\bar{1}\bar{1}$] eine andere kritische Schubspannung haben könnte. Hierfür gibt es in der Tat experimentelle Hinweise. Einen solchen zeigt Abb. 5.

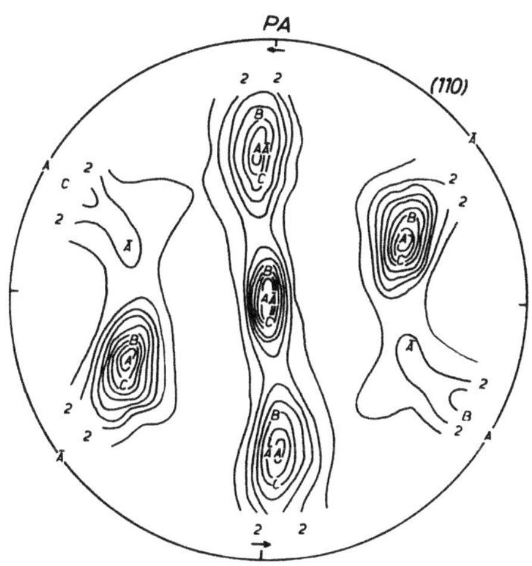

Abb. 5: (11o)-Polfigur der Schertextur eines ferritischen Stahls bei 790° C (nach Dammermann, Diss. Braunschweig 1971)

Man sieht die Schertextur eines bei 790° C verformten ferritischen Stahles. Die Maxima der Textur lassen sich durch die Ideallage (11$\bar{2}$) [111] gut beschreiben*. Die spiegelsymmetrische Lage, wo der Kristall im Gleitsystem (11$\bar{2}$) [$\bar{1}\bar{1}\bar{1}$] abgleiten müßte, ist nicht belegt. Es scheint also, als ob die Natur unter den beiden Möglichkeiten die leichtere ausgewählt hätte.

Abb. 6 zeigt das Gitter des Indiumantimonids. Die Elementarzelle ist kubisch. In Abb. 6 ist das nicht gut zu erkennen, weil der Würfel auf der Spitze steht.

---

*Das bedeutet: (11$\bar{2}$) = Scherebene, [111] = Scherrichtung. Ein Gleitsystem fällt also mit dem Schersystem zusammen; das ist auch bei anderen Metallen häufig so.

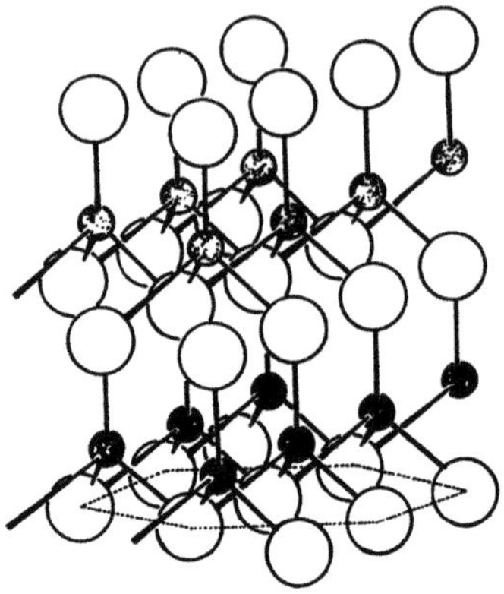

Abb. 6: Struktur des Indium-Antimonids

Man erkennt aber deutlich die Stapelfolge der {111} Ebenen. Jede Doppelebene besteht unten aus Indium; oben aus Antimonatomen. In den großen Abständen zwischen den Doppelschichten gleitet der Kristall bei plastischer Verformung ab. In einem solchen Kristall sind positive und negative Stufenversetzungen unterschiedlich aufgebaut: Die eingeschobene Halbebene endet entweder auf Indium oder Antimonatomen. Dementsprechend ist ihre Beweglichkeit verschieden. Ein Biegebalken aus einem solchen Material liefert unterschiedliche Biegemomente, je nach dem, ob er nach oben oder nach unten gebogen wird.

6. Vielkristalle mit Textur

Die überwiegende Mehrheit aller technischen Werkstoffe besteht aus Haufwerken von vielen Kristallen, die miteinander unmittelbar verwachsen sind*. Die Grenzfläche zwischen zwei

---

*Anders ist es bei teilkristallisierten Polymeren. Hier liegen zwischen den kristallinen Bereichen Moleküle, die an keiner Kristallordnung teil haben. Die mechanische Anisotropie solcher Körper ist bisher viel weniger gründlich untersucht wurden als die von Metallen.

Kristallen (Körnern) nennt man "Korngrenze", wenn sich die beiden angrenzenden Kristalle nur durch ihre Orientierung unterscheiden. Man nennt sie "Phasengrenze", wenn sie sich zudem durch ihre Kristallstruktur unterscheiden.

Man kann sich einen Stoff vorstellen, indem alle Kristallorientierungen mit gleicher Häufigkeit auftreten. Ein solcher Stoff würde sich dann makroskopisch isotrop verhalten, auch wenn seine einzelnen Kristalle anisotrop sind.

Dieser Fall ist jedoch in der Praxis äußerst selten. Meist ist die Verteilung der Kristallorientierungen nicht zufällig, sondern gruppiert sich um bestimmte Vorzugsorientierungen. Man sagt dann, der Stoff habe eine "Textur". Die Textur spiegelt die Entstehungsgeschichte des Werkstückes wieder. Der praktisch wohl wichtigste Fall sind die Verformungstexturen, z. B. eines Bleches nach dem Walzen. Über die Entstehung solcher Verformungstexturen berichtet der Beitrag von Grewen.

Werkstücke mit Textur sind in der Regel elastisch und plastisch anisotrop. Hieraus ergibt sich der Wunsch, diese Anisotropie bei bekannter Textur aus den Einkristalldaten zu berechnen. Aber auch bei makroskopisch isotropen Vielkristallen würde man gerne das elastische und plastische Verhalten aus den Einkristalldaten vorhersagen. Man hat das Gefühl, daß dies durch eine geeignete Mittelung möglich sein sollte.

In Wirklichkeit ist diese Aufgabe sehr schwer. Bei der Verformung eines Kristalls im Vielkristallverband muß nämlich die zusätzliche Bedingung erfüllt werden, daß der Zusammenhalt des Werkstoffes an allen Korngrenzen gewahrt bleibt. Ein Kristall im Vielkristall verhält sich also anders als ein freier Einkristall. Mit einer einfachen Mittelung ist es daher nicht getan. Zu dem Fall einer rein elastischen Verformung wird dieses Problem im Beitrag von Burbach behandelt. Auch die Beiträge von Kröner und Bunge befassen sich mit diesem Problem; sie behandeln darüberhinaus die Ausdehnung auf den Fall plastischer Verformung.

Für plastomechanische Berechnungen braucht man ein "Fließkriterium", das angibt, bei welcher Kombination von Spannungen ein Stoff plastisch zu fließen beginnt. Die graphische Darstellung dieses Fließkriteriums nennt man den "Fließort" (yield-locus). Über die praktische Messung solcher Fließortkurven berichtet der Beitrag von Matucha und Wincierz. Eine Möglichkeit, den Fließort aus der Textur eines Werkstoffes vorherzusagen, beschreibt der Beitrag von Grzesik.

Die Textur, d. h. die Statistik über die Kornorientierung, beschreibt das Gefüge jedoch noch nicht vollständig. Es ist möglich, daß die Gestalt der Körner und die geometrische Anordnung der verschiedenen Phasen einem Werkstoff zusätzlich eine makroskopische Anisotropie verleihen. Ein Beispiel hierfür findet sich im Beitrag von Aernaudt.

Für die Kontinuumsmechanik ergibt sich schließlich die Aufgabe, Rechenverfahren zur Behandlung anisotroper Werkstoffe zu entwickeln. Im Rahmen der Elastizitätstheorie ist das einfach; es genügt der Formalismus der Kristallelastizität. Dabei muß man nur beachten, daß texturbehaftete Werkstoffe nicht die Symmetrie der Kristalle, sondern die der Textur zeigen: Ein kaltgewalztes Kupferblech zeigt also nicht kubische Symmetrie (wie der Kupferkristall), sondern orthorhombische Symmetrie mit Spiegelebenen senkrecht zur Walzrichtung, Querrichtung und Blechnormalen.

Die plastomechanische Behandlung anisotroper Vielkristalle erfordert Ansätze, die größtenteils erst jetzt entwickelt werden. Über einen neuen solchen Ansatz berichtet der Beitrag von Lippmann. Der Fall, daß bei komplizierter Beanspruchung in einem Körper nebeneinander elastische und plastische Zonen auftreten, wird im Beitrag von Olszak behandelt. Einen Fall, in dem ein an sich isotroper Werkstoff nach geeigneter Beanspruchung sich anisotrop verhalten kann, diskutiert der Beitrag von Troost und El Magd.

Werkstoffe mit Textur werfen erneut das Problem auf, wie "Homogenität" definiert werden müßte. Man spricht von inhomogenen Texturen, wenn verschiedene Teile des Werkstückes (z. B. eines Gußblockes) unterschiedliche Texturen zeigen. Dieser Fall soll hier nicht behandelt werden.

Aber auch in einem Werkstück mit homogener Textur muß das Volumenelement, das wir in Abb. 1 betrachtet haben, groß genug sein, um eine Mittelung über viele Körner zu erlauben. Andererseits soll es klein sein gegenüber den Abmessungen der Probe.

Diese beiden Bedingungen lassen sich nicht immer gleichzeitig erfüllen, z. B. nicht in einem Feinblech mit grobem Korn. Die Folge ist, daß bei der Verformung eines solchen Bleches die Anisotropie der einzelnen Körner (z. B. als "Apfelsinenhaut") in Erscheinung tritt. Wir stoßen hier an die Grenze, jenseits derer eine kontinuumsmechanische Betrachtung der technischen Vorgänge nicht mehr sinnvoll ist.

Anschrift des Verfassers: Professor Dr. rer. nat. Hein Peter Stüwe, Erich Schmid-Institut für Festkörperphysik der Österreichischen Akademie der Wissenschaften, A-87oo Leoben, Österreich.

GRUNDGLEICHUNGEN ELASTISCHER ANISOTROPER MEDIEN UND LÖSUNGSBEISPIELE

H. PARKUS, Wien

Die Elastizitätstheorie ist der älteste, am weitesten ausgebaute und erfolgreichste Teil der Kontinuumstheorie fester Körper, wobei die lineare Theorie heute einen hohen Stand von Vollkommenheit erreicht hat und als praktisch abgeschlossen gelten kann*. Ihr Aufbau und ihre Methoden sind, bewußt oder unbewußt, Leitbild für die Entwicklung anderer Zweige der Kontinuumsmechanik, wie etwa die Theorie der viskosen Körper oder die Plastizitätstheorie geworden.

Im nachstehenden sollen kurz die Grundlagen der Elastizitätstheorie anisotroper Stoffe skizziert, die zugehörigen Randwertprobleme formuliert und schließlich die Lösung dieser Randwertprobleme an zwei einfachen Beispielen demonstriert werden.

1. Der Verzerrungszustand

Wir wenden uns zuerst der Beschreibung des kinematischen Verhaltens eines Kontinuums, also der Betrachtung seiner Verformungen zu und benützen dazu ein rechtwinkeliges kartesisches Koordinatensystem x_1, x_2, x_3. Ein beliebiger Körper-

---

*Siehe den Artikel "The Linear Theory of Elasticity" von M.E. Gurtin im Handbuch der Physik, Bd.VIa/2, Springer-Verlag, Berlin 1972.

punkt P möge zur Zeit t = 0, im Anfangszustand*", die Koordinaten X_1, X_2, X_3 besitzen. Zu einem späteren Zeitpunkt t möge dieser Punkt nach P' gelangt sein und die Koordinaten x_1, x_2, x_3 aufweisen. Diese Koordinaten sind für jeden Punkt verschieden und hängen überdies vom Zeitpunkt t ab, es gilt also

$$x_i = x_i(X_1, X_2, X_3; t) \tag{1.1}$$

mit i = 1,2,3. Wir nennen X_1, X_2, X_3 Stoffkoordinaten (oder Lagrange'sche Koordinaten) und x_1, x_2, x_3 Raumkoordinaten (Euler'sche Koordinaten).

Es erhebt sich nun die Frage, wie man die mit der Bewegung des Körpers verbundenen Deformationen zweckmäßig beschreiben kann. Für den starren Körper kann die Bewegung nur aus einer Translation und einer Drehung bestehen**,

$$x_i = a_{i\alpha}(t) X_\alpha + b_i(t) \tag{1.2}$$

mit der Orthogonalitätsbedingung

$$a_{i\alpha}\, a_{i\beta} = \delta_{\alpha\beta} \tag{1.3}$$

Als einfachstes Deformationsmaß bietet sich nun der Deformationsgradient $f_{i\alpha}$ an, [1] S.49,

$$f_{i\alpha} := \frac{\partial x_i}{\partial X_\alpha} = x_{i,\alpha} \tag{1.4}$$

Der Nachteil dieses Verzerrungsmaßes ist aber, daß es erstens für den starren Körper nicht Null, sondern nur eine eventuell zeitabhängige Konstante ist, $f_{i\alpha} = a_{i\alpha}$, und zweitens, daß es sich bei einer starren Drehung des Körpers ändert. Für eine solche Drehung gilt nach Gl.(1.2)

$$x_i^* = a_{ij}\, x_j, \qquad a_{ij}\, a_{ik} = \delta_{jk} \tag{1.5}$$

---

*Da wir alle anschließenden Deformationen auf diesen Zustand beziehen, wollen wir ihn den "unverformten" Zustand nennen.

**Wir verwenden das Summationsübereinkommen: über doppelt vorkommende Indizes wird summiert. Die Stoffkoordinaten erhalten zur Unterscheidung von den Raumkoordinaten griechische Indizes.

und somit

$$f^*_{i\alpha} = \frac{\partial x^*_i}{\partial X_\alpha} = \frac{\partial x^*_i}{\partial x_j}\frac{\partial x_j}{\partial X_\alpha} = a_{ij}\, f_{j\alpha} \neq f_{i\alpha} \qquad (1.6)$$

Man verwendet daher neben $f_{i\alpha}$ noch andere Verzerrungsmaße, z.B. den Greenschen Verzerrungstensor

$$e_{\alpha\beta} = \frac{1}{2}(f_{i\alpha}\, f_{i\beta} - \delta_{\alpha\beta}) \qquad (1.7)$$

Für diesen gilt mit $(1.5)_2$

$$2e^*_{\alpha\beta} = a_{ij}\, f_{j\alpha}\, a_{ik}\, f_{k\beta} - \delta_{\alpha\beta} =$$

$$= f_{j\alpha}\, f_{j\beta} - \delta_{\alpha\beta} = 2e_{\alpha\beta}$$

Weiters verschwindet $e_{\alpha\beta}$ wegen (1.3) für den starren Körper.

Für kleine Deformationen, $f_{i\alpha} \ll 1$, kann der Ausdruck (1.7) linearisiert werden. Wir schreiben dafür $\varepsilon_{\alpha\beta}$ bzw. auch

$$\left.\begin{aligned} &\varepsilon_{11} = \varepsilon_x,\ \varepsilon_{22} = \varepsilon_y,\ \varepsilon_{33} = \varepsilon_z \\ &2\varepsilon_{12} = \gamma_{xy},\ 2\varepsilon_{23} = \gamma_{yz},\ 2\varepsilon_{31} = \gamma_{zx} \end{aligned}\right\} \qquad (1.8)$$

wobei $x_1 = x$, $x_2 = y$, $x_3 = z$ gesetzt wurde, und erhalten

$$\left.\begin{aligned} &\varepsilon_x = \frac{\partial u}{\partial x},\quad \varepsilon_y = \frac{\partial v}{\partial y},\quad \varepsilon_z = \frac{\partial w}{\partial z} \\ &\gamma_{xy} = \frac{\partial u}{\partial y} + \frac{\partial v}{\partial x},\qquad \gamma_{yz} = \frac{\partial v}{\partial z} + \frac{\partial w}{\partial y}, \\ &\gamma_{zx} = \frac{\partial w}{\partial x} + \frac{\partial u}{\partial z} \end{aligned}\right\} \qquad (1.9)$$

Die Größen $x_1 - X_1 = u$, $x_2 - X_2 = v$, $x_3 - X_3 = w$ sind die Verschiebungskomponenten.

2. Der Spannungszustand

Spannung ist die auf ein Flächenelement wirkende Kraft, dividiert durch die Fläche des Elements. Legt man durch einen Punkt eines Körpers verschiedene Schnittflächen, so erhält man verschiedene Spannungsvektoren, die sich zum Spannungstensor zusammenfassen lassen.

Nun gibt es dabei mehrere Möglichkeiten. Man kann z.B. die Spannung auf die Fläche des Elementes beziehen, die dieses im verformten Zustand hat. Man erhält so den Cauchyschen oder Eulerschen Spannungstensor τ_{ij}, und es gilt für den Spannungsvektor t_i:

$$t_i = \tau_{ji}\, n_j \tag{2.1}$$

wo n_j den Normalenvektor des Flächenelementes bedeutet. Man kann aber auch die Spannung auf die Fläche des Elementes beziehen, die dieses im ursprünglichen, unverformten Zustand hatte. Man erhält dann den Kirchhoffschen Spannungstensor* $s_{\alpha\beta}$, und der Spannungsvektor s_i wird nun

$$s_i = n_\alpha\, s_{\alpha\beta}\, f_{i\beta} \tag{2.2}$$

Dabei ist n_α jetzt der Normalenvektor, den das Flächenelement im unverformten Zustand besaß.

Der Zusammenhang zwischen den beiden Spannungstensoren ist durch

$$\tau_{ij} = \frac{\rho}{\rho_o}\, f_{i\alpha}\, f_{j\beta}\, s_{\alpha\beta} \tag{2.3}$$

gegeben. Beide Tensoren sind symmetrisch. Die Größe

$$\frac{\rho_o}{\rho} = \det f_{i\alpha} \tag{2.4}$$

ist das Verhältnis der Massendichten im unverformten und verformten Zustand.

Die Bewegungsgleichungen, bei Abwesenheit von Volumskräften, lauten in den beiden Tensoren, [1] S.124.

$$\tau_{ij,j} = \rho \ddot{x}_i \quad \text{bzw.} \quad (s_{\alpha\beta}\, f_{i\beta})_{,\alpha} = \rho_o \ddot{x}_i \tag{2.5}$$

Die Einführung des Kirchhoffschen Spannungstensors $s_{\alpha\beta}$, wobei auf den unverformten anstatt auf den tatsächlich eingetretenen verformten Zustand bezogen wird, mag zunächst wenig sinnvoll erscheinen. Tatsächlich ist aber gerade dieser Tensor von großer praktischer Bedeutung. Bildet man

---

* Auch "zweiter Piola-Kirchhoffscher" Spannungstensor genannt, [1] S.124.

nämlich die Leistung der an einem beliebigen, aus dem Körper herausgeschnittenen Volumen wirkenden Kräfte,

$$L = \oint t_i v_i \, dA = \oint \tau_{ij} \, n_j \, v_i \, dA$$

wo $v_i = \dot{x}_i$ die Geschwindigkeit bedeutet, so erhält man mit Benützung des Gaußschen Satzes und unter Beachtung von Gl.(2.5) sowie mit $dm = \rho dV$,

$$L = \int_V (\tau_{ij} \, v_i)_{,j} \, dV = \int_m v_i \dot{v}_i \, dm +$$

$$\int_m \frac{1}{\rho} \tau_{ij} \, v_{i,j} \, dm = \frac{d}{dt} \int_m \frac{1}{2} v^2 dm + \int_m \frac{1}{\rho} \dot{\tau}_{ij} \, v_{i,j} \, dm$$

Die Leistung l pro Masseneinheit ist also mit Gl.(2.3), wenn $k = v^2/2$ die kinetische Energie pro Masseneinheit bezeichnet,

$$l = \frac{1}{\rho} \tau_{ij} \, v_{i,j} + \dot{k} = \frac{1}{\rho_o} s_{\alpha\beta} \, f_{i\alpha} \, f_{j\beta} \, \dot{x}_{i,j} + \dot{k} =$$

$$= \frac{1}{\rho_o} s_{\alpha\beta} \, f_{i\alpha} \, \dot{f}_{i\beta} + \dot{k}$$

und mit Gl.(1.7)

$$l = \frac{1}{\rho_o} s_{\alpha\beta} \, \dot{e}_{\alpha\beta} + \frac{d}{dt}\left(\frac{v^2}{2}\right) \qquad (2.6)$$

Der Spannungstensor $s_{\alpha\beta}$ ist also dem in Ingenieurproblemen meist verwendeten Verzerrungstensor $e_{\alpha\beta}$ "zugeordnet" [2].

Gl.(2.6) wird als Arbeitssatz bezeichnet: "Die Leistung der äußeren und der inneren Kräfte zusammen ist gleich der Zuwachsrate an kinetischer Energie". Die Leistung der inneren Kräfte je Volumseinheit ist dabei durch $- s_{\alpha\beta}\dot{e}_{\alpha\beta}/\rho_o$ gegeben.

Im Falle kleiner Deformation, also bei Linearisierung, gehen Cauchyscher und Kirchhoffscher Spannungstensor ineinander über, Dieser linearisierte Tensor soll mit σ_x, σ_y, σ_z, τ_{xy}, τ_{yz}, τ_{zx} bezeichnet werden.

3. Das Werkstoffgesetz

Die bisher aufgestellten Gleichungen gelten für jedes Kontinuum, unabhängig vom Werkstoff. Erst durch das Werkstoffgesetz werden Spannungen und Verzerrungen miteinander verknüpft.

Man kann das elastische Kontinuum z.B. dadurch definieren, daß die inneren Kräfte bei isothermen oder isentropen Zustandsänderungen konservativ sind. Sie besitzen also ein Potential W, das eine Funktion der Verzerrungen ist*,

$$W = W(e_{11}, e_{22}, e_{33}, e_{12}, e_{23}, e_{31}),$$

und es gilt

$$s_{\alpha\beta} = \frac{\partial W}{\partial e_{\alpha\beta}} \tag{3.1}$$

Die spezielle Form von W ist durch den Werkstoff bestimmt. Im besonderen muß W für einen <u>linearen</u> (<u>Hooke</u>schen) Werkstoff eine quadratische Form sein:

$$W = \frac{1}{2} c^{\alpha\beta}_{\lambda\mu} e_{\alpha\beta} e_{\lambda\mu} \tag{3.2}$$

wobei wegen der Symmetrie des Verzerrungstensors die Beziehungen

$$c^{\alpha\beta}_{\lambda\mu} = c^{\beta\alpha}_{\lambda\mu} = c^{\beta\alpha}_{\mu\lambda} = c^{\alpha\beta}_{\mu\lambda} = c^{\lambda\mu}_{\alpha\beta} \tag{3.3}$$

gelten müssen. Unter Beachtung dieser Beziehungen liefert Gl.(3.1)

$$s_{\alpha\beta} = c^{\alpha\beta}_{\lambda\mu} e_{\lambda\mu} \tag{3.4}$$

Es bleiben insgesamt 21 Koeffizienten und Gl.(3.4) lautet in Matrizenform

---

*Werkstoffe, deren Potential nur von den Verzerrungen selbst, nicht aber von deren Gradienten abhängt, werden als "einfach" bezeichnet ("simple materials"). Solche Stoffe zeigen also ein strikt lokales Verhalten.

$$\begin{pmatrix} s_{11} \\ s_{22} \\ s_{33} \\ s_{23} \\ s_{13} \\ s_{12} \end{pmatrix} = \begin{pmatrix} c_{11}^{11} & c_{22}^{11} & c_{33}^{11} & c_{23}^{11} & c_{13}^{11} & c_{12}^{11} \\ & c_{22}^{22} & c_{33}^{22} & c_{23}^{22} & c_{13}^{22} & c_{12}^{22} \\ & & c_{33}^{33} & c_{23}^{33} & c_{13}^{33} & c_{12}^{33} \\ & & & c_{23}^{23} & c_{13}^{23} & c_{12}^{23} \\ & & & & c_{13}^{13} & c_{12}^{13} \\ & & & & & c_{12}^{12} \end{pmatrix} \cdot \begin{pmatrix} e_{11} \\ e_{22} \\ e_{33} \\ e_{23} \\ e_{13} \\ e_{12} \end{pmatrix} \qquad (3.5)$$

Die Matrix ist symmetrisch zu ergänzen.

Wir wollen weiterhin annehmen, daß die Koeffizienten $c_{\lambda\mu}^{\alpha\beta}$ nicht vom Ort abhängen, sondern Konstante sind. Der Werkstoff ist dann homogen.

Anstatt mit vier Indizes wie hier, siehe [3], S.153, werden die Koeffizienten häufig mit nur zwei Indizes geschrieben, vgl. [4].

Eine ausführliche Diskussion der Form des Potentials W für nichtlineare anisotrope Werkstoffe findet sich in [6] und [7].

4. Symmetrie

Um eine elastische Symmetrie aufzufinden, muß das System der Stoffkoordinaten X_o relativ zum Körper transformiert werden*. Wir beschränken uns dabei auf orthogonale Transformationen,

$$X_{\alpha}^{*} = a_{\alpha\beta}\, X_{\beta}, \qquad a_{\alpha\beta}\, a_{\alpha\lambda} = \delta_{\beta\lambda} \qquad (4.1)$$

*Im Gegensatz zur Transformation (1.5), wo die Raumkoordinaten x_i transformiert wurden.

wobei wir nicht nur Drehungen, det $a_{\alpha\beta} = +1$, sondern auch Spiegelungen, det $a_{\alpha\beta} = -1$, zulassen. Bei einer solchen Transformation ändert sich der Verzerrungstensor gemäß

$$e^*_{\alpha\beta} = a_{\alpha\gamma}\, a_{\beta\lambda}\, e_{\gamma\lambda} \tag{4.2}$$

Bleibt nun das elastische Potential W dieselbe Funktion in den $e^*_{\alpha\beta}$ wie in den $e_{\alpha\beta}$, so liegt Symmetrie unter der entsprechenden Transformation vor.

Wir besprechen nachstehend einige wichtige Fälle. Es sei noch erwähnt, daß Anisotropie nicht unbedingt bereits im unverformten Anfangszustand vorhanden sein muß. Ein anfänglich isotroper Körper kann auch durch entsprechend große Verformungen anisotrop werden*, doch verschwindet diese Anisotropie wieder, wenn die Verformungen rückgängig gemacht werden. Wir gehen hier nicht weiter darauf ein.

(a) Symmetrie in bezug auf eine Ebene

Spiegelung an der Ebene $X_3 = 0$ wird durch die Transformation

$$X^*_1 = X_1, \quad X^*_2 = X_2, \quad X^*_3 = -X_3 \tag{4.3}$$

beschrieben. Es ist also $a_{11} = a_{22} = 1$, $a_{33} = -1$, alle übrigen Null und Gl.(4.2) liefert

$$e^*_{13} = -e_{13}, \qquad e^*_{23} = -e_{23},$$

alle übrigen ungeändert. Damit nun W ungeändert bleibt, wenn man die $e_{\alpha\beta}$ durch die $e^*_{\alpha\beta}$ ersetzt, muß die Koeffizientenmatrix sich auf

*Siehe z.B. [3], Kapitel 3.

$$\begin{matrix} c_{11}^{11} & c_{22}^{11} & c_{33}^{11} & 0 & 0 & c_{12}^{11} \\ & c_{22}^{22} & c_{33}^{22} & 0 & 0 & c_{12}^{22} \\ & & c_{33}^{33} & 0 & 0 & c_{12}^{33} \\ & & & c_{23}^{23} & c_{13}^{23} & 0 \\ & & & & c_{13}^{13} & 0 \\ & & & & & c_{12}^{12} \end{matrix} \tag{4.4}$$

reduzieren. Es bleiben 13 von Null verschiedene Koeffizienten. Diejenigen, die den Index 3 entweder einmal oder dreimal enthalten, sind verschwunden.

(b) Symmetrie in bezug auf zwei zueinander senkrechte Ebenen

Wird zusätzlich zu der unter (a) besprochenen Symmetrie noch Symmetrie bezüglich der Ebene $X_1 = 0$ verlangt, so lautet die Transformation

$$X_1^* = -X_1, \quad X_2^* = X_2, \quad X_3^* = -X_3 \tag{4.5}$$

und die Koeffizientenmatrix reduziert sich auf 9 Elemente:

$$\begin{matrix} c_{11}^{11} & c_{22}^{11} & c_{33}^{11} & 0 & 0 & 0 \\ & c_{22}^{22} & c_{33}^{22} & 0 & 0 & 0 \\ & & c_{33}^{33} & 0 & 0 & 0 \\ & & & c_{23}^{23} & 0 & 0 \\ & & & & c_{13}^{13} & 0 \\ & & & & & c_{12}^{12} \end{matrix} \tag{4.6}$$

Es sind jetzt alle Koeffizienten Null, die die Indizes 1 und 3 entweder einmal oder dreimal enthalten. Man stellt aber sogleich fest, daß (4.6) auch keine Koeffizienten mehr enthält, die den Index 2 entweder einmal oder dreimal enthalten. Somit folgt aus der Symmetrie in bezug auf die Ebenen $X_1 = 0$ und $X_3 = 0$ auch Symmetrie bezüglich $X_2 = 0$.

Ein Werkstoff mit diesen Symmetrieeigenschaften wird orthotrop genannt.

(c) Transversale Isotropie (Hexagonale Anisotropie)

Wir betrachten die Transformation

$$a_{\alpha\beta} = \begin{pmatrix} \cos\alpha & \sin\alpha & 0 \\ -\sin\alpha & \cos\alpha & 0 \\ 0 & 0 & 1 \end{pmatrix} \tag{4.7}$$

Sie entspricht einer Drehung durch den Winkel α um die X_3-Achse. Verlangt man, daß W bei beliebigem Winkel α ungeändert bleibt*, so reduziert sich die Zahl der Koeffizienten auf 5:

$$\begin{matrix} c^{11}_{11} & c^{11}_{22} & c^{11}_{33} & 0 & 0 & 0 \\ & c^{11}_{11} & c^{11}_{33} & 0 & 0 & 0 \\ & & c^{33}_{33} & 0 & 0 & 0 \\ & & & c^{13}_{13} & 0 & 0 \\ & & & & c^{13}_{13} & 0 \\ & & & & & \frac{1}{2}(c^{11}_{11}-c^{11}_{22}) \end{matrix} \tag{4.8}$$

In Ebenen senkrecht zur Symmetrieachse sind alle Richtungen elastisch gleichberechtigt, der Werkstoff ist in diesen Ebenen isotrop.

5. Die Randwertprobleme der Elastizitätstheorie

Die Randwertprobleme der anisotropen Elastizitätstheorie

*Verlangt man diese Invarianz nur für einen vorgegebenen Winkel $\alpha = 2\pi/n$, so spricht man von einer Symmetrieachse der Ordnung n, vgl. [5].

sind grundsätzlich die gleichen wie im isotropen Fall*. Es stehen 15 Gleichungen, nämlich die Bewegungsgleichungen (2.5), die geometrischen Beziehungen (1.7) und die Werkstoffgleichungen (3.1) für die 15 Unbekannten $s_{\alpha\beta}$, $e_{\alpha\beta}$ und x_i zur Verfügung. Dazu kommen noch die Anfangsbedingungen sowie die Randbedingungen an der (zunächst unbekannten) verformten Körperoberfläche, wobei i.a. über einen Teil der Oberfläche die Spannungen gemäß Gl.(2.1) oder (2.2), und über den restlichen Teil die Verschiebungen, also die Endlage, vorgeschrieben sind.

In dieser allgemeinen Form ist das Problem extrem nichtlinear und direkte Lösungen sind nicht bekannt geworden. Soweit indirekte Lösungen vorliegen**, geht man dabei so vor, daß die Gestalt des Körpers im Endzustand angenommen wird. Daraus lassen sich dann die Verzerrungen, damit wieder die Spannungen und zu diesen schließlich die Belastungen errechnen, welche den Körper in die vorgegebene Gestalt deformieren.

Unter der, in der Ingenieurpraxis weitgehend erfüllten, Annahme "kleiner" Verformungen lassen sich die Grundgleichungen linearisieren und die Randbedingungen an der unverformten Körperoberfläche anschreiben. Aber auch in diesem stark vereinfachten Fall bleibt die Auffindung von Lösungen dreidimensionaler Probleme anisotroper Medien immer noch sehr schwierig. Vor allem gelingt es bei beliebiger Anisotropie nicht wie im isotropen Fall, die Lösung auf die Ermittlung gewisser allgemeiner Spannungsfunktionen zurückzuführen, die bekannten Funktionsklassen, wie etwa den Potentialfunktionen, angehören. Nur in Sonderfällen existieren solche Spannungsfunktionen.

Zwei solche Fälle sollen im nachstehenden vorgeführt werden. Wir beschränken uns dabei auf kleine Verschiebungen

---

*Für eine gründliche Diskussion des Randwertproblems der Elastizitätstheorie siehe [1] , Ziff.44.

** [3], Kapitel 3.

und Verzerrungen, schreiben also $\sigma_x \dots \tau_{zx}$ und $\varepsilon_x \dots \gamma_{zx}$ und setzen Gleichgewicht voraus. Dynamische Untersuchungen haben vor allem Bedeutung bei Wellenausbreitungsvorgängen, z.B. bei Materialprüfungen mittels Ultraschall. Eine zusammenfassende Darstellung der Theorie elastischer Wellen in anisotropen Medien findet sich in [8] .

6. Ebener Verzerrungszustand

Unter einem ebenen Verzerrungszustand versteht man den Verformungszustand in einem zylindrischen Körper, bei dem $\varepsilon_z = \gamma_{xz} = \gamma_{yz} = 0$ ist, wobei die Zylinderachse mit der z-Achse des Koordinatensystems zusammenfällt. Während aber bei einem isotropen Werkstoff die Bedingung, daß alle äußeren Kräfte senkrecht zur Zylinderachse wirken und konstant entlang der Erzeugenden sind, hinreichend ist für das Bestehen eines ebenen Verzerrungszustandes, trifft dies bei einem anisotropen Werkstoff i.a. nicht zu. Bei diesem können die Spannungen σ_x, σ_y, σ_z, τ_{xy} auch Schubverzerrungen γ_{xz} und γ_{yz} bewirken.

Wenn wir aber voraussetzen, daß die Querschnittsebenen des Zylinders Ebenen der elastischen Symmetrie sind, dann liegt wieder ein ebener Verzerrungszustand vor. Es gilt das Werkstoffgesetz (4.4):

$$\left.\begin{aligned}
\sigma_x &= c_{11}^{11}\,\varepsilon_x + c_{22}^{11}\,\varepsilon_y + \tfrac{1}{2}\,c_{12}^{11}\,\gamma_{xy}\\
\sigma_y &= c_{22}^{11}\,\varepsilon_x + c_{22}^{22}\,\varepsilon_y + \tfrac{1}{2}\,c_{12}^{22}\,\gamma_{xy}\\
\sigma_z &= c_{33}^{11}\,\varepsilon_x + c_{33}^{22}\,\varepsilon_y + \tfrac{1}{2}\,c_{12}^{33}\,\gamma_{xy}\\
\tau_{xy} &= c_{12}^{11}\,\varepsilon_x + c_{12}^{22}\,\varepsilon_y + \tfrac{1}{2}\,c_{12}^{12}\,\gamma_{xy}\\
\tau_{yz} &= \tau_{zx} = 0
\end{aligned}\right\} \qquad (6.1)$$

Nach den Verzerrungen aufgelöst, liefern diese Gleichungen

$$\left.\begin{aligned} \varepsilon_x &= \alpha_{11}\,\sigma_x + \alpha_{12}\,\sigma_y + \alpha_{13}\,\tau_{xy} \\ \varepsilon_y &= \alpha_{21}\,\sigma_x + \alpha_{22}\,\sigma_y + \alpha_{23}\,\tau_{xy} \\ \tfrac{1}{2}\,\gamma_{xy} &= \alpha_{31}\,\sigma_x + \alpha_{32}\,\sigma_y + \alpha_{33}\,\tau_{xy} \end{aligned}\right\} \tag{6.2}$$

mit $\alpha_{ij} = \alpha_{ji} = \frac{d_{ij}}{D}$,

$$\left.\begin{aligned} D &= c_{11}^{11}\,d_{11} + c_{22}^{11}\,d_{21} + c_{12}^{11}\,d_{31} \\ d_{11} &= c_{12}^{12}\,c_{22}^{22} - (c_{12}^{22})^2 \\ d_{22} &= c_{11}^{11}\,c_{12}^{12} - (c_{12}^{11})^2 \\ d_{33} &= c_{11}^{11}\,c_{22}^{22} - (c_{22}^{11})^2 \\ d_{12} &= d_{21} = c_{12}^{11}\,c_{12}^{22} - c_{22}^{11}\,c_{12}^{12} \\ d_{23} &= d_{32} = c_{12}^{11}\,c_{22}^{11} - c_{11}^{11}\,c_{12}^{22} \\ d_{31} &= d_{13} = c_{12}^{22}\,c_{22}^{11} - c_{12}^{11}\,c_{22}^{22} \end{aligned}\right\} \tag{6.3}$$

Wir betrachten nur den Gleichgewichtsfall. Die Bewegungsgleichungen (2.5) reduzieren sich im vorliegenden Fall auf

$$\frac{\partial \sigma_x}{\partial x} + \frac{\partial \tau_{xy}}{\partial y} = 0, \qquad \frac{\partial \tau_{xy}}{\partial x} + \frac{\partial \sigma_y}{\partial y} = 0 \tag{6.4}$$

Zusammen mit den geometrischen Beziehungen (1.9)

$$\varepsilon_x = \frac{\partial u}{\partial x}, \quad \varepsilon_y = \frac{\partial v}{\partial y}, \quad \gamma_{xy} = \frac{\partial u}{\partial y} + \frac{\partial v}{\partial x} \tag{6.5}$$

hat man 8 Gleichungen, nämlich (6.2), (6.4) und (6.5), für die 8 Unbekannten u, v, ε_x, ε_y, γ_{xy}, σ_x, σ_y, τ_{xy}. Sie lassen sich auf eine einzige Gleichung in einer Hilfsfunktion F(x,y) zurückführen.

Eliminiert man zunächst u und v aus den Gln. (6.5), so erhält man die <u>Verträglichkeitsbedingung</u>

$$\frac{\partial^2 \varepsilon_x}{\partial y^2} + \frac{\partial^2 \varepsilon_y}{\partial x^2} = \frac{\partial^2 \gamma_{xy}}{\partial x \partial y} \tag{6.6}$$

Der Ansatz

$$\sigma_x = \frac{\partial^2 F}{\partial y^2}, \qquad \sigma_y = \frac{\partial^2 F}{\partial x^2}, \qquad \tau_{xy} = -\frac{\partial^2 F}{\partial x \partial y} \tag{6.7}$$

erfüllt die Gleichgewichtsbedingungen (6.4) identisch in F. Setzt man nun die Gln. (6.2) mit (6.7) in (6.6) ein, so ergibt sich

$$\alpha_{22}\frac{\partial^4 F}{\partial x^4} - 3\alpha_{23}\frac{\partial^4 F}{\partial x^3 \partial y} + 2(\alpha_{12}+\alpha_{33})\frac{\partial^4 F}{\partial x^2 \partial y^2} -$$

$$- 3\alpha_{13}\frac{\partial^4 F}{\partial x \partial y^3} + \alpha_{11}\frac{\partial^4 F}{\partial y^4} = 0 \tag{6.8}$$

als Bestimmungsgleichung für die Funktion F, die als <u>Airysche Spannungsfunktion</u> bezeichnet wird.

Wenn sämtliche drei Koordinatenebenen Symmetrieebenen des Materials sind, wenn also <u>Orthotropie</u> vorliegt, wird $c^{11}_{12} = c^{22}_{12} = c^{33}_{12} = 0$, und damit auch $\alpha_{13} = \alpha_{23} = 0$ in Gl.(5.8).

Die allgemeine Lösung der Gl.(6.8) hat die Form

$$F(x,y) = F_1(x+s_1y) + F_2(x+s_2y) +$$

$$+ F_3(x+s_3y) + F_4(x+s_4y) \tag{6.9}$$

wo $s_1 \ldots s_4$, die, als verschieden vorausgesetzten, Wurzeln der charakteristischen Gleichung

$$\alpha_{11}s^4 - 3\alpha_{13}s^3 + 2(\alpha_{12}+\alpha_{33})s^2 -$$

$$- 3\alpha_{23}s + \alpha_{22} = 0 \tag{6.10}$$

bedeuten. Mittels einer Energiebetrachtung* läßt sich zeigen

---

* [5], S.122.

daß die Gleichung keine reellen Wurzeln besitzt.

Auf dieser Tatsache beruht sehr wesentlich der weitere Lösungsvorgang, der, einem Gedanken von Goursat folgend, die Theorie der komplexen Funktionen benützt. Auf Einzelheiten kann hier nicht eingegangen werden. Man vergleiche dazu [3] Abschn.6.7 - 6.9, [5] Kap.3, und [9].

7. Das dreidimensionale Problem bei transversaler Isotropie

Zur Vereinfachung der Notation schreiben wir die Spannungs-Verzerrungsgleichungen anstatt mit der Matrix (4.8) in der Form

$$\begin{aligned}
\sigma_x &= c_{11}\,\varepsilon_x + c_{12}\,\varepsilon_y + c_{13}\,\varepsilon_z \\
\tau_{yz} &= c_{44}\,\gamma_{yz} \\
\sigma_y &= c_{12}\,\varepsilon_x + c_{11}\,\varepsilon_y + c_{13}\,\varepsilon_z \\
\tau_{zx} &= c_{44}\,\gamma_{zx} \\
\sigma_z &= c_{13}(\varepsilon_x + \varepsilon_y) + c_{33}\,\varepsilon_z \\
\tau_{xy} &= \frac{1}{2}(c_{11} - c_{12})\,\gamma_{xy}
\end{aligned} \tag{7.1}$$

Einsetzen in die Gleichungen $(2.5)_1$ mit $\ddot{x}_i = 0$ führt mit Benützung der geometrischen Beziehungen (1.9) auf 3 Gleichungen in den Verschiebungskomponenten u, v, w:

$$c_{11}\frac{\partial^2 u}{\partial x^2} + \frac{1}{2}(c_{11} - c_{12})\frac{\partial^2 u}{\partial y^2} + c_{44}\frac{\partial^2 u}{\partial z^2} + \frac{\partial}{\partial x}\left[\frac{1}{2}(c_{11}+c_{12})\frac{\partial v}{\partial y} + (c_{13}+c_{44})\frac{\partial w}{\partial z}\right] = 0 \tag{7.2}$$

$$\frac{1}{2}(c_{11}-c_{12})\frac{\partial^2 v}{\partial x^2}+c_{11}\frac{\partial^2 v}{\partial y^2}+c_{44}\frac{\partial^2 v}{\partial z^2}+$$

$$+\frac{\partial}{\partial y}\left[\frac{1}{2}(c_{11}+c_{12})\frac{\partial u}{\partial x}+(c_{13}+c_{44})\frac{\partial w}{\partial z}\right]=0 \qquad (7.3)$$

$$c_{44}\left(\frac{\partial^2 w}{\partial x^2}+\frac{\partial^2 w}{\partial y^2}\right)+c_{33}\frac{\partial^2 w}{\partial z^2}+(c_{13}+c_{44})\frac{\partial}{\partial z}\left(\frac{\partial u}{\partial x}+\frac{\partial v}{\partial y}\right)=0 \qquad (7.4)$$

Die Gleichungen lassen sich durch Einführung einer Hilfsfunktion $\Phi(x,y,z)$ in eine wesentlich einfachere Form bringen*. Setzt man nämlich

$$u=\frac{\partial\Phi}{\partial x}, \quad v=\frac{\partial\Phi}{\partial y}, \quad w=k\frac{\partial\Phi}{\partial z} \qquad (7.5)$$

mit einer noch unbestimmten Konstanten k, dann sind die Gln. (7.2) - (7.4) erfüllt, vorausgesetzt, daß

$$\frac{k(c_{13}+c_{44})+c_{44}}{c_{11}}=\frac{kc_{33}}{kc_{44}+(c_{13}+c_{44})}=\nu \qquad (7.6)$$

wo ν eine neue Konstante bedeutet. Gl.(7.6) ist eine quadratische Gleichung für k

$$c_{44}(c_{13}+c_{44})k^2+\left[c_{44}^2+(c_{13}+c_{44})^2-c_{11}c_{33}\right]k+$$

$$+c_{44}(c_{13}+c_{44})=0 \qquad (7.7)$$

mit den beiden reellen oder konjugiert komplexen Wurzeln

* [10]. Siehe auch [3] , Sect.5.12.

k_1 und k_2, denen die beiden Konstanten ν_1 und ν_2 sowie die beiden Funktionen Φ_1 und Φ_2 entsprechen. Die letzteren sind Lösungen der Differentialgleichungen

$$\left(\frac{\partial^2}{\partial x^2} + \frac{\partial^2}{\partial y^2} + \nu_i \frac{\partial^2}{\partial z^2}\right) \Phi_i = 0 \quad (i = 1,2) \tag{7.8}$$

Durch Ueberlagerung der beiden (reellen oder konjugiert komplexen) Funktionen erhalten wir die allgemeine Lösung*:

$$\begin{aligned} u &= \frac{\partial}{\partial x}(\Phi_1 + \Phi_2), \qquad v = \frac{\partial}{\partial y}(\Phi_1 + \Phi_2) \\ w &= k_1 \frac{\partial \Phi_1}{\partial z} + k_2 \frac{\partial \Phi_2}{\partial z} \end{aligned} \tag{7.9}$$

und

$$\left.\begin{aligned} \sigma_x &= \left(c_{11} \frac{\partial^2}{\partial x^2} + c_{12} \frac{\partial^2}{\partial y^2}\right)(\Phi_1 + \Phi_2) + \\ &\quad + c_{13}\left(k_1 \frac{\partial^2 \Phi_1}{\partial z^2} + k_2 \frac{\partial^2 \Phi_2}{\partial z^2}\right) \\ \sigma_y &= \left(c_{12} \frac{\partial^2}{\partial x^2} + c_{12} \frac{\partial^2}{\partial y^2}\right)(\Phi_1 + \Phi_2) + \\ &\quad + c_{13}\left(k_1 \frac{\partial^2 \Phi_1}{\partial z^2}\right) + k_2 \frac{\partial^2 \Phi_2}{\partial z^2}) \\ \sigma_z &= (k_1 c_{33} - \nu_1 c_{13}) \frac{\partial^2 \Phi_1}{\partial z^2} + (k_2 c_{33} - \nu_2 c_{13}) \frac{\partial^2 \Phi_2}{\partial z^2} \end{aligned}\right\} \tag{7.10}$$

---

*Die Lösung ist noch nicht vollständig, vgl. [3], sect. 5.12, erweist sich aber für viele praktisch wichtige Fälle als ausreichend.

$$\left.\begin{aligned} \tau_{xy} &= (c_{11}-c_{12})\,\frac{\partial^2}{\partial x\partial y}(\Phi_1+\Phi_2) \\ \tau_{yz} &= c_{44}\left[(1+k_1)\,\frac{\partial^2\Phi_1}{\partial y\partial z} + (1+k_2)\,\frac{\partial^2\Phi_2}{\partial y\partial z}\right] \\ \tau_{zx} &= c_{44}\left[(1+k_1)\,\frac{\partial^2\Phi_1}{\partial z\partial x} + (1+k_2)\,\frac{\partial^2\Phi_2}{\partial z\partial x}\right] \end{aligned}\right\} \qquad (7.11)$$

Als Anwendungsbeispiel werde das Aufpressen eines starren, glatten Stempels auf den transversal isotropen elastischen Halbraum $z \geqq 0$ betrachtet*. Die Berührungsfläche sei durch den Kreis $x^2 + y^2 = a^2$ begrenzt.

Wir haben die folgenden Randbedingungen in $z = 0$:

$$\begin{aligned} &w = c && \text{in} \quad x^2 + y^2 < a^2 \\ &\sigma_z = 0 && \text{in} \quad x^2 + y^2 > a^2 \\ &\tau_{zx} = \tau_{zy} = 0 && \text{überall} \end{aligned} \qquad (7.12)$$

Wenn wir setzen

$$\begin{aligned} \Phi_1 &= \frac{\sqrt{\nu_1}}{1+k_1}\,\Phi(x,y,z_1), \\ \Phi_2 &= -\,\frac{\sqrt{\nu_2}}{1+k_2}\,\Phi(x,y,z_2) \end{aligned} \qquad (7.13)$$

mit

$$z_1 = z/\sqrt{\nu_1}, \qquad z_2 = z/\sqrt{\nu_2}$$

dann sind die Randbedingungen $(7.12)_3$ für die Schubspannungen erfüllt. Die Funktion Φ genügt der Potentialgleichung

$$\nabla^2\Phi = 0 \qquad (7.14)$$

* [11] und [3], sect.5.8, 5.9 und 5.12.

Die verbleibenden Spannungen und die Verschiebungen lassen sich alle durch die eine Funktion Φ ausdrücken. Speziell wird

$$w = \alpha \frac{\partial \Phi}{\partial z}, \qquad \sigma_z = \beta \frac{\partial^2 \Phi}{\partial z^2} \tag{7.15}$$

mit

$$\alpha = \frac{k_1}{1+k_1} - \frac{k_2}{1+k_2}$$

$$\beta = \frac{k_1 c_{33} - \nu_1 c_{13}}{(1+k_1)\sqrt{\nu_1}} - \frac{k_2 c_{33} - \nu_2 c_{13}}{(1+k_2)\sqrt{\nu_2}} \tag{7.16}$$

Die beiden Randbedingungen $(7.12)_1$ und $(7.12)_2$ sowie die Gl.(7.14) sind jetzt mit

$$\alpha \frac{\partial \Phi}{\partial z} = \frac{c}{\pi} \int_{-a}^{+a} \frac{ds}{\sqrt{r^2+(z+is)^2}} \tag{7.17}$$

erfüllt, wo $r^2 = x^2 + y^2$. Das Integral ist reell. Für die Normalspannungsverteilung unter dem Stempel ergibt sich mit $(7.15)_2$ nach Integration

$$\sigma_z \Big|_{z=0,r<a} = -\frac{2c}{\pi} \frac{\beta}{\alpha} \frac{1}{\sqrt{a^2-r^2}} \tag{7.18}$$

Die Verteilung ist drehsymmetrisch wie im isotropen Fall. Die resultierende Stempelkraft folgt durch Integration zu

$$P = -2\pi \int_0^a \sigma_z r dr = \frac{4\beta}{\alpha} ca \tag{7.19}$$

Literatur

1. Truesdell, C. and W.Noll: The Non-Linear Field Theories of Mechanics. Handbuch d. Physik Bd.III/3. Berlin-Heidelberg-New York: Springer. 1965.
2. Macvean, D.B.: Die Elementararbeit in einem Kontinuum

und die Zuordnung von Spannungs- und Verzerrungstensoren. Z. ang. Math. Phys. 19, 157 (1968).

3. Green, A.E. and W.Zerna: Theoretical Elasticity. 2.Aufl. Oxford: Clarendon Press. 1968.
4. Love, A.E.H.: Mathematical Theory of Elasticity. 4.Aufl. Cambridge: University Press. 1934.
5. Lekhnitskii, S.G.: Theory of Elasticity of an Anisotropic Elastic Body. San Francisco: Holden-Day. 1963.
6. Smith G.F. and R.S.Rivlin: The strain-energy function for anisotropic elastic materials. Trans. Am. Math. Society 88, 175 (1958).
7. Smith, G.F.: Further results on the strain-energy function for anisotropic elastic materials. Arch. Rat. Mech. Anal. 10, 108 (1962).
8. Musgrave, M.J.P.: Elastic Waves in Anisotropic Media. In: Progress in Solid Mechanics, Vol.II, Chapter II. Amsterdam: North-Holland. 1961.
9. Sawin, G.N.:Spannungserhöhung am Rande von Löchern. Berlin: VEB-Verlag Technik. 1956.
10. Elliott, H.A.: Three-dimensional stress distributions in hexagonal aeolotropic crystals. Proc.Camb. Phil. Soc. Math. Phys. Sci.44, 522 (1948).
11. Shield, R.T.: Notes on problems in hexagonal aeolotropic materials. Proc. Camb. Phil. Soc. Math. Phys. Sci.47, 401 (1951).

Anschrift des Verfassers: Professor Dipl.-Ing. Dr. techn. Heinz Parkus, Technische Hochschule Wien, II.Institut für Mechanik, Karlsplatz 13, A-1040 Wien, Österreich.

ELASTISCHE ANISOTROPIE VON METALLEN UND LEGIERUNGEN

H. WARLIMONT und G. HAUSCH, Stuttgart

1. Einleitung

Wie in allen kristallinen Festkörpern sind die zwischenatomaren Kräfte in Metallen und Legierungen an die Kristallsymmetrie gebunden. Die elastischen Eigenschaften sind dementsprechend im allgemeinen anisotrop. Das elastische Verhalten - und damit die elastische Anisotropie - ist besonders unter drei Gesichtspunkten von Interesse:

1. als physikalische Eigenschaft eines Stoffes in Verbindung mit seinem Kristallgitter,
2. als Grundlage des elastischen Verhaltens von Werkstoffen, deren elastische Eigenschaften als solche genutzt werden wie elastisch beanspruchte Konstruktionswerkstoffe, Federwerkstoffe und mechanische Verzögerungsleitungen und Frequenzfilter in elektronischen Schaltkreisen und
3. als Grundlage der plastischen Verformung von Werkstoffen, weil die Größe der plastischen Anisotropie u. a. von der elastischen Anisotropie des Kristallgitters abhängt.

Die Messung und Beschreibung der elastischen Anisotropie als physikalische Eigenschaft bezieht sich auf Einkristalle, als Werkstoffeigenschaft im allgemeinen auf vielkristalline Körper. Hierbei unterscheidet sich das Bezugssystem: die elastischen Einkristallkonstanten und die Anisotropie des Einkristalls werden auf die Achsen des Kristallsystems bezogen; bei vielkristallinen Proben wird das anisotrope elastische Verhalten für ein bestimmtes makroskopisches Bezugssystem der Probe wie die Walz-, Quer- und Normalrichtung bei Blechen ermittelt.

In diesem Beitrag wird zunächst eine kurze Einführung in die Beschreibung des elastischen Verhaltens mit den elastischen Koeffizienten gegeben. Darauf folgen die wichtigsten Meßmethoden und typische Meßergebnisse und Daten der elastischen Anisotropie von Einkristallen und von vielkristallinen Werkstoffen sowie eine Darstellung der Beziehungen zwischen dem elastischen Verhalten von Ein- und Vielkristallen. Abschließend werden einige Anomalien der Temperaturabhängigkeit der elastischen Eigenschaften und ihre Folgen für die elastische Anisotropie behandelt.

Ausführliche Darstellungen sind im Literaturverzeichnis angegeben /1/, /2/, /3/, /4/, /5/, /6/, /7/, /8/, /9/; Meßwerte sind in /5/, /6/, /7/, /8/ tabelliert, neuere Daten vor allem in /10/, /11/.

2. Beschreibung des elastischen Verhaltens /1/, /2/, /3/, /4/, /6/, /7/, /12/

Ein elastischer Spannungs- und Dehnungszustand wird durch je 6 Spannungskomponenten σ_{ij} und Dehnungskomponenten ε_{ij} ($i,j=x,y,z$) beschrieben, die in Abb. 1 definiert sind. Im Rahmen der Gültigkeit des Hookeschen Gesetzes sind diese Größen linear miteinander verknüpft⁺:

$$\sigma_{ij} = \Sigma\, C_{ijkl}\cdot\varepsilon_{kl} \tag{1}$$

$$\varepsilon_{ij} = \Sigma\, S_{ijkl}\cdot\sigma_{kl} \tag{2}$$

wobei die Koeffizienten C_{ijkl} die elastischen Konstanten oder Moduln, die S_{ijkl} die elastischen Nachgiebigkeiten (Komplianzen) sind⁺⁺. Obwohl diese Größen Tensoren 4. Stufe sind, wird nach Voigt /1/ meist die einfachere zweikompenentige Schreibweise verwendet ($C_{ijkl}\rightarrow C_{ik}$, $S_{ijkl}\rightarrow S_{ik}$, $\sigma_{ij}\rightarrow\sigma_i$, $\varepsilon_{ij}\rightarrow\varepsilon_i$; $i,k=1...6$).

⁺Auf eine Zeitabhängigkeit, die zu anelastischen Effekten führt, wird hier nicht eingegangen.

⁺⁺Die Bezeichnungsweise ist nicht einheitlich; manchmal werden die S_{ijkl} ebenfalls als elastische Moduln bezeichnet.

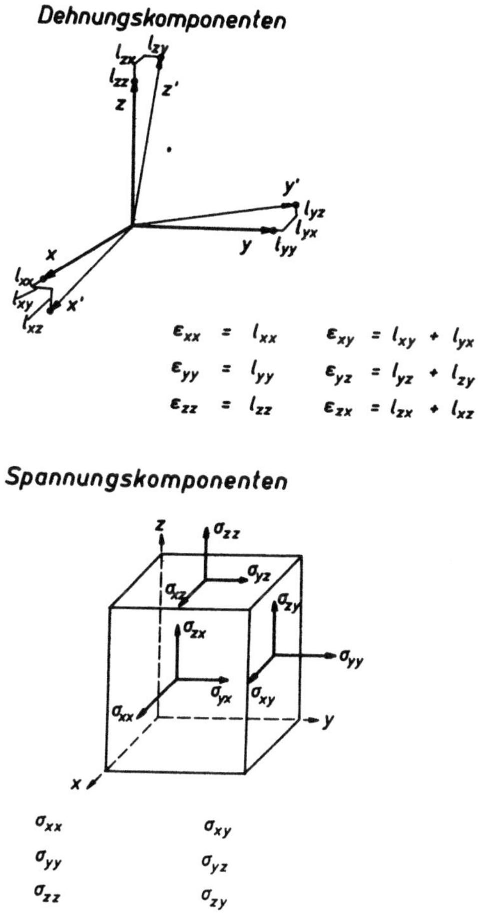

Abb. 1. Beschreibung eines allgemeinen Spannungs- und Dehnungszustandes

Die physikalische Bedeutung der elastischen Koeffizienten ergibt sich aus den Definitionsgleichungen (1) und (2). Zum Beispiel ist

$$S_{11} = \varepsilon_1/\sigma_1 = 1/E_1 \quad (\sigma_2 = \sigma_3 = 0)$$

wobei E_1 der Elastizitätsmodul in x-Richtung ist. S_{44}, S_{55}, S_{66} sind entsprechend reziproke Schermoduln und $S_{ik}(i=k)$ sind mit der Poissonschen Querkontraktionszahl verknüpft.

Die elastischen Konstanten C_{ik} haben analoge Bedeutung. $C_{11} = \sigma_1/\varepsilon_1$ ist das Verhältnis von Zugspannung zu Zugdehnung, wenn alle anderen Dehnungen 0 sind, d. h. keine Querkontraktion auftritt. Daraus folgt jedoch, daß $C_{11} = E_1$ und $C_{11} =$

$1/S_{11}$ ist. Die Umrechnung für kubische Symmetrie ergibt sich aus Gl. (3):

$$C_{11} = \frac{S_{11}+S_{12}}{(S_{11}-S_{12})(S_{11}+2S_{12})};$$

$$C_{12} = \frac{-S_{12}}{(S_{11}-S_{12})(S_{11}+2S_{12})}; \qquad (3)$$

$$C_{44} = 1/S_{44}.$$

Wie in Abschnitt 3 näher ausgeführt wird, gestatten die elastischen Konstanten eine bequeme Beschreibung der Schallgeschwindigkeit in Festkörpern.

Gl. (1) und (2) definieren jeweils 36 elastische Koeffizienten C_{ik} bzw. S_{ik}, die sich wegen der Bedingung $C_{ik}=C_{ki}$ auf 21 unabhängige Elemente reduzieren. Für Stoffe mit Kristallgittern höherer Symmetrie erniedrigt sich die Anzahl der elastischen Koeffizienten weiter. Das hochsymmetrische kubische Kristallsystem wird durch 3 elastische Koeffizienten S_{11}, S_{12}, S_{44} und entsprechend C_{11}, C_{12}, C_{44} beschrieben. Für den Elastizitätsmodul E von Einkristallen kubischer Symmetrie ergibt sich:

$$E^{-1} = S_{11} - 2(S_{11}-S_{12}-1/2S_{44})\Gamma, \qquad (4)$$

wobei Γ die Orientierungsfunktion

$$\Gamma = \gamma_1^2\gamma_2^2 + \gamma_2^2\gamma_3^2 + \gamma_3^2\gamma_1^2$$

ist. γ_i sind die Richtungskosinus zwischen der Deformationsrichtung und den Kristallachsen.

Gl. (4) zeigt, daß die anisotropen elastischen Eigenschaften durch den Faktor $S_{11}-S_{12}-1/2S_{44}$ charakterisiert sind. Ausgedrückt in den elastischen Konstanten C_{ik} folgt daraus die Definitionsgleichung der elastischen Anisotropie:

$$A = \frac{2C_{44}}{(C_{11}-C_{12})}. \qquad (5)$$

Für elastische Isotropie, d. h. A=1, reduziert sich die Anzahl der unabhängigen elastischen Koeffizienten weiter auf 2. Wählt man hierfür den Schubmodul

$$G = 1/S_{44} \qquad (6)$$

und den Kompressionsmodul

$$K = 3/(S_{11}+2S_{12}) \qquad (7)$$

so ergibt sich mit Hilfe von (4), (6) und (7) die bekannte Beziehung

$$3/E = 1/G + 1/3K, \qquad (8)$$

die die polykristallinen elastischen Konstanten miteinander verknüpft.

3. Experimentelle Bestimmung der elastischen Konstanten /4/, /7/, /12/, /13/, /14/, /15/

Zur experimentellen Bestimmung der elastischen Kenngrößen, d. h. der elastischen Konstanten C_{ik} im Fall von Einkristallen bzw. des Elastizitätsmoduls E und des Schubmoduls G im Fall von Polykristallen, existieren sowohl statische als auch dynamische Meßverfahren. Das statische Verfahren leitet sich direkt von der Definitionsgleichung (2) der elastischen Konstanten ab: in einem Zugversuch werden bei bekannter Spannung σ_i die Dehnungen ε_j bestimmt und gemäß Gl. (2) die elastischen Konstanten berechnet. Das statische Verfahren wird heute praktisch nicht mehr angewandt, da die dynamischen Methoden eine weitaus höhere Genauigkeit erlauben und hier außerdem anelastische Effekte bzw. mikroplastische Effekte keine Rolle spielen. Die heute üblichen, dynamischen Verfahren lassen sich in 3 Gruppen unterteilen:

a) Resonanzverfahren, in denen ein stabförmiger Prüfkörper zu longitudinalen bzw. transversalen Eigenschwingungen angeregt wird,
b) Puls-Echo-Verfahren, in denen die Laufzeit eines hochfrequenten Schallimpulses durch die Probe gemessen wird,
c) Interferenzverfahren, bei denen die Frequenz gemessen wird, bei der sich 2 verschiedene Ultraschallimpulse gegenseitig auslöschen bzw. verstärken.

3.1. Resonanzverfahren /15/, /16/, /17/

Bei diesem Verfahren werden stabförmige Proben mit rechteckigem oder kreisförmigem Querschnitt auf elektrischem Wege in ihren Eigenschwingungen (1 - 25 kHz) angeregt. Dies ist schematisch in Abb. 2 dargestellt. Die Übertragung in entsprechende mechanische Schwingungen erfolgt mittels eines piezoelektrischen, magnetostriktiven oder neuerdings auch mit Hilfe eines elektrostatischen Erregersystems. Aus den sich aus dem Resonanzmaximum ergebenden Eigenfrequenzen läßt sich der E- bzw. G-Modul ermitteln. Für die drei Schwingungsarten gilt die allgemeine Beziehung

$$E,G \sim \rho f^2, \qquad (9)$$

worin ρ die Dichte und f die Frequenz bedeutet.

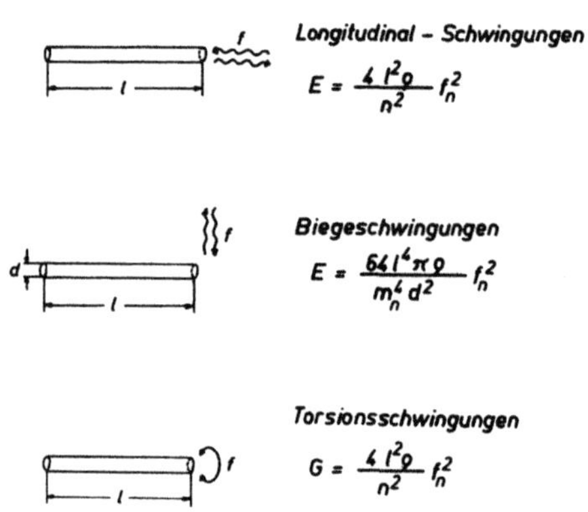

Abb. 2.
Messung der elastischen Moduln nach dem Resonanzverfahren

Im Falle von Biegeschwingungen ergibt sich für den E-Modul+:

$$E(N/m^2) = 16.071 \cdot 10^{-2} \cdot l^3/d^3 \cdot g \cdot f^2 \qquad (10)$$

wobei l, d, g die Länge, den Durchmesser und das Gewicht der Probe bedeuten.
Die Dämpfung, Q^{-1}, wird aus der Anzahl n der Schwingungen ermittelt, die ausgeführt werden, wenn die Amplitude von A_o auf A_o/e abgeklungen ist:

+ $1 N/m^2 = 1,2 \cdot 10^{-5}$ kp/mm²

$$Q^{-1} = 1/\pi n \tag{11}$$

Der Vorteil der Resonanzmethode, die hauptsächlich auf polykristalline Proben angewandt wird, liegt vor allem darin, daß Messungen ohne größere Schwierigkeiten auch bei hohen Temperaturen ausgeführt werden können. Die erreichbare Fehlergrenze liegt bei 0,2%. Der Anwendungsbereich ist jedoch dadurch begrenzt, daß die Probendimensionen nicht beliebig verkleinert werden können. Im Falle von Einkristallen, die meistens nur in kleinen Abmessungen hergestellt werden können, wird daher nicht die Resonanzfrequenz, sondern die Laufzeit eines hochfrequenten Schallimpulses gemessen.

3.2. Laufzeitverfahren: Puls-Echo-Methode /18/, /19/

Das Schema der Puls-Echo-Methode ist in Abb. 3 dargestellt. Ein piezoelektrischer Kristall, meist Quarz, erzeugt einen Ultraschallimpuls von ≈1 µs Dauer, der - mit entsprechender Dämpfung - jeweils an den planparallelen Oberflächen der Probe hin- und herreflektiert wird. Jede Reflexion erzeugt im piezoelektrischen Kristall wieder ein elektrisches Signal, das auf einem Oszillographen sichtbar gemacht werden kann. Es entsteht eine Echofolge abnehmender Amplitude, deren zeitlicher Abstand ausgemessen wird. Dies erfolgt entweder elektronisch oder relativ gegen die Laufzeit eines Schallimpulses in einem Medium genau bekannter Schallgeschwindigkeit (meist Wasser).

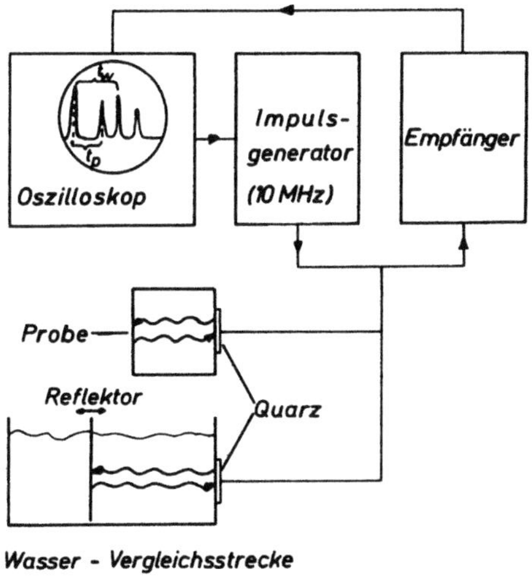

Abb. 3.
Schema der Puls-Echo-Methode

Die Schallgeschwindigkeit ergibt sich aus der Probenlänge l und der Laufzeit Δt:

$$v = 2l/\Delta t. \qquad (12)$$

Der Frequenzbereich läßt sich aus der Beziehung $v = f\lambda$ abschätzen. Mit $v = 5 \cdot 10^{-5}$ cm/s, $l = 10\lambda = 1$ cm ergibt sich $f = 5$ MHz, d. h. die Frequenzen liegen im Ultraschallbereich. In den meisten Untersuchungen werden Schallgeber mit 10 MHz Grundfrequenz verwendet. Die Meßgenauigkeit ist besser als 0,5% in der Bestimmung der Schallgeschwindigkeit.

Der Zusammenhang zwischen Schallgeschwindigkeit und elastischen Koeffizienten ist wie folgt gegeben:

Vielkristalle

$$\rho {v_l}^2 = K + 4/3G = G\frac{4G-E}{3G-E}; \qquad (13)$$

$$\rho {v_t}^2 = G;$$

wobei ρ die Dichte und v_l und v_t die longitudinale und transversale Schallgeschwindigkeit sind.

Einkristalle

In Einkristallen ist die longitudinale bzw. transversale Schallgeschwindigkeit orientierungsabhängig. Für [110]-orientierte Einkristalle ergibt sich (kubisches System):

$$\rho {v_l}^2 = \frac{1}{2}(C_{11}+C_{12}+2C_{44}) = C_L;$$

$$\rho {v_{t1}}^2 = \frac{1}{2}(C_{11}-C_{12}) = C';$$

$$\rho {v_{t2}}^2 = C_{44} = C.$$

Die Indizes t1 und t2 beziehen sich auf die Polarisationsrichtung $[1\bar{1}0]$ und [001] der transversalen Schallwellen. Bei der Anwendung der Puls-Echo-Methode bei höheren Temperaturen ergeben sich oft Schwierigkeiten daraus, ein geeignetes Kopplungsmittel zu finden.

Weiterentwicklungen der oben beschriebenen klassischen Puls-Echo-Methode, z. B. die Impulsüberlagerungs- und die Phasenvergleichstechnik von McSkimin /20/, erlauben heute eine extrem genaue Bestimmung der Schallgeschwindigkeit und damit der elastischen Konstanten. Mit diesen Verfahren werden Genauigkeiten von 10^{-5}% in Relativmessungen und 10^{-2}%

in Absolutmessungen erreicht. Dieser hohen Genauigkeit wegen werden Schallgeschwindigkeitsmessungen oft dazu eingesetzt, Phasenumwandlungen zu untersuchen. Einige Beispiele dazu werden in Abschnitt 5. diskutiert.

4. Meßwerte von Ein- und Vielkristallen

4.1. Einkristalle

Tab. 1 gibt Raumtemperatur-Meßwerte der elastischen Konstanten häufig verwendeter Metalle wieder. Ihre Absolutwerte steigen in der Reihenfolge der Schmelzpunkte an.

Tabelle 1. Typische Werte elastischer Einkristallkonstanten und Anisotropien bei Raumtemperatur

Element	C_{11}	C_{33}	C_{44}	C_{12}	C_{13}	$A = \frac{2C_{44}}{C_{11}-C_{12}}$
	$[10^{11}$ dyn/cm$^2]$					
kubisch:						
Al	10,7	-	1,9	6,3	-	1,2
Cu	16,8	-	7,5	12,1	-	3,3
Fe	23,7	-	14,1	11,6	-	2,4
W	50,1	-	15,1	19,8	-	1,0
Mo	46	-	11,0	17,6	-	0,8
hexagonal:						
Zn	16,1	6,1	3,8	3,4	5,0	0,6
Ti	16,2	18,1	4,7	9,2	6,9	1,3
Zr	14,3	16,5	3,2	7,3	6,5	0,9

Die elastische Anisotropie (Gl. (5)) von kubischen Metallen gibt das Verhältnis der Schermoduln C_{44} für Scherungen auf den Würfelebenen {100} in beliebigen Richtungen und $C' = (C_{11}-C_{12})/2$ für Scherungen auf den Dodekaederebenen {110} in $\langle 1\bar{1}0\rangle$-Richtung an. Für die meisten Metalle liegt diese Anisotropie im Bereich $0,8 \leq A \leq 4$. Ausnahmen bilden die Alkalimetalle mit Werten von 6,7 (K) bis 8,4 (Li). Wolfram verhält sich als einziges Metall bei Raumtemperatur elastisch isotrop. Tab. 1 gibt auch einige charakteristische Daten für hexagonale Metalle wieder. Weitere Meßwerte können den Tabellen in /5/, /6/, /7/, /8/, /10/, /11/ entnommen werden+.

Der Elastizitätsmodul E von Einkristallen in einer beliebigen Gitter-Richtung <hkl> ergibt sich aus den elastischen Einkristallmoduln C_{ij} für kubische Gitter durch die Beziehung (vgl. Gl. (4)):

$$\frac{1}{E_{<hkl>}} = \frac{C_{11}+C_{12}}{(C_{11}-C_{12})(C_{11}+2C_{12})} - 2\left(\frac{1}{C_{11}-C_{12}} - \frac{1}{2C_{44}}\right)\Gamma_{<hkl>}. \quad (15)$$

Hierin bedeutet $\Gamma_{<hkl>}$ die gleiche Orientierungsfunktion wie in Gl. (4). Für ein elastisch isotropes Material ist $\Gamma = 1/5$. Weitere ausgezeichnete Werte sind: $\Gamma_{<100>} = 0$, $\Gamma_{<110>} = 1/4$, $\Gamma_{<111>} = 1/3$. Es ergibt sich, daß die E-Moduln in <100>- und <111>-Richtung Extremwerte darstellen. Die Einkristallmoduln $E_{<hkl>}$ (und $G_{<hkl>}$, wofür analoge Beziehungen bestehen) werden als technische Moduln bezeichnet. Für die meisten kubischen Metalle ist A > 1 und dementsprechend $E_{<111>} > E_{<110>} > E_{<100>}$. Als Beispiel zeigt Abb. 4 Meßwerte von $E_{<hkl>}$ als

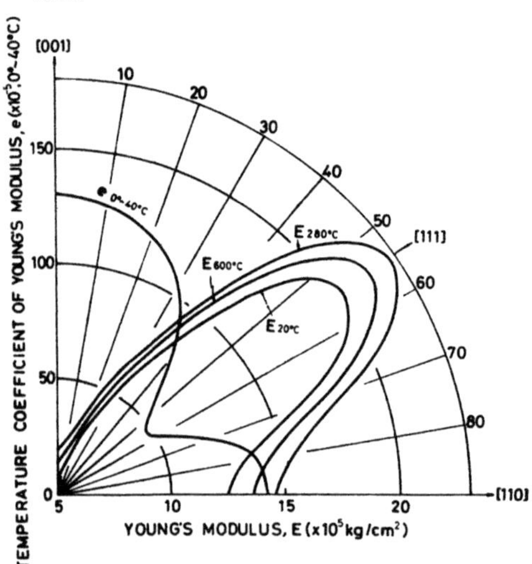

Abb. 4.
Berechnete Werte des E-Moduls und seines Temperaturkoeffizienten e als Funktion der Orientierung in der (110)-Ebene eines Fe-32%Ni-5%Co-Einkristalls /21/

+Statische Messungen ergeben die isothermen, dynamische Messungen bei ausreichend hohen Frequenzen die adiabatischen elastischen Konstanten. Der Unterschied beträgt im allgemeinen $[(C_{ij})_{ad} - (C_{ij})_{is}]/(C_{ij})_{is} < 1\%$ und liegt damit in der gleichen Größenordnung wie die Fehlergrenze der meisten Meßverfahren /5/.

Funktion der Richtung in der {110}-Ebene einer Fe-Ni-Co-Legierung /21/. Das Maximum in [1$\bar{1}$1]- und das Minimum in [001]-Richtung sind deutlich zu erkennen. Das Verhältnis der Extremwerte wird als technische Anisotropie

$$A_E = E_{<111>}/E_{<100>} \tag{16}$$

bezeichnet. Sie ist im allgemeinen um wenige Prozent kleiner als die Einkristall-Anisotropie der Scherkonstanten.

4.2. Vielkristalle

Das Bezugssystem für die elastischen Eigenschaften von Vielkristallen ist durch die Koordinaten der makroskopischen Probenform und die Richtung der plastischen Verformung bei der Herstellung gegeben. Die wichtigsten Probenformen sind die Blechform, die durch Walzrichtung (WR), Querrichtung (QR) und Normalrichtung (NR) gekennzeichnet ist, und die Draht- oder zylindrische Stabform, bei der anisotrope Eigenschaften auf die achsiale Richtung (Faserachse) bezogen werden.

Das elastische Verhalten von Vielkristallen ist überwiegend von der Orientierungsverteilung der Kristallite (Textur /22/, /23/) und in mehrphasigen Gefügen zusätzlich vom Volumenanteil der Phasen abhängig. Weiteren Einfluß haben die Korngrößen- und Kornformverteilung und die Gefügeanordnung. Bezüglich des Textureinflusses sind zwei Grenzfälle denkbar: eine scharfe Orientierungsverteilung, durch die Einkristallverhalten angenähert wird, und eine vollkommen regellose Verteilung, die quasi-isotropes Verhalten zur Folge hat. Der erste Fall ist z. B. bei der Goss-Textur in Fe-Si-Elektroblechen realisiert /24/; sie ist u.a. auch bei Kupfer mit ausgeprägter (001)[100]-Textur festgestellt worden /25/. Der zweite Grenzfall hat nur unter einschränkenden Voraussetzungen Bedeutung, weil praktisch alle Probekörper von der Erstarrung aus der Schmelze bis zur Endform Prozesse durchlaufen, die durch äußere Einflüsse (Wärmefluß, Richtung angreifender Kräfte) und innere Vorgänge (Verformung, Erholung, Rekristallisation, Phasenumwandlungen) zu texturbehafteten Zuständen führen. Aus der Betrachtung der Grenzfälle ergibt sich, daß Vielkristalle im allgemeinen elastisch anisotrop sind und die Anisotropie maximal den Einkristallwert erreicht.

Die elastische Anisotropie von kaltgewalzten α-Messingblechen nach Messungen von Liu und Alers /26/ ist in Abb. 5 als Beispiel für die ebene Anisotropie in Vielkristallen wiedergegeben. Der Elastizitätsmodul ist wie üblich als Funktion des Winkels zwischen der Meßrichtung (Längsrichtung einer entsprechend entnommenen Probe) und der Walzrichtung dargestellt. Außer der Abnahme des E-Moduls ist vor allem die starke Änderung der elastischen Anisotropie mit zunehmender Zn-Konzentration bemerkenswert. Sie beruht auf der starken Abhängigkeit des Gleitverhaltens und damit der Verformungstextur von der Stapelfehlerenergie, die mit zunehmender Zn-Konzentration abnimmt /23/. Die Extremwerte E_{max} und E_{min} des E-Moduls einer Einzelprobe können zur Definition der elastischen

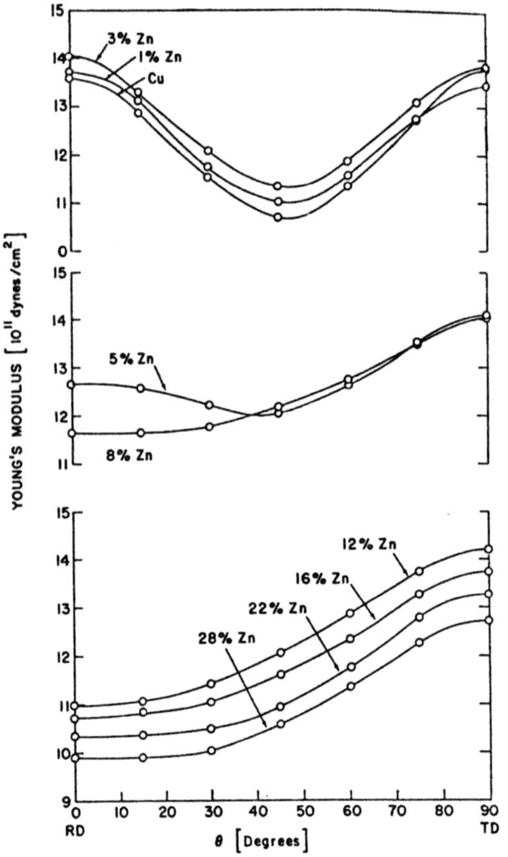

Abb. 5.
Experimentelle Werte des E-Moduls als Funktion des Winkels zur Walzrichtung (RD) in der Walzebene für verschiedene Cu-Zn-Legierungen /26/

Vielkristallanisotropie

$$A_V = E_{max}/E_{min} \quad (17)$$

herangezogen werden. Sie beträgt im vorliegenden Fall maximal $A_V = 1{,}29$. In Tab. 2 sind Werte von E_{max}, E_{min} und A_V für einige vielkristalline Metalle und Legierungen wiedergegeben; ihnen sind Werte der technischen Anisotropie gegenübergestellt. Man erkennt, daß die Vielkristallanisotropie durchgehend erheblich kleiner ist als die technische Einkristallanisotropie.

Tabelle 2. E-Moduln und Anisotropie von Vielkristallen bei Raumtemperatur

Material	E_{max} [10^{11} dyn/cm^2]	E_{min} [10^{11} dyn/cm^2]	$A_V=\frac{E_{max}}{E_{min}}$	$A_E=\frac{E_{<111>}}{E_{<100>}}$
Cu	13,5	10,6	1,27	3,21
Cu-28 Gew.% Zn	12,7	9,9	1,28	3,8
α-Fe	26,5	19,6	1,35	2,41
Fe-50 Gew.% Ni	13,2	7,8	1,68	3,14

4.3. Beziehungen zwischen Einkristall- und Vielkristallkonstanten

Zur Berechnung der Vielkristallkonstanten und der Vielkristallanisotropie aus Einkristalldaten werden verschiedene Näherungsverfahren angewendet, die bei einphasigen Zuständen im allgemeinen nur die Orientierungsverteilung der Kristallite, bei mehrphasigen Zuständen auch die Kristallitform und -anordnung berücksichtigen. Die Verfahren lassen sich in 3 Gruppen einteilen: 1. quasi-isotrope Näherungen, 2. Näherungen unter Verwendung von Textur-Ideallagen, 3. Näherungen auf der Basis vollständiger Orientierungs-Verteilungsfunktionen.

Die quasi-isotropen Näherungen beruhen auf der Annahme,

daß die Orientierungsverteilung vollkommen regellos ist. Diese Annahme kann bei feinkörnigen Vielkristallproben relativ gut erfüllt sein. Deshalb führen Berechnungen der quasi-isotropen elastischen Eigenschaften oft zu Übereinstimmung mit experimentellen Daten innerhalb der Meßgenauigkeit, besonders bei schwach anisotropem Material wie z. B. bei Al und Al-Legierungen.

Zur Berechnung der quasi-isotropen Vielkristallmoduln werden in der Literatur verschiedene Methoden angegeben /1/, /27/, /29/, /30/, /31/. Für den Schubmodul G ergibt der Mittelwert nach Voigt/1/ (für konstante Dehnung)

$$G_V = \frac{1}{5}\,(2C' + 3C) \tag{18}$$

einen oberen und der Mittelwert nach Reuss /27/ (für konstante Spannung)

$$\frac{1}{G_R} = \frac{1}{5}\left(\frac{2}{C'} + \frac{3}{C}\right) \tag{19}$$

einen unteren Grenzwert. C', C: Gl. (14). Die von Hill /29/ vorgeschlagene Mittelung

$$G_H = \frac{1}{2}\,(G_V + G_R) \tag{20}$$

führt in vielen Fällen zu guter Übereinstimmung mit den Meßwerten /32/ und unterscheidet sich für praktische Zwecke unwesentlich von der strenger begründeten Näherung von Kröner /30/, /31/. Mit Hilfe des vom Näherungsverfahren unabhängigen Kompressionsmoduls

$$K = C_L - C - C/3, \tag{21}$$

wobei $C_L = (C_{11} + C_{12} + 2C_{44})/2$ ist, kann der Elastizitätsmodul aus Gl. (8) berechnet werden.

Die Näherungen für Vielkristalle mit Textur unter Verwendung von Textur-Ideallagen beruhen auf der Beobachtung, daß viele Texturen sich als Überlagerung bestimmter Vorzugsorientierungen mit einem regellosen Anteil beschreiben lassen. Für den Elastizitätsmodul E_R in einer Richtung $\underline{R}$ des Bezugssystems (z. B. WR) kann in grober Näherung unter der Annahme konstanter Dehnung ein Mischungsgesetz der einfachen Form

$$E_R = \sum_i \lambda_i \, E_{\langle hkl \rangle_i} \tag{22}$$

angenommen werden; λ_i gibt den Volumenanteil von Körnern der Ideallage i an, deren Vorzugsrichtung <hkl> parallel zu R ist, $E_{<hkl>_i}$ ist der Elastizitätsmodul dieser Ideallage, der nach Gl. (8) berechnet werden kann. Alers und Liu /33/ haben für blechförmige Proben genauere Beziehungen für die Mittelwertbildung abgeleitet, die den Näherungen von Voigt und Reuss entsprechend einen oberen und unteren Grenzwert ergeben. Für konstante Spannung gilt

$$E_\sigma(\theta) = \{\sum_i \lambda_i \; [\alpha - \beta\gamma_i(\theta)]\}^{-1} \tag{23}$$

und für konstante Dehnung gilt

$$E_\varepsilon(\theta) = \sum_i \frac{\lambda_i}{[\alpha-\beta\gamma_i(\theta)]\{1-[\frac{2\beta\delta_i(\theta)}{\alpha-\beta\gamma_i(\theta)}]^2\}} \; ; \tag{24}$$

darin ist θ der Winkel zwischen der Walzrichtung und der betrachteten Richtung in der Blechebene, $\alpha = S_{11}$, $\beta = 2 (S_{11}-S_{12}-\frac{1}{2}S_{44})$, $\gamma_i(\theta)$ und $\delta_i(\theta)$ sind orientierungsabhängige Funktionen, die durch die Ideallage i gegeben sind. Liu und Alers /26/ haben diese Beziehungen benutzt, um aus Messungen der elastischen Anisotropie und bestimmten vorgegebenen Ideallagen, die aus Polfiguren abgeleitet waren, durch Anpassung die Volumenanteile dieser Ideallagen zu ermitteln. Abb. 6 zeigt drei Näherungsschritte. Die Kurven E_ε und E_σ stellen die für bestimmte Werte von λ_i berechneten Funktionen für die Winkelabhängigkeit des E-Moduls dar. Durch Variation von λ_i wurden diese Funktionen verändert, bis die Meßwerte in der Mitte des Streubandes verliefen. Aus der im unteren Teilbild gezeigten Näherung wurde abgeleitet, daß die Textur dieses Cu-28%Zn-Blechs aus folgenden Anteilen besteht:

$\lambda_1 = 0{,}35$ {110} <001-223>

$\lambda_2 = 0{,}15$ {110} <112>

$\lambda_3 = 0{,}50$ regellose Orientierung.

Die Genauigkeit dieser Anpassungsmethode liegt bei $\Delta\lambda_i = \pm\, 0{,}05$ /26/, /34/.

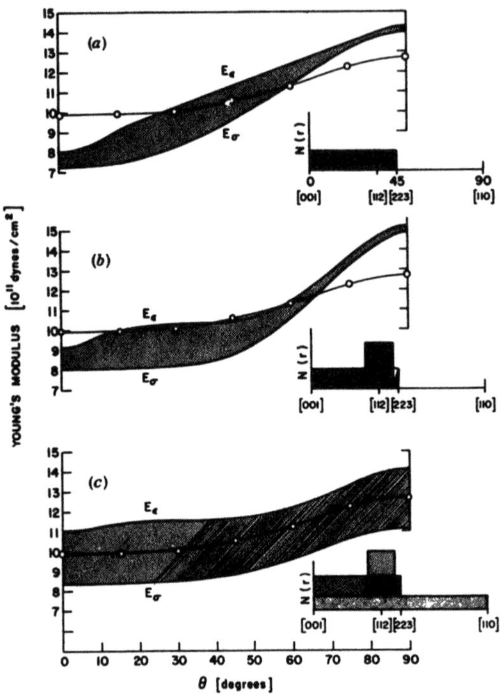

Abb. 6.
Vergleich der berechneten und beobachteten Werte (Kreise) von E(θ) für eine Cu-28% Zn-Legierung. Die Texturanteile sind für die verschiedenen Näherungen in den eingesetzten Diagrammen schematisch wiedergegeben: (a) {110}<001-223>; (b) {110} <001-223>+{110}<112>;(c) wie (b)+regelloser Anteil /26/

Auf der Basis der Beziehungen von Alers und Liu /33/ haben Hoddinot und Davies /34/ analoge Berechnungen für kubisch-raumzentrierte Metalle durchgeführt, deren Verformungsverhalten weitgehend vom Material unabhängig ist. In /34/ wird festgestellt, daß die Textur aller kaltgewalzten kubisch-raumzentrierten Metalle bei höheren Verformungsgraden folgenden Orientierungsanteilen zustrebt:

λ_1 = 0,25 {100}<011>

λ_2 = 0,20 {112}<110>

λ_3 = 0,55 [{111}<110> + {111}<112>].

Da die elastische Anisotropie empfindlich von den Texturanteilen 1-3 abhängt, ist in /34/ eine Methode zur Ermittlung der verschiedenen Texturanteile aus Messungen der Winkelabhängigkeit des Elastizitätsmoduls angegeben. Es wird darauf hingewiesen, daß damit eine Möglichkeit besteht, die texturbedingte Neigung von Tiefziehblechen aus Kohlenstoffstahl zur Zipfelbildung relativ einfach zu bestimmen.

Die Berechnung der elastischen Anisotropie aus dem Volumenanteil der Vorzugsorientierungen nach Gl. (22) oder nach Gl. (23) und (24) ist für praktische Anwendungen am einfachsten. Ein typisches Beispiel für technische Auswirkungen der elastischen Anisotropie sind die Unterschiede des Elastizitätsmoduls von Stangen aus einer Cu-0,4 Gew.% Cr-Legierung nach dem Strangpressen und nach dem Ziehen /47/. Im Preßzustand liegt eine <100>-Fasertextur mit etwa 30% regellosem Anteil, und E = 10.600 kp/mm^2 vor, während in kaltgezogenem Zustand eine ausgeprägte <111>-Textur zu E = 16.000 kp/mm^2 führt. Das Beispiel zeigt, daß die texturbedingte elastische Anisotropie erhebliche Unterschiede in den Werkstoffkennwerten in Abhängigkeit vom Herstellungszustand verursachen kann.

Ein technisch wichtiges Problem ist die texturbedingte elastische (und plastische) Anisotropie von Hüllrohren aus Zircaloy für Reaktorbrennelemente. In diesen Rohren treten durch die Kombination von Längsspannungen und Innendruck zweiachsige Spannungszustände auf, die durch die Achsialspannung σ_a und die Tangentialspannung am Rohrumfang σ_t bestimmt sind. Systematische Untersuchungen an Cu als Modellwerkstoff /25/ und an Zircaloy-Rohren /35/ haben gezeigt, daß die scheinbaren E-Moduln $1/E_a'$ und $1/E_t'$ in Übereinstimmung mit dem Experiment berechnet werden können, wenn die Nachgiebigkeiten S_{ij} des Werkstoffs, das Spannungsverhältnis $\alpha = \sigma_a/\sigma_t$ und der Kippwinkel γ des hexagonalen Basispols gegen die Rohrachse als Texturparameter gegeben sind.

Die Berechnung der elastischen Anisotropie mit Hilfe dreidimensionaler Orientierungsverteilungsfunktionen ist die genaueste aber auch aufwendigste Methode. Sie ist von Kneer /36/ mit der Näherung nach Kröner und außerdem von Bunge und Mitarbeitern /37/, /38/ mit der Näherung nach Hill entwickelt und auf die Analyse der elastischen Anisotropie von Stahlblech angewendet worden. Sie setzt voraus, daß jeweils die dreidimensionale Orientierungsverteilungsfunktion bekannt ist, die aus inversen Polfiguren abgeleitet werden kann. Nach Bunge und Mitarbeitern wird die Verteilungsfunktion $f(\underline{g})d\underline{g}$, die die Poldichte für alle Orientierungen $\underline{g}$ angibt, mit den Beziehungen für die Näherung nach Reuss

$$S^R_{ijkl} = \bar{S}_{ijkl} = S_{ijkl}(\underline{g})f(\underline{g})d\underline{g} \tag{25}$$

und für die Näherung nach Voigt

$$C^V_{ijkl} = \bar{C}_{ijkl} = C_{ijkl}(\underline{g})f(\underline{g})d\underline{g} \tag{26}$$

mit der Mittelung nach Hill zur Berechnung der elastischen Anisotropie herangezogen. Davies, Goodwill und Kallend /58/ haben die Methode auf Kupfer- und Messingblech angewendet und befriedigende Übereinstimmung zwischen der Textur und der berechneten und gemessenen elastischen Anisotropie festgestellt.

Eine einfachere Variante dieser Methode kann als Näherung verwendet werden, wenn, wie im Fall des hexagonalen α-Ti, der E-Modul zu einer ausgezeichneten Richtung, der c-Achse der Elementarzelle, symmetrisch ist (transversale Isotropie). Diese Näherung ist von Schmid und Boas /39/ angegeben und von Olsen und Moreen auf die Berechnung der elastischen Anisotropie von Ti-6%Al-4%V-Blech angewendet worden /40/, wobei sich sehr gute Übereinstimmung zwischen Rechnung und Experiment ergeben hat.

Der Einfluß der Kornform und der Orientierungskorrelation auf den Elastizitätsmodul ist bisher selten ermittelt worden. Aus einer Untersuchung an Kupferblech /57/ geht hervor, daß diese Einflüsse in Extremfällen eine Abweichung von 20% vom Hillschen Mittelwert ergeben können.

Für die elastischen Vielkristallmoduln heterogener Legierungen ergibt sich nach Paul /41/ aus Energiebetrachtungen ein unterer Grenzwert für parallel zur Spannungsrichtung verlaufende, faserartige Anordnungen

$$E \geq \frac{1}{\sum_i (\lambda_i / E_i)} \tag{27}$$

und ein oberer Grenzwert für stapelartige Anordnungen mit der Stapelachse parallel zur Spannungsrichtung

$$E \leq \sum_i \lambda_i E_i \; . \tag{28}$$

E_i sind die Elastizitätsmoduln der einzelnen Phasen, die aus den Einkristallkonstanten nach einer der beschriebenen Näherungen für die Spannungsrichtung ermittelt werden können.

Da die elastischen Einkristall- und Vielkristalldaten durch die Textur verknüpft sind, besteht im Prinzip die Möglichkeit, aus jeweils zwei dieser Eigenschaften die dritte zu ermitteln. Die Berechnung der Vielkristalldaten aus den Einkristalldaten und der Textur ist für praktische Zwecke eine wesentlich aufwendigere Methode als die experimentelle Bestimmung der elastischen Vielkristallanisotropie. Dieser Messung kommt andererseits zur Ermittlung des Volumenanteils der Ideallagen bekannter Texturen eine gewisse Bedeutung zu /26/, /34/. Die dritte Möglichkeit, aus Vielkristalldaten und Texturinformationen Einkristalldaten zu ermitteln, ist im Vergleich zur direkten Bestimmung wesentlich unsicherer und deshalb praktisch bedeutungslos.

5. Anomale elastische Eigenschaften

Die elastischen Konstanten nehmen mit abnehmender Temperatur entsprechend der harmonischen Näherung für die Gitterschwingungen linear zu. Bei tiefen Temperaturen nimmt die (negative) Steigung ab und wird bei 0 K entsprechend dem zweiten Hauptsatz zu null. In lückenlosen Mischkristallreihen ändern sich die elastischen Konstanten monoton mit der Konzentration /42/, /43/. Abweichungen von diesem normalen Verhalten treten u.a. in folgenden Fällen auf:

1. bei Übergängen in ferromagnetische und antiferromagnetische Zustände,
2. bei Gitterinstabilität im Zusammenhang mit strukturellen Phasenumwandlungen und
3. bei Änderungen der Bandstruktur.

Die magnetisch bedingten elastischen Anomalien /44/, die im magnetisch gekoppelten Zustand eine Abweichung $\Delta E(T)$ (bzw. $\Delta C_{ij}(T)$) von der normalen Temperaturabhängigkeit des Elastizitätsmoduls im paramagnetischen Zustand bewirken, setzen sich aus 3 Anteilen zusammen:

$$\Delta E = \Delta E_A + \Delta E_\omega + \Delta E_\lambda . \tag{29}$$

ΔE_A beruht darauf, daß mit der spontanen Volumenmagnetostriktion, d. h. mit der Änderung der zwischenatomaren Abstände, die durch die magnetischen Kopplungskräfte bedingt ist, auch die zwischenatomaren Bindungskräfte verändert werden. Nach der magnetischen Kopplungsenergie, der Austauschenergie, wird der Anteil ΔE_A als austauschenergetischer Beitrag bezeichnet. Er ändert sich mit der Temperatur entsprechend der Temperaturabhängigkeit der spontanen Magnetisierung. ΔE_ω beruht auf der induzierten Volumenmagnetostriktion, d. h. auf der Änderung der magnetischen Kopplungsenergie durch spannungsinduzierte Änderungen der Atomabstände. ΔE_λ schließlich ist auf die Zusatzdehnungen zurückzuführen, die mit der spannungsinduzierten Umorientierung von Domänen durch Wandverschiebungs- und Drehprozesse verbunden sind; sie beruhen auf der linearen Sättigungsmagnetostriktion λ_s. Eine technisch wichtige Anwendung der magnetisch bedingten elastischen Anomalien ist die Ausnutzung des sogenannten Elinvarverhaltens. Damit wird die Eigenschaft bestimmter Legierungen bezeichnet, daß der negative, thermisch bedingte Temperaturkoeffizient des E-Moduls durch den magnetischen Beitrag $\Delta E(T)$ kompensiert wird. Abb. 7 zeigt die magnetisch beeinflußte, stark

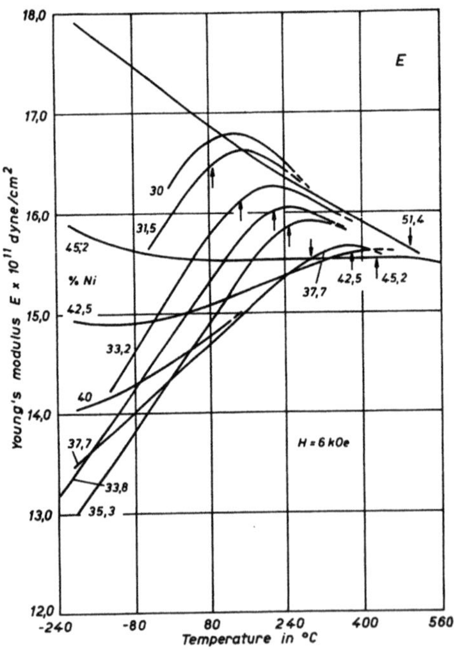

Abb. 7. Temperaturabhängigkeit des E-Moduls von Fe-Ni-Legierungen, aus den Einkristallkonstanten nach der quasi-isotropen Näherung berechnet /45/. Die Pfeile geben die Curie-Temperatur an

anomale E(T)-Abhängigkeit der Fe-Ni-Legierungen im Konzentrationsbereich 30 - 50% Ni /45/. Bei 45% Ni tritt von ca 0 bis 500°C das Elinvarverhalten auf. Legierungen auf dieser Basis werden deshalb zum Beispiel zur Herstellung von Uhrfedern verwendet. Bei 51,4% Ni ist die E-Modulanomalie nur schwach ausgeprägt, weil der austauschenergetische Beitrag für Fe-Ni-Legierungen oberhalb 50% Ni betragsmäßig klein ist. Da die elastischen Einkristallkonstanten durch die magnetischen Kopplungseffekte unterschiedlich stark beeinflußt werden, tritt unterhalb der Curie-Temperatur T_C auch eine ausgeprägte Anomalie der elastischen Anisotropie auf, wie Abb. 8, ebenfalls am Beispiel der Fe-Ni-Legierungen, zeigt /46/. Für das Elinvarverhalten spielt deshalb auch der Textureinfluß eine wesentliche Rolle /49/.

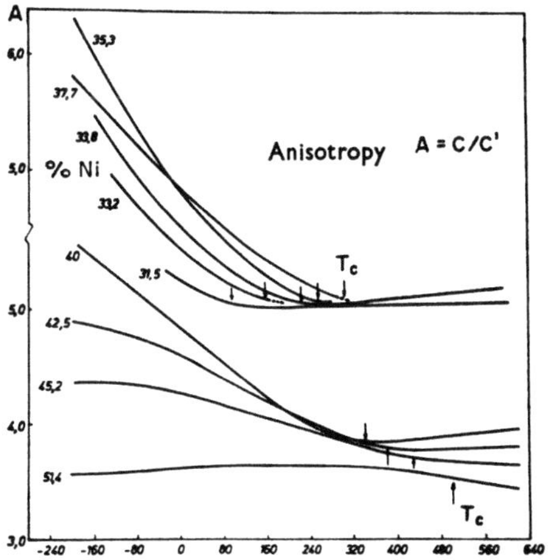

Abb. 8.
Temperaturabhängigkeit der elastischen Anisotropie $A = C/C'$ von Fe-Ni-Legierungen /46/

Die elastischen Anomalien, die mit der Instabilität von Phasen bei der Annäherung an Umwandlungspunkte auftreten, sind besonders von Untersuchungen kubisch-raumzentrierter β-Phasen im Zusammenhang mit martensitischen Umwandlungen /49/ und von supraleitenden Phasen des Strukturtyps A15 /50/ bekannt. Mit sinkender Temperatur nimmt in diesen Legierungen die Scherkonstante $C' = (C_{11}-C_{12})/2$ stärker als die Scherkonstante C_{44} ab, so daß der Wert von A stark ansteigt, wie Abb. 9 am Beispiel von β-AuCd-Legierungen zeigt /51/. Es ist zu erkennen, daß die Anisotropie erheblich höhere Werte annimmt als diejenigen, die bei Metallen mit normalem Verhalten beobachtet werden (Vgl. Tab. 2). Diese anomalen elastischen Eigenschaften sind ein Teil der Grundlagen für die Pseudoelastizität und den Gedächtniseffekt /52/, /53/.

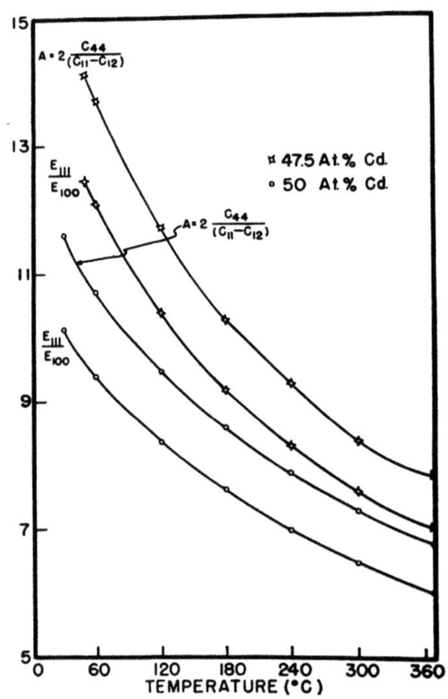

Abb. 9.
Temperaturabhängigkeit der elastischen Anisotropien A und A_E von Au-Cd-Legierungen /51/

Eine weitere elastische Anomalie, die aber nicht mit magnetischen oder strukturellen Umwandlungen in Zusammenhang steht, wird u. a. in Nb und Nb-Legierungen beobachtet: in ihnen durchläuft C_{44} als Funktion der Temperatur ein Minimum, während die anderen Konstanten eine normale Temperaturabhängigkeit aufweisen. Abb. 10 zeigt diese Anomalie /54/. Wie die für verschiedene Werte von <hkl> aufgetragenen $E_{<hkl>}(T)$-Kurven erkennen lassen, kann durch Änderungen der Textur das anomale Verhalten erheblich beeinflußt werden. Diese Abhängigkeit spielt für die Verwendung von Nb-Legierungen als Elinvar-Werkstoff eine wesentliche Rolle /44/. Es wird vermutet, daß die Nb-Anomalie auf temperaturabhängigen Änderungen der Bandstruktur in Verbindung mit der hohen Zustandsdichte der Elektronen an der Fermigrenze beruht. Auf dieser Basis werden auch die elastischen Anomalien der als Supra-

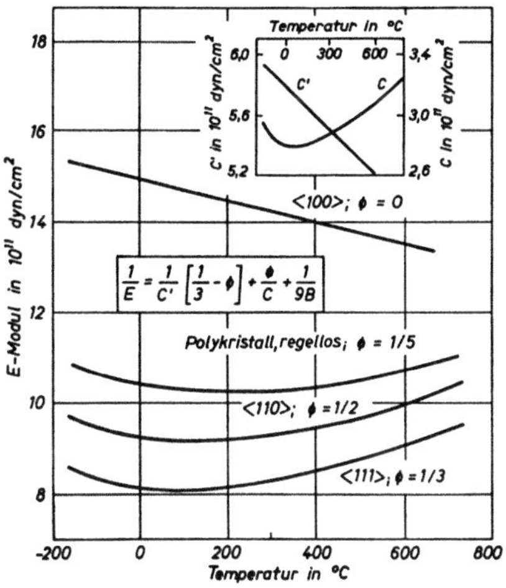

leiter mit hohem Sprungpunkt bekannten A15-Phasen V_3Si und Nb_3Sn gedeutet /55/; eine entsprechende Deutung der C-Anomalie von Nb ist allerdings noch nicht gelungen /56/.

Abb. 10. Temperaturabhängigkeit des E-Moduls $E_{\langle hkl \rangle}$ von Armstrong, Dickinson und Brown /54/

Die elastische Anisotropie ist im hier gegebenen Zusammenhang nur als makroskopische Eigenschaft betrachtet worden. Daneben hat sie auch durch Einflüsse im atomaren und im mikroskopischen Bereich Folgen für das Werkstoffverhalten. Als Beispiel im atomaren Bereich sei erwähnt, daß die Besetzung von Zwischengitterplätzen kubisch-raumzentrierter Metalle durch interstitiell gelöste Atome von der elastischen Anisotropie $A_i = E_{\langle 210 \rangle}/E_{\langle 001 \rangle}$ des Wirtsgitters bestimmt wird. Für $A_i > 1$ (Fe, Ta) sind oktaedrische Plätze energetisch günstiger, für $A_i < 1$ (V) tetraedrische Plätze. Im mikroskopischen Bereich bewirkt die Anisotropie der Spannungen und elastischen Verzerrungen bei kohärenten Ausscheidungen, daß die Form und die Anordnung der Teilchen ebenfalls anisotrop sind. Dies ergibt eine Anisotropie der Eigenschaften, die einerseits das Werkstoffverhalten beeinträchtigen kann wie z. B. bei aushärtbaren Legierungen, andererseits aber auch genutzt wird, wie z. B. zur Einstellung der Vorzugsrichtung bei hartmagnetischen Legierungen vom Alnico-Typ. Eine Darstellung dieser Zusammenhänge ist im vorliegenden Rahmen nicht möglich; wegen ihrer Bedeutung für das anisotrope mechanische Verhalten von Werkstoffen wird auf sie hingewiesen.

Frau Prof. Dr. J. Grewen, Herrn Prof. Dr. P. Wincierz und Herrn Dr. K.H. Matucha danken wir für hilfreiche Hinweise.

Literatur

1. Voigt, W.: Lehrbuch der Kristallphysik. Leipzig: Teubner 1928.
2. Nye, J.F.: Physical Properties of Crystals. Oxford: Clarendon Press. 1957.
3. Landau, L.D., E.M. Lifschitz: Theory of Elasticity. London: Pergamon Press. 1959.
4. Mason, W.P.: Physical Acoustics and the Properties of Solids. Princeton: Van Nostrand. 1958.
5. Hearmon, R.F.S.: The Elastic Constants of Anisotropic Materials. Rev. Mod. Physics 18, 3, 409 (1946).
6. Hearmon, R.F.S.: Advances in Physics 5, 323 (1956).
7. Huntington, H.B.: The Elastic Constants of Crystals. Solid State Physics 7, 214 (1958).
8. Huntington, H.B.: Crystalline Elasticity. Advances in Materials Research. 2, 1 - 15. New York: J. Wiley & Sons. 1968.
9. Green, R.E.: Ultrasonic Investigation of Mechanical Properties, Treatise in Materials Science and Technology, Vol. 3. New York-London: Academic Press. 1973.
10. Hearmon, R.F.S.: Die elastischen Konstanten nicht-piezoelektrischer Kristalle, in: Landolt-Börnstein, Neue Serie, Gruppe III, Band 1; Springer-Verlag, Berlin-Heidelberg-New York 1966.
11. Chung, D.H., W.R. Buessem: The Elastic Anisotropy of Crystals, in: Anisotropy in Single Crystal Refractory Compounds, Vol. 2, p. 217. New York: Plenum Press. 1968.
12. Nowick, A.S., B.S. Bery: Anelastic Relaxation in Crystalline Solids. New York - London: Academic Press. 1972.

13. Fine, M.E.: ASTM Bull. 181, 20 (1952).
14. Kittel, C.: Introduction to Solid State Physics. New York: J. Wiley & Sons. 1957.
15. Stumm, W.: Quantitative Zusaammenhänge zur Auswertung der Meßergebnisse des Elastomaten. Reutlingen: Institut Dr. Förster. 1973.
16. Förster, F.: Z. Metallkde. 29, 109 (1937).
17. Bungardt, K., H. Preisendanz, P. Schuler: Über den Einfluß unterschiedlicher Randbedingungen auf die Messung elastomechanischer Größen im KHz-Bereich. DEW-Techn. Ber. 6, 32 (1966).
18. Freyer, G., H.D. Tietz: Methoden der Ultraschall-Geschwindigkeitsmessung unter besonderer Berücksichtigung der Impuls-Laufzeit-Verfahren. Wiss. Z. Techn. Hochschule Magdeburg 10, 117 (1966).
19. Truell, R., C. Elbaum, B.B. Chick: Ultrasonic Methods in Solid State Physics. New York: Academic Press. 1969.
20. McSkimin: Physical Acoustics (W.P. Mason ed., Academic Press, New York, 1964) Vol. IA, p. 272; J. Acoust. Soc. Am. 33, 12 (1961); J. Acoust. Soc. Am. 41, 1052 (1967).
21. Masumoto, H., M. Kikuchi, S. Sawaya: Elastic Anisotropy and Its Temperature Dependence of Single Crystals of 63% Fe-32% Ni-5% Co Alloy (Super-Invar). Trans. Japan Inst. Met. 11, 176 - 179 (1970).
22. Wassermann, G. und J. Grewen: Texturen metallischer Werkstoffe, 2. Aufl., Berlin-Göttingen-Heidelberg: Springer. 1962.
23. Grewen, J. und G. Wassermann: Entstehung von Verformungstexturen. In diesem Band.
24. Papadakis, E.P.: Elastic Wave Velocities in Various Alloy Strips. Metall. Trans. 2, 575-578 (1971).
25. Althoff, J., K.-H. Matucha und P. Wincierz: Elastische Anisotropie von Kupfer mit (001)[100]-Textur unter zweiachsiger Beanspruchung. Z. Metallkde. 63, 615-617 (1972).
26. Liu, Y.C. and G.A. Alers: The Anisotropy of Young's Modulus in Cold-Rolled Sheets of Binary Cu-Zn Alloys. Trans. AIME 236, 489-495 (1966).

27. Paul, B.: Prediction of Elastic Constants of Multiphase Materials. Trans. Met. Soc. AIME 218, 36-41 (1960).
28. Huber, A. und E. Schmid: Elastische Eigenschaften quasi-isotroper Vielkristalle. Helv. Phys. Acta 7, 435 (1934).
29. Hill, R.: Proc. Phys. Soc. A52, 349 (1952).
30. Kröner, E.: Z. Phys. 151, 504 (1958).
31. Kröner, E.: Elastizität und Plastizität in Vielkristallen. In diesem Band.
32. Chung, D.H., and W.R. Buessem: J. Appl. Phys. 38, 2535 (1967).
33. Alers, G.A., and Y.C. Liu: Calculation of Elastic Anisotropy in Rolled Sheet. Trans. AIME 236, 482-489 (1966).
34. Hoddinott, D.S., and G.J. Davies: The Anisotropy of Young's Modulus and Texture in Sheets of B.C.C. Metals. J. Inst. Metals 97, 155-159 (1969).
35. Dressler, G., K.-H. Matucha, and P. Wincierz: Experimental and Theoretical Analysis of Anisotropic Mechanical Properties of Zircaloy Fuel Element Claddings. 2nd Int. Conf. on Structural Mechanics in Reactor Technology, Berlin, 10.-14. Sept. 1973. Vol. 1, C2/2. - Wird veröffentlicht in: Nuclear Engineering and Design.
36. Kneer, G.: Über die Berechnung der Elastizitätsmoduln vielkristalliner Aggregate mit Textur. phys. stat. sol. 9, 825-838 (1965).
37. Bunge, H.J., and W.T. Roberts: Orientation Distribution, Elastic and Plastic Anisotropy of Stabilized Steel Sheet. J. Appl. Cryst. 2, 116-128 (1969).
38. Bunge, H.J.: Kristall und Technik. 3, 431 (1968)
39. Schmid, E. und W. Boas: Kristallplastizität. Berlin: Springer. 1935.
40. Olsen, R.H., and H.A. Moreen: Calculation of the Elastic Anisotropy of Ti-6Al-4V Alloy Sheet From Pole Figure Data. Metall. Trans. 4, 701-705 (1973).
41. Paul, B.: Prediction of Elastic Constants of Multiphase Materials. Trans. Met. Soc. AIME 218, 36-41 (1960).

42. Köster, W., und W. Rauscher: Beziehungen zwischen dem Elastizitätsmodul von Zweistofflegierungen und ihrem Aufbau. Z. Metallkde. 39, 111-120 (1948).
43. Kuzmenko, P.P., G.H. Galina und R.M. Burbelo: Einfluß der Ordnungseinstellung und der Konzentration auf die elastischen Konstanten von Legierungen. Ukrain. Z. Phys. 15, Nr. 12, 2016-2020 (1970).
44. Hausch, G., H. Warlimont: "Invar" und "Elinvar": Legierungen mit bestimmter Wärmeausdehnung bzw. besonderen elastischen Eigenschaften. Z. Metallkde. 64, 152-160 (1973).
45. Hausch, G., and H. Warlimont: Polycrystalline Elastic Constants of Iron-Nickel Invar Alloys. Z. Metallkde. 63, 547-552 (1972).
46. Hausch, G. and H. Warlimont: Single Crystalline Elastic Constants of Ferromagnetic Face Centered Cubic Fe-Ni Invar Alloys. Acta Met. 21, 401-414 (1973).
47. Wincierz, P.: Private Mitteilung.
48. Albert, H.: The Effect of Rolling-Texture on the Magneto-Elastic Properties of Constant Modulus Alloys. Intermag 1973, Paper No. 160. Wird veröffentlicht in: The Conference Proceedings, IEEE Transactions on Magnetics.
49. Nakanishi, N.: A Calculation of the Elastic Constants and the Effect of Their Anisotropy on the Martensitic Transformation in 3/2 Electron Compounds. Trans. Japan. Inst. Metals 6, 222 (1965).
50. Testardi, L.R., R.R. Soden, E.S. Greiner, J.H. Wernick and V.G. Chirba: Phys. Rev. 154, 399-401 (1967).
51. Zirinsky, S.: The Temperature Dependence of the Elastic Constants of Gold-Cadmium Alloys. Acta Met. 4, 164-171 (1956).
52. Nakanishi, N., Y. Murakami and S. Kachi: Pseudoelasticity and Elastic Anisotropy in the β Phase Thermoelastic Alloys. Scripta Met. 5, 433-440 (1971).
53. Delaey, L., R.V. Krishnan, H. Tas und H. Warlimont: Thermoelasticity, Pseudoelasticity and the Memory Effects. Wird veröffentlicht.

54. Armstrong, P.E., J.M. Dickinson and A.L. Brown. Trans. AIME 236, 1404 (1966).
55. Labbé, J., et J. Friedel: Instabilité Électronique et Changement de Phase Cristalline des Composés du Type V_3Si a Basse Température. J. Phys. 27, 153-165 (1966).
56. Rehwald, W., M. Rayl, R.W. Cohen and G.D. Cody. Phys. Rev. B6, 363 (1972).
57. Bunge, H.J., K. Öhme und F. Günther: On the Influence of the Grain Form or the Orientation Correlation on the Young's Modulus of Copper Sheet. Phys. Stat. Sol. (a) 1, K135-K137 (1970).
58. Davies, G.J., D.J. Goodwill und J.S. Kallend: Elastic and Plastic Anisotropy in Sheets of Cubic Metals. Metall. Trans. 3, 1627 - 1631 (1972).

Anschriften der Verfasser: Prof. Dr. H. Warlimont, Max-Planck-Institut für Metallforschung, Seestraße 75, D-7000 Stuttgart 1, Bundesrepublik Deutschland; Dr. G. Hausch, z. Zt. Department of Metal Science and Technology, Kyoto University, Sakyo-Ku, Kyoto, Japan.

THEORIE DER ELASTISCHEN KONSTANTEN

K. BAUMANN, Graz

1. Einleitung

In den letzten zehn bis fünfzehn Jahren wurde die sog. Pseudopotentialmethode mit bemerkenswertem Erfolg in der Quantentheorie der einfachen Metalle angewendet. Zu den wichtigsten Ergebnissen dieses Verfahrens gehört eine Formel für die Kohäsionsenergie in Abhängigkeit von der Kristallstruktur. Das bedeutet unter anderem, daß wir heute eine mikroskopische Theorie der elastischen Energie der einfachen Metalle besitzen. In dem folgenden Referat soll diese Theorie in ihren Grundzügen dargelegt werden. Ausführliche Darstellungen geben Harrison /1/ sowie Heine und Weaire /2/.

2. Adiabatische Näherung und Hartreenäherung

Jeder Festkörper ist ein Bindungszustand von etwa 10^{23} Atomkernen und Elektronen. Dieses enorm komplizierte Vielkörperproblem läßt sich aber annähernd auf eine Summe von Einteilchenproblemen zurückführen. Die Zurückführung geht in zwei Schritten vor sich. Der erste Schritt ist die adiabatische Näherung. Man berechnet zunächst die Grundzustandsenergie des Elektronengases, wenn die Atomkerne in einer Konfiguration R festgehalten werden. Die Elektronenenergie ist also eine Funktion $E_{el}(R)$. Sodann stellt man neue Bewegungsgleichungen der Kerne auf, welche die Elektronenkoordinaten nicht mehr enthalten, dafür aber $E_{el}(R)$ als Beitrag zur potentiellen Energie des Systems (neben der elektrostatischen Energie). Dieses Gleichungssystem kann man lösen, wenn man Glieder vernachlässigt, die quadratisch in der Auslenkung der Atomkerne aus der Gleichgewichtslage sind. Der in der adiabatischen Näherung gemachte Fehler geht gegen null, wenn das Verhältnis zwischen Elektronenmasse und Kernmasse gegen null geht.

Der zweite Schritt zur Lösung des Vielkörperproblems ist die Berechnung der Energie $E_{el}(R)$. Die Bewegungsgleichung jedes Elektrons enthält die Coulombfelder der ruhenden Kerne und der raschbewegten übrigen Elektronen. Die Hartreenäherung besteht darin, die Kraftfelder der Elektronen durch ihr Zeitmittel zu ersetzen. Dadurch sind die Bewegungsgleichungen entkoppelt. Das Kraftfeld muß selbstkonsistent bestimmt werden, d.h. so, daß die in ihm sich einstellende Ladungsdichte eben dieses Feld hervorruft.

Dieses Verfahren liefert für ein sehr dichtes Elektronengas das exakte Ergebnis. Bei den mäßig hohen Elektronendichten in den Metallen aber reicht die Hartreenäherung nicht aus, und man weiß heute noch nicht genau, wie sie verbessert werden muß. Kohn und Sham /3/ haben bewiesen, daß es auch bei beliebigen Dichten ein Einkörperproblem gibt, dessen vollständige Lösung das exakte $E_{el}(R)$ liefert. Für die bei diesem Problem zu verwendende Potentialfunktion gibt es aber bis jetzt nur provisorische Ansätze.

Doch selbst in der Hartreenäherung wären wir nicht imstande, die Bewegungsgleichungen zu lösen, wenn nicht zwei weitere Vereinfachungen hinzukämen, die im nächsten Abschnitt zu besprechen sein werden.

3. Die Elektronenstruktur der einfachen Metalle

Die in der adiabatischen Näherung berechnete Grundzustandsenergie besteht aus zwei Teilen: der Nullpunktsenergie der Gitterschwingungen und der potentiellen Energie des Kristallgitters in der Gleichgewichtskonfiguration R_o. Die Nullpunktsschwingungen tragen nur wenig zur Gesamtenergie bei, und wir werden uns nicht weiter mit ihnen beschäftigen. Es genügt uns dann, $E_{el}(R_o)$ zu kennen. In der Konfiguration R_o bilden die Atomkerne ein Raumgitter und geben zu einem periodischen elektrischen Feld Anlaß. Man kann zeigen, daß dann das Hartreepotential die gleiche Periodizität hat.

Ein bekanntes Theorem besagt, daß die stationären Lösungen der Schrödingergleichung für ein periodisches Potential die Form

$$u(\vec{r})e^{i\vec{k}\cdot\vec{r}}$$

haben, wobei $u(\vec{r})$ die Periodizität des Potentials hat /4/. Der Vektor $\hbar k$ heißt Blochimpuls. Jedes Elektron hat in der Hartreenäherung seine eigene Wellenfunktion, einen bestimmten Blochimpuls und eine bestimmte Energie E. Die Funktion $E(\vec{k})$ nennt man die Bandstruktur eines Festkörpers.

Wir kommen jetzt zur Formulierung jener Eigenschaft der Elektronenstruktur, die eine einfache Theorie der Kohäsion ermöglicht: Die Elektronen zerfallen in zwei scharf unterschiedene Gruppen, die Rumpfelektronen und die Leitungselektronen. Die Atomrümpfe unterscheiden sich fast nicht von freien Ionen. Hingegen sehen die Bandstrukturen der Leitungselektronen so aus, als wäre das periodische Potential nur ein schwaches Störpotential. Man sieht das am besten an den Fermiflächen, die sich nur wenig von Kugeln unterscheiden (Abb. 1, 2). Nur auf Metalle, welche alle diese Eigenschaften aufweisen, ist die im folgenden zu beschreibende Theorie anwendbar.

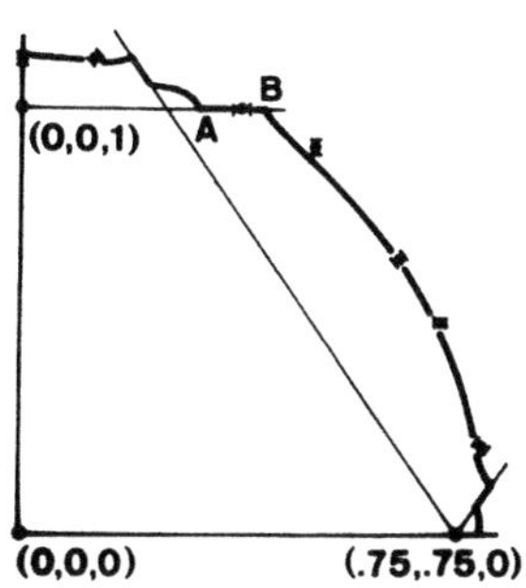

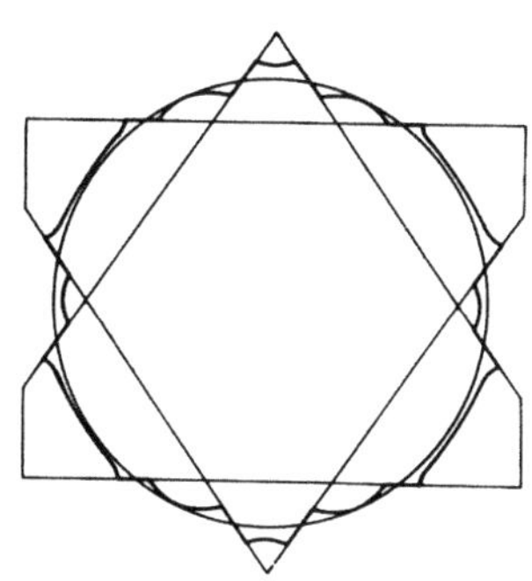

Abb. 1 und 2. Querschnitte durch die Fermiflächen von Aluminium und Blei

4. Pseudopotentiale

Das selbstkonsistente Potential hat bei den einfachen Metallen einen schwachen Einfluß auf die Energien der Leitungselektronen, obwohl es keineswegs schwach ist. Es bindet die

Rumpfelektronen an die Atomkerne, was ein Kennzeichen eines starken Potentials ist. Sein geringer Einfluß auf die Leitungselektronen wird folgendermaßen erklärt. In die Energien der Leitungselektronen gehen nur die Streueigenschaften der Ionen ein, die Streueigenschaften bestimmen aber ein Potential nicht eindeutig. Insbesondere gibt es zu jedem Potential ein anderes mit der gleichen Streufähigkeit, aber ohne Bindungszustand. Man nennt dieses Ersatzpotential ein Pseudopotential. Die Pseudopotentiale der Metallionen sind zwar immer noch zu groß für eine Störungsrechnung, aber in einer dicht gepackten Kristallstruktur mitteln sich ihre Gradienten weitgehend heraus. Die Leitungselektronen gleichen damit einem Elektronengas in einem schwachen äußeren Potential.

Dadurch vereinfacht sich das theoretische Problem ganz entscheidend. Zunächst nimmt das Hartreepotential eine besonders einfache Form an. Man erhält das gesamte Störpotential, indem man jede Fourierkomponente des Ionenpotentials durch die entsprechende Dielektrizitätskonstante $\varepsilon(\vec{q})$ des Leitungselektronengases dividiert. Sodann ist die Bandstruktur in erster Näherung gegeben durch den ungestörten Ausdruck

$$\hbar^2 k^2/2m + \text{const.}$$

Das Störpotential bewirkt zweierlei Korrekturen hiezu. Erstens tritt an die Stelle der Elektronenmasse m eine etwas veränderte effektive Masse, zweitens erleiden die Energieflächen jene typischen Verzerrungen, die wir bei den Fermiflächen beobachten.

Hartreepotential und Bandstruktur lassen sich auch für ein stärkeres Potential berechnen, wenn auch wesentlich mühsamer. Entscheidend aber wird die Kleinheit des Potentials, wenn man zur Gesamtenergie, bzw. zu $E_{el}(R_o)$ vordringen will.

5. Die Gesamtenergie

Die Gesamtenergie des Metalls können wir zerlegen in die potentielle Energie eines Raumgitters aus Atomrümpfen und in die Energie der Leitungselektronen. Die Elektronenenergie wiederum kann man in die Energie eines freien Elektronengases und in die Korrektur zerlegen, die vom Störpotential kommt.

Eine Störungsrechnung zweiter Ordnung ergibt für diese Korrektur $\sum_{q\neq 0} |S(\vec{q})|^2 F(\vec{q})$

$S(\vec{q})$ bedeutet den Strukturfaktor des Gitters und hängt nur von der Ionenkonfiguration ab. $F(\vec{q})$ hängt vom Pseudopotential des einzelnen Ions und von der Dichte ab, ist aber sonst von der Ionenkonfiguration unabhängig. Diese Separation von Atom- und Struktureigenschaften ist einer der wichtigsten Züge der Theorie. Sie ermöglicht es uns, die Energiedifferenzen verschiedener Konfigurationen zu berechnen, unter anderem auch die Energiedifferenz zwischen einem verzerrten und einem unverzerrten Gitter, also die elastische Energie.

6. Die berechneten elastischen Konstanten

Die ersten Berechnungen elastischer Konstanten mit der hier beschriebenen Theorie enthalten über die unvermeidlichen Näherungsannahmen hinaus noch weitere Vereinfachungen. Dadurch wird der Rechenaufwand herabgesetzt, zugleich aber das Ergebnis in unkontrollierbarer Weise verändert. Hier soll vor allem über solche Rechnungen berichtet werden, welche keine zusätzlichen Vereinfachungen enthalten. Auch dann noch treten Unterschiede in den Ergebnissen auf. Das liegt einmal daran, daß das zu einem vorgegebenen Potential gehörige Pseudopotential nicht eindeutig bestimmt ist. Verschiedene Potentialansätze liefern aber, als Störpotential verwendet, verschiedene Näherungswerte für die Kohäsionsenergie. Der zweite Grund liegt in den unterschiedlichen Ansätzen zur Verbesserung der Hartreenäherung. Es gibt einen Pseudopotentialansatz von Heine und Abarenkov /5/, in dem ein Teil dieser Unsicherheit dadurch eliminiert wird, daß die Energieniveaus eines zusätzlichen Elektrons im Feld eines Metallions, die experimentell bekannt sind, in die Potentialfunktion eingehen.

In Tab. 1-4 stellen wir die berechneten elastischen Konstanten zweiter Ordnung den auf den absoluten Nullpunkt extrapolierten empirischen Werten gegenüber. Zwischen den angeführten Konstanten bestehen die Beziehungen

$$C' = \frac{1}{2}(C_{11}-C_{12})$$

Tabelle 1. Elastische Konstanten von Na in 10^{11} dyn/cm^2

	beobachtet /6/	berechnet
C_{11}	0,86	0,81 /7/
C_{44}	0,59	0,59 /7/
C'	0,073	0,058 /7/
K	0,75	0,70 /8/

Tabelle 2. Elastische Konstanten von Al

	beobachtet /9/	berechnet
C_{11}	11	11 /7/
C_{44}	3,1	4,3 /7/
C'	2,6	2,5 /7/
K	7,8	7,8 /8/

Tabelle 3. Elastische Konstanten von Be

	beobachtet /10/	berechnet
C	93	96/11/ 88/12/
C'	13	13/11/,/12/
C_{44}	16	9/11/ 16/12/

Tabelle 4. Elastische Konstanten von Mg

	beobachtet /13/	berechnet
C_{11}	6,3	6,9 /14/
C_{33}	6,65	7,4 /14/
C_{44}	1,8	1,8 /14/,/15/
		1,9 /12/
C	13,5	15,4/12/ 12/15/
C'	1,9	1,9/14/ 2,0/12/
		2,1 /15/

$$K = \frac{1}{3}(C_{11}+2C_{12})$$
$$C = C_{11}+C_{12}+2C_{33}-4C_{13}$$

In guter Übereinstimmung mit dem Experiment befindet sich

ferner eine Berechnung des Kompressionsmoduls K für Kalium /8/. Hingegen stimmen die berechneten elastischen Konstanten von Blei /7/, Zink /12/ und Kadmium /12/ nicht einmal qualitativ mit dem Experiment überein. Beim Blei macht man dafür Spin-Bahn-Effekte und die Abweichung der Fermiflächen und der Elektronenwellenfunktionen vom idealisierten Verhalten verantwortlich. Zink und Kadmium zeichnen sich auch durch ein besonders großes Achsenverhältnis c/a aus, das unerklärt ist.

Berechnet wurden ferner elastische Konstanten erster Ordnung /12/ und dritter Ordnung /16/ sowie die Druckabhängigkeit der Konstanten zweiter Ordnung /7/, /16/, /17/, /18/.

7. Grenzen der Theorie

Die hier dargestellte Theorie der Kohäsion ist auf Metalle beschränkt, welche die im 3. Abschnitt besprochenen Eigenschaften aufweisen:

1.) Der Atomrumpf soll im Metall der gleiche sein wie im freien Atom. Äquivalent ist die Annahme kleiner Atomrümpfe.

2.) Das Kristall-Pseudopotential (aber nicht notwendig das Atom-Pseudopotential) soll ein kleines Störpotential sein.

Bei den Übergangsmetallen mit ihren unabgeschlossenen d-Schalen bricht entweder die erste oder die zweite Voraussetzung zusammen. Behandelt man die d-Elektronen als Rumpfelektronen, ist die erste Voraussetzung verletzt. Behandelt man sie als Leitungselektronen, dann ist das Störpotential nicht klein, weil die Atompackung nicht mehr sehr dicht ist, wenn man die

Abb. 3. Fermifläche von Kupfer

d-Schale nicht zum Rumpf zählt. Auch ein d-Band knapp unter der Fermienergie (Cu, Ag, Au) oder über der Fermienergie (Ca, Sr, Ba) entzieht der Theorie die Voraussetzungen, die Fermiflächen sind weit von der Kugelform entfernt (Abb. 3).

In den allerletzten Jahren haben Harrison /19/ und Moriarty /20/ die Theorie auf d-Band-Metalle verallgemeinert. Die verallgemeinerte Theorie wird aber hoffnungslos kompliziert, außer das d-Band ist ganz oder fast voll bzw. leer. Es liegen erste Anwendungen auf die Edelmetalle /21/ und auf die Erdalkalien /22/ vor, jedoch noch keine elastischen Konstanten.

Ganz allgemein werden die Grenzen der Theorie dort erreicht, wo die zweite Annahme wegen zu wenig dichter Atompackung ungültig wird. Ein Schritt in diese Richtung sind die hexagonalen Metalle mit starken Abweichungen vom idealen Achsenverhältnis; ferner die Metalle mit Strukturen niedriger Symmetrie (In, Ga). Im letztgenannten Fall ist die Theorie aber zumindest in der Lage, das Auftreten dieser Strukturen zu erklären.

Wo der Theorie der Kohäsionsenergie wegen der nicht dichten Atompackung die Basis entzogen ist, eignet sich die Pseudopotentialtheorie immer noch hervorragend zur Bandstrukturberechnung. Denn bei der Bestimmung der Bandstruktur braucht man die Störungsrechnung nicht zu verwenden. Das wichtigste Anwendungsgebiet dieser Methode sind die Halbleiter mit Diamant-, Zinkblende- und Wurtzitstruktur.

Literatur

1. Harrison, W. A.: Pseudopotentials in the Theory of Metals. New York-Amsterdam: W. A. Benjamin. 1966.
2. Heine, V., and D. Weaire: Pseudopotential Theory of Cohesion and Structure. Solid State Phys. 24, 249-463 (1970).
3. Kohn, W., and L. J. Sham: Self-consistent equations including exchange and correlation effects. Phys. Rev. 140, A1133-A1138 (1965).
4. Bloch, F.: Über die Quantenmechanik der Elektronen in Kristallgittern. Z. Physik 52, 555-600 (1929).
5. Abarenkov, I., and V. Heine: A new method for the electronic structure of metals. Phil. Mag. 9, 451-465 (1964).
6. Diederich, M. E., and J. Trivisonno: Temperature depend-

ence of the elastic constants of sodium. J. Phys. Chem. Solids 27, 637-642 (1966).

7. Coulthard, M. A.: Pressure dependence of phonon dispersion curves in simple metals. J. Phys. C 3, 820-834 (1970).
8. Pynn, R.: Bulk moduli of simple metals calculated from the method of homogeneous deformation and the method of long waves. Phys. Rev. B5, 4826-4836 (1972).
9. Kamm, G. N., and G. A. Alers: Low-temperature elastic moduli of aluminium. J. Appl. Phys. 35, 327-330 (1964).
10. Smith, J. F., and C. L. Arbogast: Elastic constants of single crystal beryllium. J. Appl. Phys. 31, 99-102 (1960).
11. King, W. F., and P. H. Cutler: Lattice dynamics of beryllium from a first principles nonlocal pseudopotential approach. Phys. Rev. B2, 1733-1742 (1970).
12. Cousins, C. S. G.: The calculation of the elastic shear constants of hexagonal metals using the optimized model potential. J. Phys. C 3, 1677-1692 (1970).
13. Slutsky, L. J., and C. W. Garland: Elastic constants in magnesium from 4.2°K to 300°K. Phys. Rev. 107, 972-976 (1957).
14. Shaw, R. W., and R. Pynn: Optimized model potential: exchange and correlation corrections and calculation of magnesium phonon spectrum. J. Phys. C 2, 2071-2088 (1969).
15. King, W. F., and P. H. Cutler: A first principle pseudopotential calculation of the elastic shear constants of magnesium. J. Phys. Chem. Solids 32, 761-768 (1971).
16. Suzuki, T., A. V. Granato, and J. F. Thomas: Second- and third-order elastic constants of alcali metals. Phys. Rev. 175, 766-781 (1968).
17. Hafner, J.: On the influence of electronic exchange and correlation on pseudopotential calculations. III. Equilibrium lattice constants and bulk properties. phys. stat. sol. (b) 57, 497-507 (1973).
18. Wallace, D. C.: Pseudopotential calculations of the elastic constants of simple metals. Phys. Rev. 182, 778-782 (1969).
19. Harrison, W. A.: Transition metal pseudopotentials. Phys. Rev. 181, 1036-1053 (1969).
20. Moriarty, J. A.: Pseudo Green's functions in the pseudo-

potential theory of d-band metals. Phys. Rev. B5, 2066-2081 (1972).

21. Moriarty, J. A.: Total energy of copper, silver, and gold. Phys. Rev. B6, 1239-1252 (1972).

22. Moriarty, J. A.: Localized d-states for pseudopotential calculations: application to the alcaline-earth metals. Phys. Rev. B6, 4445-4458 (1972).

Anschrift des Verfassers: Prof. Dr. K. Baumann, Universität Graz, Institut für Theoretische Physik, Universitätsplatz 5, A-8010 Graz, Österreich.

ENTSTEHUNG VON VERFORMUNGSTEXTUREN

J. GREWEN, Clausthal-Zellerfeld

1. Einleitung

Die Ursachen elastischer und plastischer Anisotropie in Werkstükken aus Metallen und Legierungen sind neben der Strukturanisotropie die Texturen[+]. Strukturanisotropie ist die Abhängigkeit einer Materialeigenschaft von der Gitterrichtung des Einkristalls. Die Strukturanisotropie macht sich im vielkristallinen Material nur bei Vorhandensein einer Textur bemerkbar, weil nur dann gleiche Gitterrichtungen in denselben Richtungen des Werkstückes liegen.

Texturen können schon beim Gießen entstehen und zwar hauptsächlich beim Wachstum der Stengelkristalle. Von viel größerer Bedeutung ist jedoch die Ausbildung von Verformungstexturen beim Strangpressen und Ziehen von Stangen und Drähten oder beim Walzen von Blechen. Sowohl bei Zwischen- als auch bei Abschlußglühungen können die Verformungstexturen verändert werden. Aber auch auf den Typ der dabei entstehenden Glühtextur hat neben der Gefügeausbildung die Textur des verformten Zustandes einen entscheidenden Einfluß. So kann die Entstehung von Verformungstexturen als eines der wichtigsten Kapitel der Texturforschung angesehen werden.

[+] Die durch nichtkristallographische Ursachen, z.B. zeilenförmige Einschlüsse parallel der Walzrichtung hervorgerufene geometrische Anisotropie wird hier nicht behandelt.

1.1. Der Begriff der Textur

Alle Metalle und Legierungen bestehen aus Kristallen, in denen die Atome in einem Raumgitter angeordnet sind. Aus dem kleinsten Bauelement, der Elementarzelle (EZ), entstehen durch Aneinanderreihen in den drei Raumrichtungen die Kristalle. Wenn ein Probestück nur einen Kristall enthält, spricht man von einem Einkristall.

Schon bei diesem spielt die Orientierung des Raumgitters zu den äußeren Bezugsrichtungen eine entscheidende Rolle. Als Bezugsrichtungen werden z.B. die Drahtachse in Drähten und die Walzrichtung (WR) und die Blechnormale (BN) oder Normalrichtung (NR) in Blechen bezeichnet. Abb. 1 zeigt, dargestellt durch die würfelförmige Elementarzelle, drei verschiedene Orientierungen eines Einkristalls zu einer äußeren Bezugsrichtung.

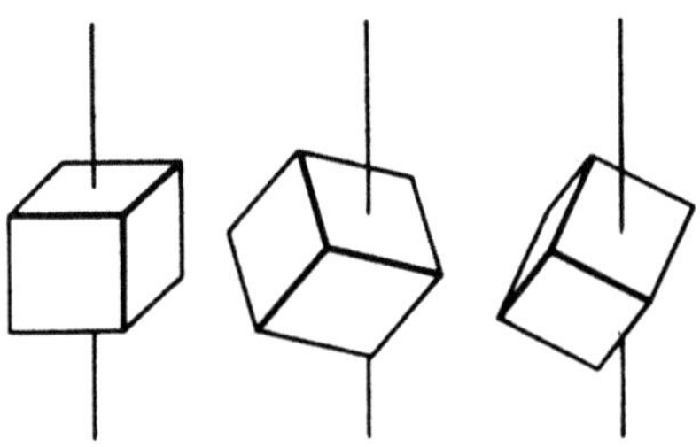

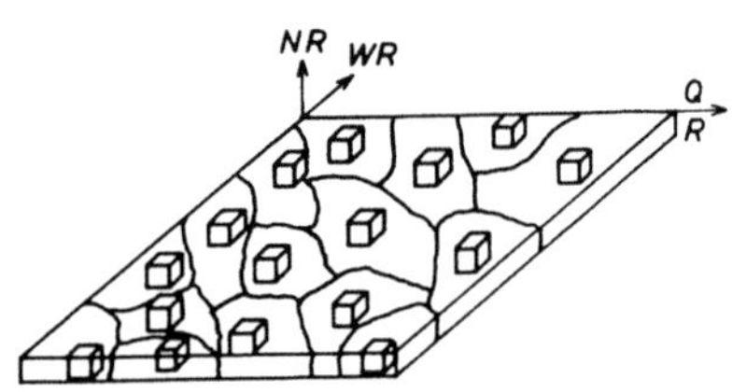

Abb.1 (links). Verschiedene Orientierungen einer kubischen Elementarzelle zu einer Bezugsrichtung
Abb.2 (rechts). Schematische Darstellung der Würfellage

Bei vielkristallinem Material bestehen nun die beiden Grenzfälle, daß die einzelnen Kristalle - wie in dem in Abb. 2 gegebenen Beispiel - alle die gleiche Orientierung haben oder aber daß sie statistisch über die möglichen Orientierungen verteilt sind. Man spricht dann von regelloser Kristallorientierung. Zwischen diesen beiden Extremfällen sind alle Übergänge möglich; allerdings ist der Fall der regellosen Orientierung, der mit keiner Anisotropie der Eigenschaften verbunden ist, nur sehr selten.

1.2. Beschreibung der Texturen

Es gibt eine Reihe von Möglichkeiten, Texturen zu beschreiben. Eine einfache und für viele theoretische Überlegungen nützliche sind die idealen Orientierungen oder Lagen /1/. In Drähten besteht die ideale Orientierung der am häufigsten beobachteten gewöhnlichen Fasertextur aus den Millerschen Indizes <uvw> der der Drahtachse parallel liegenden Kristallrichtung, um die bei dieser Textur die Kristallgitter beliebig verdreht sind. In Blechen werden die Millerschen Indizes der der Walzebene parallel liegenden Kristallebene (hkl) und der in ihr parallel der Walzrichtung liegenden Kristallrichtung [uvw] angegeben.

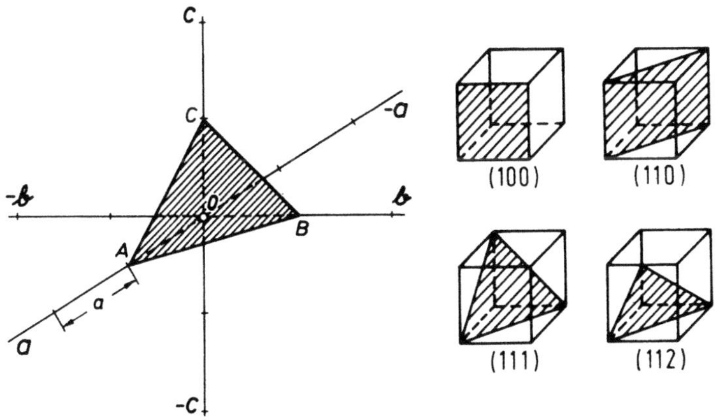

Abb. 3. Ableitung der Millerschen Indizes (links) und Kristallflächen (rechts) im kubischen System. Die im linken Teilbild eingezeichnete Kristallebene schneidet die Achsen a, b und c im Abstand OA, OB und OC = a. Daher h : k : l = 1/a : 1/a : 1/a oder (111)

Abb. 3 zeigt die Ableitung der Millerschen Indizes und einige wichtige Flächen im kubischen System, bei dem die Fläche und die Richtung, die auf der Fläche senkrecht steht und die auch als Flächenlot bezeichnet wird, die gleichen Indizes haben. Die Millerschen Indizes {hkl} verhalten sich wie die ganzzahligen Vielfachen der reziproken Werte der Achsenabschnitte, an denen eine Kristallebene die Achsen schneidet. Ein Maß für die Achsenabschnitte ist die Gitterkonstante, d.h. die Kantenlänge der Elementarzelle, die im kubischen Gitter mit a bezeichnet wird.

In dem links gezeigten Beispiel der Abb. 1 steht eine Würfelkante ⟨100⟩parallel zur Drahtachse und man spricht hier von einer ⟨100⟩-Fasertextur[+]. Zwei weitere, sehr wichtige Fasertexturen sind ⟨111⟩ (Raumdiagonale der EZ) und ⟨110⟩(Flächendiagonale der EZ).

Die in Abb. 2 wiedergegebene Textur ist die bekannte Würfellage: (001) [100]. Bei ihr liegen eine Würfelebene (001) in der Blechebene und eine Würfelkante [100] parallel der Walzrichtung.

Im allgemeinen sind die Kristalle nicht alle so exakt gleichartig orientiert wie im Beispiel der Würfellage. Es treten vielmehr Abweichungen vom Idealfall auf, die als Streuungen bezeichnet und bei der Beschreibung einer Textur mit idealen Lagen nicht berücksichtigt werden können. Genauer ist daher die Darstellung von Texturen in Polfiguren, von denen die Abb. 4 Beispiele zeigt. Polfiguren sind Orientierungs-

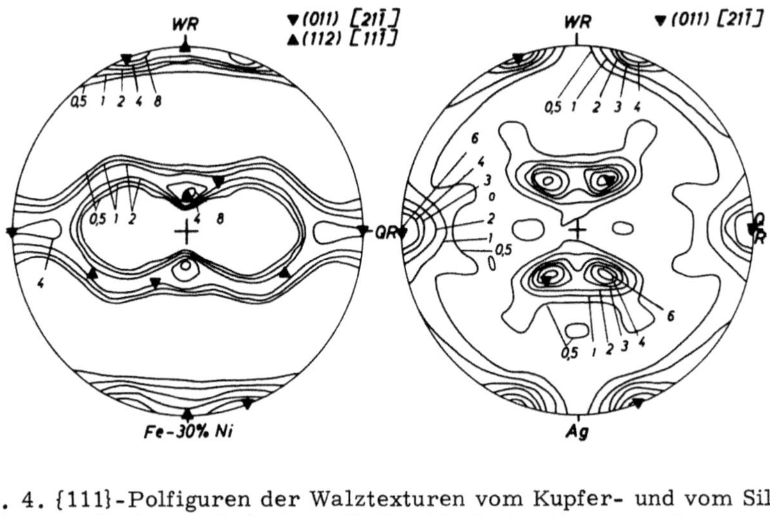

Abb. 4. {111}-Polfiguren der Walztexturen vom Kupfer- und vom Silbertyp (Fe-30 % Ni bzw. Ag). Quantitative Texturbestimmung, bezogen auf regellose Orientierung

[+] Bezüglich der Indizierung von idealen Lagen und der verschiedenen Klammerzeichen für Faser- und Blechtexturen sowie Ebenen und Richtungen s. /1/.

verteilungsfunktionen einer bestimmten Kristallflächenart zum probenfesten Koordinatensystem in der Projektion auf die Blechebene. Im allgemeinen werden im kubischen System Polfiguren der Würfelebenen {100}, der Oktaederebenen {111} und der Dodekaederebenen {110} bestimmt. Eine Polfigur gibt also die Lage der Kristallflächen oder ihrer Normalen zum probenfesten Koordinatensystem aus Walzrichtung, Querrichtung (QR) und Normalrichtung an. Darüberhinaus zeigt sie auch die Dichte der Belegung auf. So liegen z.B. in der Polfigur des Silbers in Abb. 4 die vier {111}-Flächenpole der kubischen Elementarzelle an den mit einem Dreieck bezeichneten Stellen. Zusammen bilden sie die ideale Lage (011)[$21\bar{1}$], die als repräsentativ für die Textur angesehen werden kann. Entsprechend der Symmetrie des Walzens sind die Belegungen auf der Polfigur durch Spiegelung an den Ebenen NR-WR und NR-QR vervielfacht. Diese Spiegelung muß auch für die idealen Lagen vorgenommen werden und es entstehen dabei die als Komponenten bezeichneten Orientierungen. Im allgemeinen wird jedoch in eine Polfigur nur eine der maximal vier Komponenten eingetragen.

Wie die Abb. 4 der Textur von Kupfer erkennen läßt, stimmen die idealen Lagen nicht immer so gut mit dem tatsächlichen Befund überein wie im Falle des Silbers. Außerdem bleiben dabei, wie schon erwähnt, die Streuungen unberücksichtigt. Diese Nachteile werden bei einer Beschreibung von Blechtexturen mit Fasertexturen beschränkter Drehbarkeit um die Faserachse wieder aufgehoben /2/. Wie dies weiter unten bei Eisen gezeigt wird, werden in die ausgeprägten Maxima der Textur Faserachsen gelegt und die übrigen Belegungen durch Drehung der Flächenpole um diese Faserachsen abgeleitet. Die Realität der zunächst nur als Beschreibung gedachten Faserachsen erwies sich sowohl bei der Deutung der Texturen vom Silbertyp /3/ als auch später bei der Beschreibung von Texturen mit dreidimensionalen Orientierungsverteilungsfunktionen (ODF = Orientation Distribution Functions) /4/.

Da die Polfigur die Orientierungsverteilungsfunktionen nur in der Projektion auf die Blechebene zeigt, sind ihre Aussagen nicht eindeutig. Man kann jedoch aus mehreren Polfiguren die ODF berechnen. In ihnen wird die Orientierung durch die Angabe der Drehung beschrieben, durch die das probenfeste in das kristallfeste Koordinatensystem übergeführt wird /5-7/. Das kristallfeste Koordinatensystem besteht im kubischen Kristallsystem aus den Kristallachsen. Die Drehung wird häufig durch die Eulerwinkel charakterisiert.

1.3. Verformungsmechanismen

Den größten Beitrag zur Verformung metallischer Werkstoffe liefert die Gleitung, d.h. die Abschiebung von Gitterbereichen auf bestimmten Kristallflächen und in bestimmten, in diesen Flächen liegenden Kristallrichtungen /8/. Die Gleitprozesse sind mit Orientierungsänderungen verbunden, die schließlich zu den Texturen führen. Im kubisch flächenzentrierten Kristallsystem^{+}, dem so wichtige Metalle wie Aluminium, Kupfer, Nickel und Silber und Legierungen wie alpha-Messinge und Eisen-Nickel angehören, tritt die Gleitung auf {111}-Flächen und in ⟨110⟩-Richtungen auf. Da jede der vier {111}-Ebenen drei ⟨110⟩-Richtungen enthält, gibt es insgesamt 12 Gleitsysteme. Im Zusammenhang mit den Texturen spielt auch die Quergleitung eine gewisse Rolle /5/. Man versteht darunter eine Gleitung auf zwei verschiedenen {111}-Ebenen jedoch in einer, diesen beiden Ebenen gemeinsamen ⟨110⟩-Richtung.

Im kubisch raumzentrierten System^{++}, zu dem Eisen, Vanadium und die wichtigen Eisen-Silizium-Legierungen gehören, sind eine größere Anzahl von Gleitebenen, wie z.B. {110} und {112} bekannt. ⟨111⟩ ist stets die Gleitrichtung. Dies trifft auch für pencil-glide zu, bei dem die Gleitebene nicht festliegt, aber immer der ⟨111⟩-Zone^{+++} angehört.

Eine vom Ausmaß ihres Beitrages zur Gesamtverformung untergeordnete Rolle spielt die Zwillingsbildung, also die äußerst rasche und große Änderung der Orientierung ganzer Gitterbereiche /8/. Die dabei

---

$^{+}$ In der Elementarzelle sind die Ecken und die Mitten der Flächen mit Atomen belegt.

$^{++}$ In der Elementarzelle sind die Ecken und die Mitte mit Atomen belegt.

$^{+++}$ Die einer Zone angehörenden Kristallflächen stehen parallel zur Zonenachse ⟨uvw⟩.

gebildete Orientierung ist das Spiegelbild der ursprünglich vorhandenen. Wegen der ausgeprägten Orientierungsänderung ist die Zwillingsbildung für die Texturentstehung von äußerst großer Bedeutung.

Die Zwillingsbildung ruft nicht nur starke Orientierungsänderungen sondern auch ausgeprägte Formänderungen hervor. Sie ist deshalb, wie zuerst bei der Deutung der Texturen hexagonaler Metalle erkannt wurde /10/, nur dann möglich, wenn die äußere Formänderung durch Pressen, Ziehen und Walzen mit der inneren Formänderung durch die Zwillingsbildung in Übereinstimmung ist.

2. Verformungstexturen

2.1. Texturen von Drähten und gestauchten Proben

Die rotations- oder axialsymmetrische Verformung beim Ziehen, Strangpressen und Stauchen bewirkt die Entstehung von Fasertexturen /1, 11/. Die für kubisch flächenzentrierte Metalle typischen Fasertexturen sind ⟨111⟩ und ⟨100⟩. In Abb. 5 ist die vom bezogenen Stapelfehlerparameter abhängige Verteilung auf die beiden Fasertexturen aufgezeigt /12/. Der Stapelfehlerparameter ist eine Materialkonstante, die einen maßgebenden Einfluß auf die Auswahl der Verformungsmechanismen ausübt. Mit fallendem Stapelfehlerparameter geht die Neigung zur Quer-

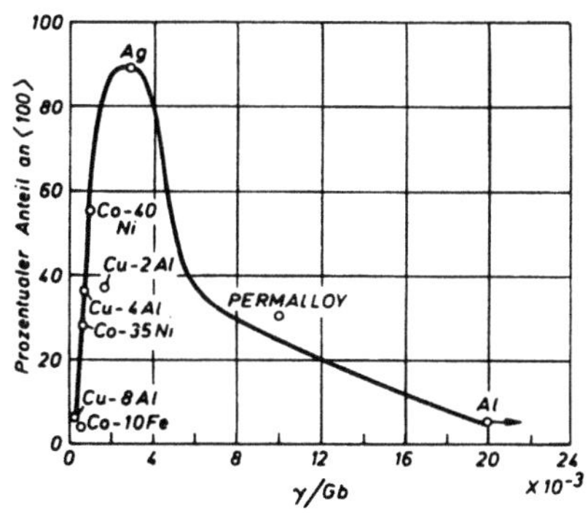

Abb. 5. Abhängigkeit des Anteils an ⟨100⟩-Fasertextur vom bezogenen Stapelfehlerparameter γ /Gb (γ = Stapelfehlerenergie, G = Schubmodul, b = Burgersvektor) (nach Chin)

gleitung, die beim Aluminium am größten ist, zurück und die zur Zwillingsbildung nimmt zu.

Der Anteil an ⟨100⟩-Fasertextur steigt von nahezu 0 % beim Aluminium über das Kupfer und Nickel bis zum Silber auf fast 100 % an und fällt dann wieder ab. Metalle mit hohen und sehr niedrigen Werten des bezogenen Stapelfehlerparameters zeigen also überwiegend ⟨111⟩-Textur.

Bei den kubisch raumzentrierten Werkstoffen tritt immer ⟨110⟩ als Ziehtextur auf.

Die Stauchtexturen der beiden Kristallklassen zeigen umgekehrte Indizes wie die Ziehtexturen, d.h. ⟨111⟩ und ⟨100⟩ im raumzentrierten und ⟨110⟩ im flächenzentrierten System.

2.2. Texturen von Blechen

Der dreiachsige Verformungszustand beim Walzen führt zu komplizierteren Texturen /1, 11, 13/. Um diese zu deuten ist es zweckmäßig, den dreiachsigen Verformungszustand durch die sogenannte ebene Formänderung (plane strain) anzunähern. Sie ist gekennzeichnet durch eine Verlängerung in einer Richtung, der Walzrichtung, und eine entsprechenden Dickenabnahme in einer senkrecht dazu stehenden Richtung, der Blechnormalen. Die dritte Richtung, die Querrichtung, bleibt dabei unverändert. Sind die Bleche sehr breit und dünn, so entsprechen die beim Walzen entstehenden Texturen durchaus den im plane strain Versuch erzeugten. Abweichungen sind dagegen bei sehr dicken Blechen und starker Breitung zu erwarten.

Ebenso wie bei den Drähten treten auch bei den Blechen kubisch flächenzentrierter Metalle und Legierungen zwei verschiedene Texturtypen auf. Ob und inwieweit auch die einzelnen Metalle und Legierungen der beiden Gruppen typische Texturunterschiede zeigen, steht noch immer in der Diskussion und soll hier nicht berücksichtigt werden.

Metalle mit bezogenem Stapelfehlerparameter größer als 4 zeigen den Kupfertyp (Abb. 4), der außer im Kupfer beispielsweise bei Aluminium, Nickel und Eisen-Nickel zu finden ist. Die idealen

Lagen, mit denen er beschrieben wurde, sind sehr zahlreich und in ihrem jeweiligen Werte auch heute noch umstritten. Durchgesetzt haben sich vor allem zwei, nämlich (112) $[11\bar{1}]$ und (011) $[21\bar{1}]$. Die erstgenannte Lage ist allerdings aufgrund von ODF und theoretischen Überlegungen durch eine nur 5° von ihr entfernte Orientierung (4 4 11) $[11\ 11\ \bar{5}]$ ersetzt worden /15, 4/.

Bei niedrigerem Stapelfehlerparameter treten nur noch die schon erwähnte (011) $[21\bar{1}]$-Orientierung und in geringerer Stärke (011) [100] auf. Diese Textur, die in Abb. 4 am Beispiel des Silbers gezeigt wird und die als Silber- oder Legierungstyp bekannt ist, entsteht auch in den meisten Legierungen des Kupfers, in denen mit zunehmendem Gehalt am Legierungselement ein allmählicher Übergang, eine Transformation, vom einen in den anderen Texturtyp stattfindet /1, 11, 13/.

Aber auch die Verformungstemperatur übt einen Einfluß auf diesen Übergang aus. So transformiert z.B. beim Kupfer die Textur beim Walzen in flüssigem Stickstoff in den Messingtyp (vgl. z.B./16/). Andererseits nimmt austenitischer Stahl, der bei Raumtemperatur den Messingtyp aufweist, bei Temperaturen oberhalb 200^oC in zunehmendem Maße den Kupfertyp an /17/.

Untersuchungen von Ahlborn und Wassermann /18, 19, 3/ haben gezeigt, daß bei der Ausbildung von Verformungstexturen kubisch flächenzentrierter Metalle nicht nur Gleitung auf {111} ⟨110⟩ sondern auch Zwillingsbildung eine Rolle spielt. Der Kupfertyp entsteht nur durch Gleitung, der Silbertyp aber durch Gleitung und Zwillingsbildung und diese zeigt eine deutliche Abhängigkeit vom bezogenen Stapelfehlerparameter. Da dieser sich - im Gegensatz zu den Verformungstexturen - jedoch nur ganz unwesentlich mit der Temperatur ändert, kann der Zusammenhang zwischen Textur und Stapelfehlerenergie nur über die Wechselwirkung zwischen Quergleitung und Zwillingsbildung erklärt werden /20/.

Die kritische Zwillingsspannung ist größer als die kritische Schubspannung der Gleitung. Bei Materialien mit hohen Werten von γ /Gb tritt oberhalb eines bestimmten Schubspannungswertes τ_3 Quergleitung auf, durch die dynamische Erholung verursacht, die Verfestigung also vermindert wird /8, 9/. In solchen Werkstoffen kann deshalb die für eine

Zwillingsbildung erforderliche Einsatzspannung bei Raumtemperaturverformung nicht erreicht werden. Da das Quergleiten aber ein thermisch aktivierter Prozeß ist, nimmt τ_3 mit fallender Temperatur zu, und die kritische Zwillingsspannung kann erreicht werden. Damit ist die Texturtransformation, beispielsweise bei Kupfer, zu erklären. Nur Aluminium mit einer hohen bezogenen Stapelfehlerenergie transformiert nicht.

Bei Werkstoffen mit niedrigem Stapelfehlerparameter tritt keine Quergleitung auf und mit zunehmender Verfestigung ist Zwillingsbildung schließlich möglich. Zuvor sind die Verformungstexturen beider Gruppen identisch (vgl. z.B. /21/). Bei höheren Temperaturen können auch Werkstoffe mit niedrigem Stapelfehlerparameter quergleiten und damit den Kupfertyp annehmen, wie dies für austenitischen Stahl beschrieben wurde.

Die geschilderte Texturtransformation mit steigender Walztemperatur hat nichts zu tun mit Erholung oder Rekristallisation während oder kurz nach der Verformung, die mit den Begriffen statische oder dynamische Erholung und Rekristallisation verbunden sind. Durch statische oder dynamische Rekristallisation sind ausgeprägte Texturveränderungen möglich, während durch Erholung die Textur nicht verändert wird.

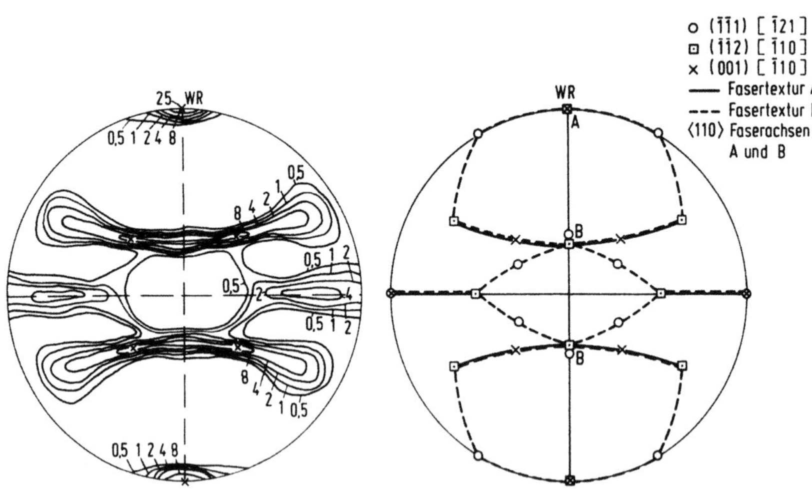

Abb. 6. Experimentell bestimmte, quantitative {110}-Polfigur des Vanadiums (links) (nach Segmüller und Wassermann) und theoretische {110}-Polfigur nach den Angaben von Schläfer und Bunge

Bei Blechen kubisch raumzentrierter Metalle ist nur ein Walztexturtyp bekannt. Abb. 6 zeigt ihn am Beispiel des Molybdäns /22/. Auch hier besteht wieder keine Einigkeit über die zweckmäßigste Beschreibung mit idealen Lagen, wenn auch fast immer zwei $\langle 110\rangle$-Fasertexturen dabei sind /23/, denen häufig ein Streubereich von 70° zugeschrieben wird (vgl. z.B. /24, 25/). Wie die Abb. 6 erkennen läßt, liegt die eine Faserachse in der Walzrichtung. Sie wird mit A bezeichnet und reicht hier von $(001)[\bar{1}10]$ bis $(\bar{1}\bar{1}2)[\bar{1}10]$ /24/. Die der B-Orientierung liegt im Bereich hoher Belegungsdichte in der Ebene BN-WR unter 30° zur Blechnormalen und sie hat hier einen Streubereich von $(\bar{1}\bar{1}2)[\bar{1}10]$ bis $(\bar{1}\bar{1}1)$ $[\bar{1}21]$. Bei Verformungsgraden über 50 % ist die Orientierung A stärker belegt als die B-Fasertextur.

2.3. Einfluß verschiedener Faktoren auf die Texturbildung

Die bisher gegebene Beschreibung der Texturen hat gezeigt, daß im Zusammenspiel mit der von außen aufgezwungenen einachsigen, ebenen oder dreiachsigen Verformung und den zur Verfügung stehenden Gleit- und Zwillingselementen Texturen gebildet werden, die für die gegebenen Verhältnisse typisch sind. Sie müssen nun allerdings noch ergänzt werden durch die infolge der Inhomogenität der Verformung entstehenden Texturen in den Außenzonen von Drähten und auf der Oberfläche von Blechen, die das Ergebnis einer Abscherung in Verformungsrichtung sind (vgl. z.B./26/). Es ist bekannt, daß die Inhomogenität von verschiedenen Faktoren, wie Probendicke, Stichabnahme, Schmierung und Walzendurchmesser abhängt. Ein sehr markantes Beispiel für ihren Einfluß ist die Abnahme des r-Wertes von Stahlblechen oberhalb 70 % Verformungsgrad, die durch das verstärkte Auftreten einer abweichenden Oberflächentextur hervorgerufen wird /27/.

Texturen können auch Veränderungen mit steigendem Verformungsgrad unterliegen. Es sei in diesem Zusammenhang an die zunächst einheitliche Textur aller kubisch flächenzentrierten Werkstoffe bis zum Einsetzen der Zwillingsbildung hingewiesen. Erst die dann entstehenden Texturen vom Kupfer- oder Silbertyp sind stabil, d.h. sie verändern sich auch bei fortschreitender Verformung nicht mehr.

Weitere Texturveränderungen können dadurch ausgelöst werden, daß bei der Verformung nicht von regellos orientiertem Material ausgegangen wird. Dies trifft immer dann zu, wenn eine Zwischenglühung zu einer Rekristallisation mit einer bestimmten Textur geführt hat. Wie vor allem an Einkristallen gezeigt werden konnte, sind gewisse Ausgangsorientierungen sehr stabil, doch hat auch die Korngröße einen Einfluß darauf, wie hoch verformt werden muß, um zu den stabilen Endlagen zu gelangen.

2.4. Textur und Gefüge

Die Frage der Inhomogenität muß noch unter einem anderen Gesichtspunkt diskutiert werden, nämlich für den Gefügeaufbau. Eine Reihe von Gefügeaufnahmen sollen den Begriff der Gefügeinhomogenität erläutern. Abb. 7 zeigt Deformationsbänder in einem gezogenen Goldeinkristall /19/. Deformationsbänder sind bandförmige Bereiche einheitlicher

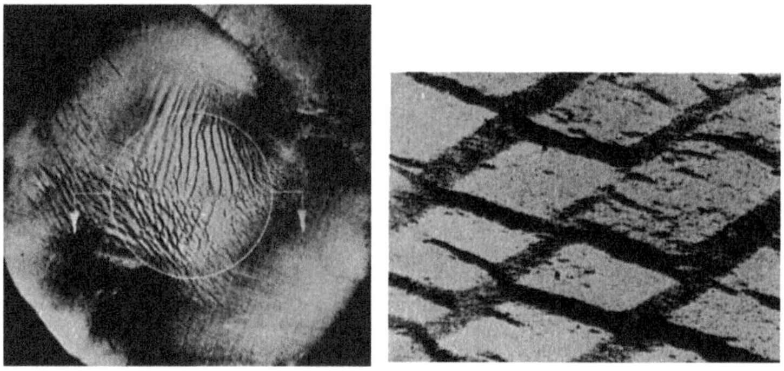

a b

Abb. 7 a und b. Deformationsbänder im Querschliff eines um 40 % gezogenen Goldeinkristalls in 6-facher (a) und 120-facher (b) Vergrößerung (nach Ahlborn)

Orientierung, die in einer Matrix mit anderen Orientierungen liegen. Es ist auch möglich, daß das ganze Gefüge in Bänder aufgespalten ist, in denen sich die Orientierung von Band zu Band ändert. Die beiden in Abb. 7 hell und dunkel erscheinenden Bandtypen gehören der ⟨111⟩- und der ⟨100⟩-Fasertextur an. Bei im Ausgangszustand einkristallinen Blechen sind Bänder vornehmlich verschiedene Komponenten ein- und derselben Orientierung, die aus einer Einkristallorientierung durch Spiegelung an den Ebenen BN-WR und BN-QR entstanden sind.

Die Bänder sind häufig getrennt von den sogenannten Übergangsbändern, für die Abb. 8 ein Beispiel zeigt /29/. In Abb. 8 a ist die Ausgangsorientierung des gezogenen Kupferkristalls angegeben. Diese geht in ⟨111⟩ und ⟨100⟩ über und es entstehen somit zwei Deformationsbandtypen, die in schematischer Darstellung in Abb. 8 b zu sehen sind. Sie sind getrennt durch ein Übergangsband, das im elektronenmikroskopischen Bild der Abb. 8 c wiedergegeben ist und das aus sehr langen, auch

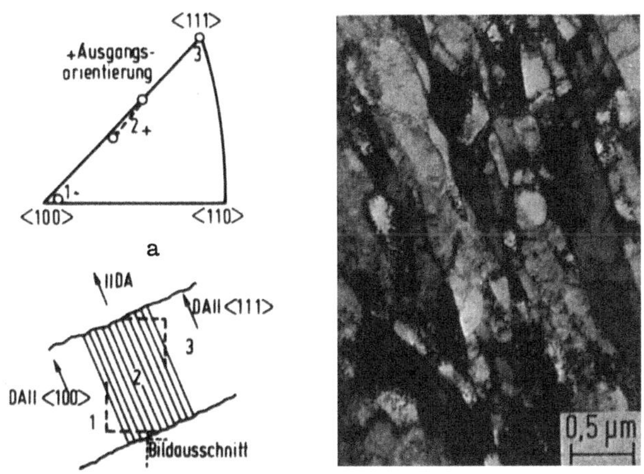

b c

Abb. 8 a bis c. Gefüge und Textur eines gezogenen Kupfereinkristalls, DA = Drahtachse (nach Ahlborn und Sauer)

Mikrobänder genannten Zellen besteht. Diese Zellen haben Kleinwinkelkorngrenzen, und da sich ihre Orientierung von der ⟨111⟩ zur ⟨100⟩-Seite kontinuierlich ändert, übertragen sie in kleinen Schritten den Orientierungsunterschied zwischen den beiden Richtungen, der immerhin 54° beträgt.

Dieses Bild gilt nur für mittlere Verformungsgrade und die Verformung eines Einkristalls (s. auch /30/). Bei hohen Verformungsgraden /29, 30/ und bei vielkristallinem Material /31, 32/ besteht das ganze Gefüge aus gelängten Zellen. Dies ist bei den gezogenen Einkristallen darauf zurückzuführen, daß die anfänglich nicht rotationssymmetrische Textur des Einkristalls als Folge der axialsymmetrischen Verformung allmählich in eine Fasertextur übergeht. Nicht vollständig geklärt sind die Verhältnisse bei Blechen, bei denen auch starke Orientierungsänderungen ohne Übergangsbänder gefunden worden sind /33/.

4. Theorie der Verformungstexturen

Die Beschäftigung mit der Theorie der Verformungstexturen ist so alt wie es die ersten Ergebnisse über Zieh- und Walztexturen selbst sind /1, 11/. Dabei werden einerseits die bei der Verformung stabilen Endlagen, andererseits aber auch die Wege, die zu diesen führen, betrachtet. Das Ideal ist natürlich eine Theorie, die vorherzusagen weiß, wie und warum sich eine bestimmte Ausgangsorientierung durch eine aufgezwungene Formänderung verändert und welchen Weg sie einschlägt, um zu einer stabilen Endlage zu werden. Dies ist jedoch insofern mühselig, weil schon kleine Gleitschritte Orientierungsänderungen bewirken können, die eine erneute Auswahl der aktiven Gleitsysteme erforderlich machen. Es muß also in Schritten von nur wenigen Prozenten Verformung gerechnet werden, was erst durch die modernen Rechenanlagen möglich geworden ist.

Es gibt nun zur Deutung der Verformungstexturen zwei verschiedene Arbeitsrichtungen. Der Ansatz, der heute mit den Namen von Sachs /34/ sowie Boas und Schmid /35/ verbunden ist, beschreibt die Formänderung durch einen makroskopischen Spannungszustand, für den die Gleitelemente mit Hilfe des Schmid'schen Schubspannungsgesetzes[+] ausgewählt werden, d.h. es sind jeweils diejenigen aktiv, in denen die höchsten Schubspannungskomponenten wirken. Obwohl anfänglich davon gesprochen wurde, daß sich der einzelne Kristall weitgehend unabhängig

---

[+] $\tau = \sigma_x \cdot \cos\chi \cos\lambda$. τ = in der Gleitrichtung wirkende Schubspannung, σ_x = Zugspannung, χ und λ = Winkel zwischen Zugachse und Gleitebenennormale bzw. Gleitrichtung. $\cos\chi \cos\lambda = \mu$, μ = Orientierungsfaktor. Für Walzen s. /48/.

von seinen Nachbarn - also etwa wie ein Einkristall bei Zugbeanspruchung - verformt /34/, wurde der Einfluß der Nachbarkristalle, der unter den Begriff Kompatibilität fällt, durch Berücksichtigung mehrerer, gleichzeitig aktiver Gleitelemente /35, 36/ schon sehr bald in Rechnung gestellt. Die Beiträge, die auf den geschilderten Grundlagen aufbauen, werden unter dem Begriff Spannungs-Theorie zusammengefaßt und in Abschnitt 4.1. diskutiert.

In der Theorie, die auf Taylor /37/ zurückgeht, heißt es, daß jeder einzelne Kristall in der Matrix die gleiche homogene Formänderung erfährt wie das Werkstück. Daher spricht man hier von Formänderungstheorie (s. Abschnitt 4.2.). Wie von von Mises /38/ gefordert, werden fünf voneinander unabhängige Gleitsysteme ausgewählt und zwar nach einem Prinzip der minimalen inneren Arbeit. Die Schubspannung τ_o, bei der Gleitung einsetzt, wird für alle Gleitsysteme gleich groß angenommen und ein Bauschinger Effekt wird ausgeschlossen. Der Ansatz wurde später von Bishop und Hill /39, 40/ verbessert. Außerdem erfuhr die Theorie auch in anderen Teilen eine Präzisierung.

Schon Taylor /41/ hat darauf hingewiesen, daß der auf dem makroskopischen Spannungszustand aufbauende Ansatz und sein eigener, auf der Formänderung basierender, den unteren und den oberen Grenzfall der plastischen Verformung von Vielkristallen darstellen. Ausführlich haben später Backofen und Piehler /42, 43/ bei der Berechnung von Fließortkurven und Dillamore und Katoh /44, 45/ bei ihrer Deutung der Walztexturen kubisch raumzentrierter Metalle die beiden Ansätze diskutiert.

Im Folgenden werden die Grundlagen der neueren Entwicklung der Theorien besprochen. Bezüglich älterer Ergebnisse sei auf zusammenfassende Darstellungen verwiesen /1, 11/.

4.1 Spannungs-Theorie

In Abb. 9 sind die Orientierungsänderungen kubisch flächenzentrierter Metalle beim Ziehen zusammengestellt, die von Boas und Schmid /35/ auf der Annahme von drei gleichzeitig aktiven Gleitsystemen berechnet wurden. Im Gegensatz zur Verformung eines Einkristalls unter Zugbeanspruchung wurde hier von vorneherein eine Gleitung auf drei Gleitsystemen angenommen, um die im Vielkristall notwendige Kompatibilität zu berücksichtigen. Das Ziehen wird als eine Dehnung in Zugrichtung

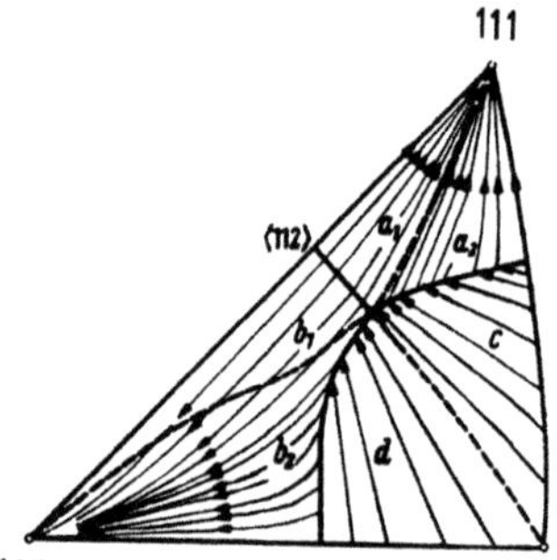

Abb. 9. Orientierungsänderungen beim Ziehen kubisch flächenzentrierter Metalle (nach Boas und Schmid)

aufgefaßt und - in Anlehnung an den Einkristall - davon ausgegangen, daß sich die Gleitrichtung oder die resultierende der Gleitrichtungen in die Ziehrichtung eindrehen. Die Buchstaben a bis d bedeuten jeweils verschiedene Kombinationen von drei Gleitsystemen, die Orientierungsänderungen bewirken, die schließlich zu den stabilen Endlagen ⟨111⟩ und ⟨100⟩ führen. Für das Stauchen sind die Pfeilrichtungen umzukehren und es ergibt sich dann - ebenfalls in Übereinstimmung mit dem Experiment - ⟨110⟩ als Faserachse. Wenn im kubisch raumzentrierten System {110}⟨111⟩-Gleitung angenommen wird, entstehen durch Stauchen ⟨111⟩ und ⟨100⟩ und durch Ziehen ⟨110⟩. Die Theorie vermag also die tatsächlich beobachteten Endlagen zu beschreiben, die unterschiedliche Verteilung auf ⟨111⟩ und ⟨100⟩ ergibt sich jedoch weder bei ihr noch bei der Formänderungstheorie ohne Einführung der Zwillingsbildung (s.w.u.).

Die Vertauschbarkeit der Indizes der Zieh- und Druckrichtung bei den beiden kubischen Systemen hat ihre Ursache darin, daß ja auch bei den Gleitsystemen die Indizes von Gleitebene und -richtung gegeneinander vertauscht sind. Auch bei den Blechen ergeben sich solche Beziehungen so lange für das kubisch raumzentrierte System {110}⟨111⟩-Gleitung oder pencil glide und plane strain angenommen werden.

Weniger erfolgreich waren die ersten Versuche, die Walztexturen zu deuten. Bei den kubisch flächenzentrierten Metallen fehlte stets (112) [11$\bar{1}$] und auch im kubisch raumzentrierten System ergab sich - wie erst kürzlich durch eine Computersimulation der Texturbildung bei plane strain gezeigt werden konnte /44, 45/ - eine weniger gute Übereinstimmung mit dem Experiment als bei der Formänderungs-Theorie.

In zwei Endlagenmodellen /46, 47, 48/ wird der Selbstabilisierungsfähigkeit von Orientierungen ein entscheidender Einfluß darauf zugeschrieben, ob sie als stabile Endlagen in Frage kommen können. Unter Selbstabilisierung wird verstanden, daß sich sowohl kleine Abweichungen von der erreichten Orientierung als auch von den Hauptspannungsrichtungen selbsttätig korrigieren. Nach Aernoudt und Stüwe /46/ genügt es daneben zu berücksichtigen, ob die Körner dieser Orientierungen so gleiten, daß sie unter dem makroskopischen Spannungszustand die makroskopisch richtige Formänderung erfahren. Für die beobachteten Endlagen beim Zugversuch, Scherversuch und beim Ziehen, Stauchen und Walzen trifft dies zu.

Heye /47, 48/ führte Untersuchungen an gewalzten Kupfer- und Silbereinkristallen in ausgewählten Orientierungen durch. Er berücksichtigte nicht nur Zwillingsbildung sondern erstmalig auch Rückverzwillingung und erweiterte das Schmid'sche Schubspannungsgesetz und die Formel für die Berechnung der Zwillingsspannung um einen Formänderungsfaktor, durch den die Übereinstimmung zwischen äußerer und innerer Formänderung berücksichtigt werden kann. Die Orientierungsänderungen, die die Kristalle beim Walzen bis zur Einstellung der stabilen Endlagen erfuhren, konnten durch Einfach-, Doppel- und höchstens Dreifachgleitung gedeutet werden. Zur Berücksichtigung der Kompatibilität wurden sowohl Vielfachgleitung auf der Oberfläche der Kristalle als auch Deformationsbandbildung diskutiert. Letztere wurde als das gleichzeitige Auftreten von verschiedenen Gruppierungen von maximal drei Gleitelementen in ein- und demselben Kristall, jedoch in verschiedenen Bereichen interpretiert (s. hierzu auch /12, 59, 49/).

Obwohl bei der Spannungs-Theorie die Berücksichtigung der Kompatibilität bis zu einem gewissen Grade möglich ist, wird gegen sie hauptsächlich eingewandt, daß der Spannungszustand des einzelnen Korns wesentlich von dem makroskopischen abweicht und daher nicht erfaßbar ist (vgl. z.B. /13/). Außerdem fehlen bisher die mathematischen Grundlagen für eine Simulierung der Texturbildung, die bei der Formänderungs-Theorie so sehr erfolgreich gewesen ist.

4.2. Formänderungs-Theorie

Die Auswahl der Gleitsysteme in der Formänderungs-Theorie wird auf zweierlei Weise vorgenommen. Von Taylor /37, 41/ stammt das Prinzip der minimalen (inneren) Arbeit und von Bishop und Hill /39, 40/ das mit ihm identische der maximalen (äußeren) Arbeit /50/. Es wird hauptsächlich die axialsymmetrische Verformung betrachtet, zu der Ziehen und Stauchen gehören. Daneben gibt es einige Untersuchungen über die ebene Verformung (s.w.u.) und zwei weitere, in denen eine dreiachsige Verformung berücksichtigt wird /4, 45/.

Taylor sagt, daß diejenige Kombination von 5 voneinander unabhängigen Gleitsystemen aktiv wird, die bei minimaler Abgleitsumme $\sum_{i=1}^{5} |d\gamma_i|$ die makroskopische Formänderung $d\varepsilon$ erfüllt. Dabei wird für alle Kristalle die gleiche Verformung angenommen wie für die Probe selbst.

Im Zugversuch ist der Arbeitszuwachs dW für eine bestimmte Verformungszunahme $d\varepsilon_x$:

$$dW = \sigma_x \, d\varepsilon_x = \tau_o \, d\gamma$$

σ_x ist die Zugspannung, τ_o die für alle Gleitsysteme gleich groß angenommene Schubspannung und γ die Abscherung in diesen Gleitsystemen. Die relative Festigkeit σ_x / τ_o, die auch als Taylor-Faktor M bezeichnet wird (und die dem Kehrwert des Schmidfaktors μ entspricht), ist demnach:

$$M = \sigma_x / \tau_o = d\gamma / d\varepsilon_x .$$

Für einen vorgegebenen Formänderungszustand ist es nun erforderlich, den minimalen Wert von

$$M = 1/d\,\varepsilon \cdot \sum_{i=1}^{5} d\gamma_i$$

zu berechnen. Mit dem Auffinden der richtigen 5-er Kombination läßt sich für einen bestimmten (angenommenen) Verformungsgrad (ε =1-5 %) die auftretende Orientierungsänderung berechnen.

Für {111}⟨110⟩-Gleitung des kubisch flächenzentrierten Systems gibt es 384 voneinander unabhängige Kombinationen von 5 Gleitsystemen. Für jede Ausgangsorientierung müssen also zunächst für diese vielen Möglichkeiten die M-Werte berechnet werden. Dies hat Taylor schon für 44 gleichmäßig über das Einheitsdreieck verteilte Orientierungen der Verformungsrichtung bei axialsymmetrischer Beanspruchung um 2.37 % getan.

Seine Berechnungen sind inzwischen verbessert sowie um viele Ausgangsorientierungen und für das kubisch raumzentrierte System auch um verschiedene Gleitsysteme und pencil glide erweitert worden /51-56, 4/. Den Berechnungen der Gitterdrehungen lagen Zug- oder Druckbeanspruchungen von maximal 5 % zugrunde.

Aus Arbeiten von Chin, Mammel und Dolan /52, 53/ zeigt die Abb.10 Beispiele für Höhenlinien minimaler M-Werte bei {110}⟨111⟩-Gleitung und für die entsprechenden Gitterdrehungen bei Druckbeanspruchung eines kubisch raumzentrierten Metalls. Sie entsprechen denen bei Zugbeanspruchung im kubisch flächenzentrierten System mit {111}⟨110⟩-Gleitung. Die Orientierungsänderungen sind im Bereich A auf ⟨100⟩, im Bereich B auf ⟨111⟩ und im Bereich C auf beide Endtexturen hin gerichtet. Wie aus Experimenten an Einkristallen /19/ hervorgeht, ist diese Einteilung in drei Bereiche und die Verteilung auf die beiden Texturen sehr stark vom Stapelfehlerparameter abhängig. Sein Einfluß kommt insbesondere auch durch Berücksichtigung der Zwillingsbildung zum

Ausdruck, für die ebenfalls das Prinzip der minimalen Arbeit angewendet wurde /14, 57, 58/. Je nach dem Verhältnis von kritischer Schub- zu kritischer Zwillingsspannung sind nur der eine oder der andere oder beide Verformungsmechanismen gemeinsam möglich. Während die Zwillingsbildung den ⟨100⟩-Anteil verstärkt, sind Quergleitung und anisotrope Verfestigung zwei die ⟨111⟩-Textur begünstigende Vorgänge, die ebenfalls in der Taylor-Theorie Berücksichtigung erfahren haben /12, 59/.

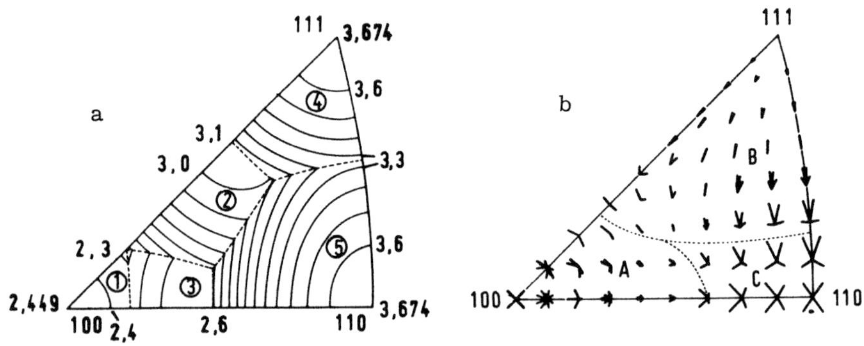

Abb. 10 a und b. Höhenlinien minimaler M-Werte für {110}⟨111⟩-Gleitung und Gitterdrehungen beim Stauchen eines kubisch raumzentrierten Metalls (nach Chin, Mammel und Dolan)

In das Standarddreieck der Abb. 10 b sind für eine Ausgangsorientierung bis zu vier verschiedene Richtungen der Orientierungsänderung angegeben. Dies ist eine Folge davon, daß es für eine Ausgangsorientierung mehrere verschiedene Kombinationen von Gleitsystemen mit minimalem M-Wert geben kann. Es ist nun möglich, hier eine Mittelung durchzuführen (vgl. z.B. /4/). Ein anderes Vorgehen besteht darin, zu sagen, daß bei Betätigung verschiedener Kombinationen von Gleitsystemen in einem Kristall eine Aufspaltung, also eine Deformationsbandbildung, auftreten muß /12, 59/. Für eine Ausgangsorientierung mit drei verschiedenen Kombinationen von 5 Gleitsystemen wurden die Orientierungsänderungen für etwa 50 Schritte von jeweils 3,56 % Verformung berechnet /12/. Sie sind in Abb. 11 a dargestellt und zeigen, daß in zwei Teilen des Kristalls ⟨111⟩, im dritten aber ⟨100⟩ als Endlagen auftreten. Die Übereinstimmung mit den experimentellen Ergebnissen an einem Goldeinkristall (Abb. 11 b) /19/ ist als hervorragend zu bezeichnen.

Werden die genannten Faktoren berücksichtigt, so ist für Drähte die Abhängigkeit des Anteils an ⟨100⟩ vom bezogenen Stapelfehlerparameter zu erklären (s. Abb. 5). Bei hohen Werten treten neben der normalen

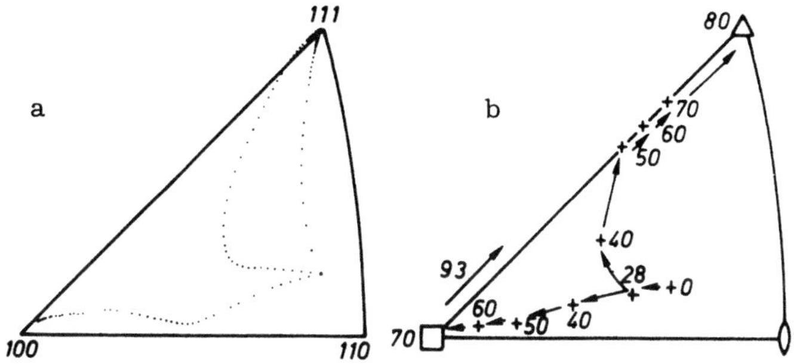

Abb. 11 a und b. Berechnete (a) und experimentell gefundene (b) Orientierungsänderungen beim Ziehen eines kubisch flächenzentrierten Metalls (nach Chin (a) und Ahlborn (b))

Gleitung auch Quergleiten und Deformationsbandbildung auf - beides Faktoren, die ⟨111⟩ begünstigen. Bei mittleren Werten ist Zwillingsbildung zu finden, die zu einem Abbau von ⟨111⟩ und damit zu einer Verstärkung von ⟨100⟩ führt. Bei sehr niedrigen Werten von γ /Gb geht ⟨100⟩ wieder zurück. Auch bei Blechen durchlaufen einige Texturparameter, so z.B. ein die Zwillingslage charakterisierender, ein Maximum bei etwa gleichen Werten des bezogenen Stapelfehlerparameters /60, 61/. Die zuerst von Hu, Cline und Goodman /62/ diskutierte Möglichkeit einer Gleitung von Halbversetzungen wurde später für eine Taylor-Analyse bei Drähten /58/ und bei Blechen /61/ eingesetzt. {111}⟨112⟩-Gleitung führt zu den erwarteten Orientierungen, also zu einer ⟨111⟩-Textur in Drähten und zur Legierungstextur in Blechen.

Wesentlich komplizierter sind die Verhältnisse bei Blechen. Eine Möglichkeit, die Theorie zu testen, sind plane strain Versuche an Einkristallen, wie sie von Chin, Hosford und Mendorf durchgeführt wurden /14/. Neben Gleitung wurde hier erstmalig die Zwillingsbildung in der schon bei den Drähten beschriebenen Weise berücksichtigt. Die Orientierungsänderungen der Kristalle waren in guter Übereinstimmung mit den nach der Taylor-Theorie zu erwartenden.

Bunge /4/ hat eine Analyse der Stabilität der Endlagen bei beiden kubischen Systemen für {111}⟨110⟩- und {110} ⟨111⟩-Gleitung vorgenommen.

Es ist erwähnenswert, daß dies die erste Untersuchung über die Theorie der Verformungstexturen ist, die auf einer räumlichen Betrachtung aufbaut. Zunächst wurden für eine ebene Verformung von 3,5 % die gemittelten Gitterdrehungen für gleichmäßig über den Orientierungsraum verteilte Orientierungen berechnet. Abb. 12 zeigt experimentell bestimmte ODF von Stahl. Die einzelnen Bilder für konstantes φ_2 sind Schnitte durch den Orientierungsraum. In diese sind nun eingetragen diejenigen

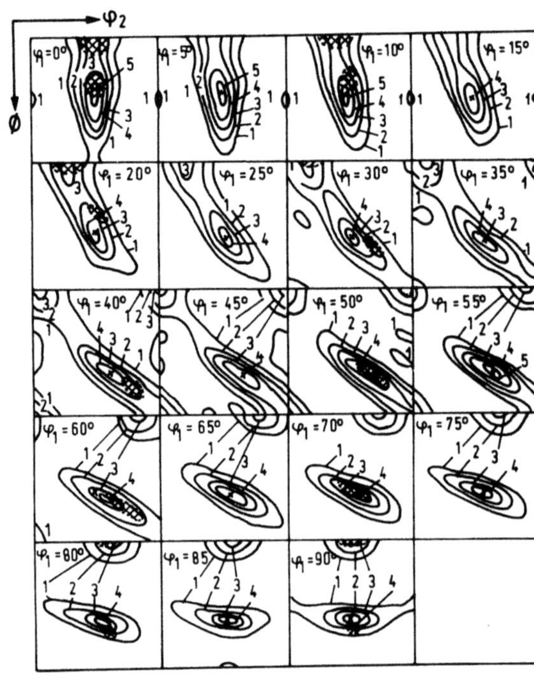

Abb. 12. Experimentell bestimmte ODF von Stahl. Die schraffierten Bereiche zeigen nur geringe Orientierungsänderungen bei der Verformung um 3,5 % (nach Bunge)

Bereiche, die bei weiterer Verformung zufolge der Theorie nur geringe Orientierungsänderungen erfahren. Sie stimmen in etwa mit den Maxima der Textur überein. Mit anderen Worten gesagt ist das Ergebnis dieser Untersuchung, daß die bekannten Endlagen (011) [$21\bar{1}$] und (4 4 11) [11 11 $\bar{8}$] (kub.flz.) und (112) [$\bar{1}10$] und (8 11 11) [$1\bar{1}$ 4 4] (kub. rz.) und die sie verbindenden beschränkten Fasertexturen Orientierungen sind, auf die sich andere bei der Verformung zubewegen und die sich selbst nicht verändern, also stabil sind. Eine sich ebenfalls aus der Theorie ergebende mittelstark ausgebildete Orientierung (011) [100] ist dagegen nicht in Übereinstimmung mit dem Experiment. Es treten jedoch gewisse Veränderungen im Ergebnis auf, wenn anstelle von plane strain Verformungen mit zunehmendem Breiten- zu Dickenverhältnis der Bleche zugelassen werden. Außerdem haben Dillamore und Katon /45/ darauf hingewiesen, daß Abweichungen von der Theorie dadurch erklärt werden können, daß die Verformung inhomogen ist.

Zum ersten Mal haben Leffers /63/ und dann Bunge und Leffers /64/ die Verformung statistisch verteilter Ausgangsorientierungen im Computer simuliert und zwar für {111}⟨110⟩-Gleitung und eine modifizierte Taylor-Theorie. Abb. 13 zeigt das Ergebnis von 100 Ausgangsorientierungen im Vergleich zu experimentell bestimmten ODF von Kupfer. Wie

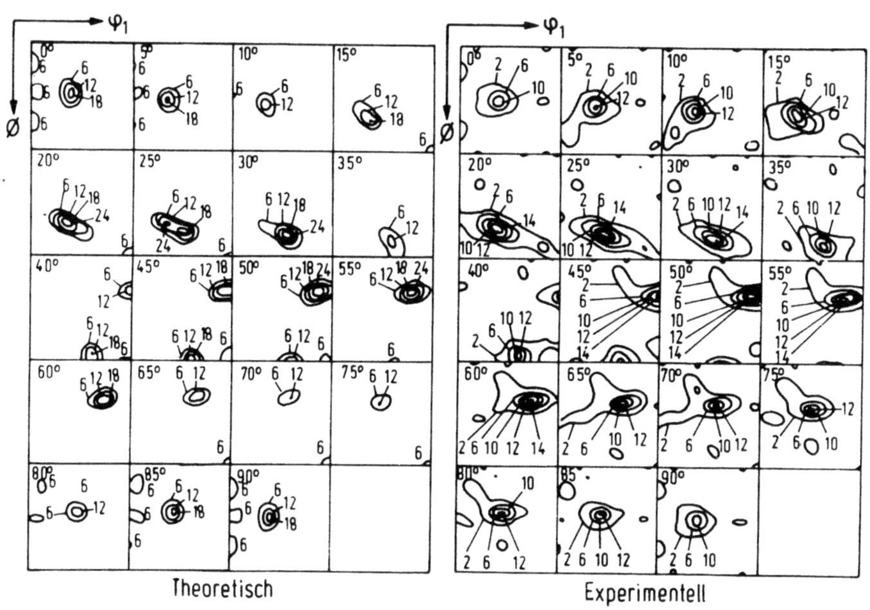

Abb. 13. Theoretische und experimentell bestimmte ODF von Kupfer ({111}⟨110⟩-Gleitung) (nach Bunge und Leffers)

immer bei derartigen Berechnungen sind als Folge der beschränkten Anzahl von Ausgangsorientierungen die theoretischen ODF schärfer als die experimentell bestimmten. Das Ergebnis ist bei Berücksichtigung dieser Tatsache jedoch als sehr gut zu bezeichnen.

Die Mehrdeutigkeit der Gitterdrehungen in der Taylor-Theorie wurde häufig als hinderlich angesehen, wenn Orientierungsänderungen berechnet werden sollen, und es hat nicht an Versuchen gefehlt, sie einzuschränken. Hierzu sind vor allem Arbeiten von Dillamore et al /15, 20, 65, 44, 45/ zu erwähnen, die auf dem Prinzip der maximalen Verformungsarbeit von Bishop und Hill /39, 40/ aufbauen (vgl. hierzu auch /66, 67/).

In dieser Theorie ist die Anzahl der möglichen Kombinationen von 5 Gleitsystemen von vorneherein eingeschränkt, weil es - beispielsweise für $\{111\}\langle 110\rangle$-Gleitung überhaupt nur 5 verschiedene, auf die kubischen Achsen bezogene Arten von Spannungszuständen gibt, die bewirken können, daß in mindestens 5 Gleitsystemen die Schubspannung τ_0 erreicht, in den übrigen Systemen dagegen nicht erreicht wird (s. hierzu auch /66-70/). Die Zahl der Spannungszustände erhöht sich aus Symmetriegründen auf 28 bzw. 56.

Für einen vorgegebenen Formänderungszustand, z.B. für ebene Verformung, erfolgt die Auswahl des richtigen Spannungszustandes mit dem Prinzip der maximalen Arbeit (s. hierzu auch Beitrag von D. Grzesik). Damit sind auch die aktiven Gleitsysteme festgelegt, womit man jetzt die Abgleitungen bzw. Formänderungen bezüglich der kubischen Achsen berechnen kann. Als nächster Schritt können dann in der von Bishop /71/ angegebenen Weise die Gitterdrehungen berechnet und somit die resultierende Orientierung des Kristalls angegeben werden.

Im kubisch flächenzentrierten System ist die Berechnung der Gitterdrehungen nun jedoch insofern auch hier nicht eindeutig als es für jeden Spannungszustand nicht nur 5 sondern 6 oder 8 Gleitsysteme mit gleicher Schubspannung gibt. Dies bedeutet, daß doch noch eine Auswahl getroffen werden muß, wenn nicht gemittelt werden soll (vgl. hierzu /72/. So wurde z.B. der Einfluß der Versetzungsaufspaltung auf die Auswahl von 5 aus 6 oder 8 möglichen Gleitsystemen untersucht /65, 20/. Er ist jedoch - ebenso wie viele andere, im Verlaufe der Zeit diskutierte Faktoren - nur qualitativer Natur. Dies ist wohl darauf zurückzuführen, daß es im Orientierungsraum ein Netzwerk von Orientierungen gibt, für die die Auswahl der Gleitelemente und damit auch der Gitterdrehungen so eindeutig ist, daß dadurch ein Grundbild der Textur geschaffen wird, das durch andere Einflüsse kaum verändert werden kann /44/. Dieses Netzwerk wird aus Zonen gebildet, für die die Auswahl der Gleitelemente eindeutig ist und bei denen überdies die Gitterdrehungen um diese Zonenachsen stattfinden /15, 20, 44, 45/. Solche Zonenachsen sind z.B. ⟨110⟩ oder ⟨111⟩ parallel der Querrichtung. Abb. 14 gibt Gitterdrehungen in den beiden erwähnten Zonen wieder. Orientierungen, für die $d\theta/d\varepsilon$ null und die Steigung negativ ist, sind stabile Orientierungen (Pfeile konvergieren). Bei $d\theta/d\varepsilon = 0$ und positiver Steigung (Pfeile divergieren) liegen metastabile Orientierungen. Dies ist in Übereinstimmung mit dem Experiment und auch mit den Ergebnissen der weiter vorne besprochenen Untersuchung, die auf Taylor aufbaut (s. Abb. 12).

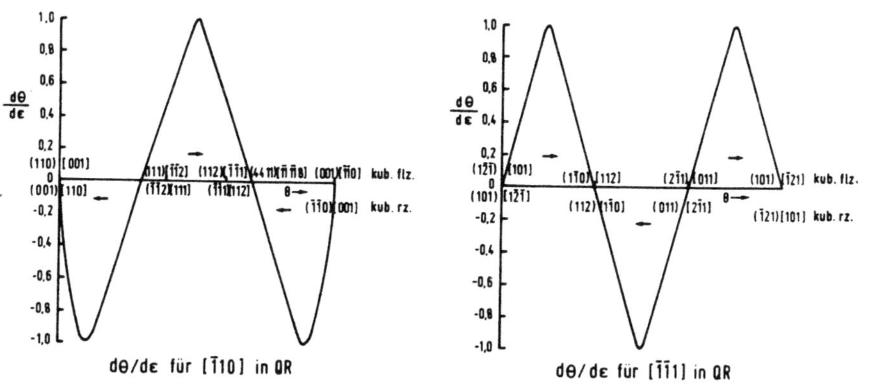

Abb. 14. Gitterdrehungen für zwei verschieden indizierte Querrichtungen (nach Dillamore et al)

Wird bei den kubisch raumzentrierten Metallen von pencil glide ausgegangen, so sind die Gitterdrehungen im Gegensatz zur {110}⟨111⟩-Gleitung eindeutig /44, 45/. Die Übereinstimmung zwischen experimentellem und durch Computer-Simulation erhaltenem Ergebnis ist dann als sehr gut zu bezeichnen.

Eine vollständige Beschreibung der Texturen kubisch flächenzentrierter Werkstoffe verlangt die Einführung der Zwillingsbildung. In Abb. 15 sind von Kallend und Davies /72/ berechnete und an Ms 90 bestimmte ODF einander gegenübergestellt. Es wurde für 406 Ausgangsorientierungen mit {111} ⟨110⟩-Gleitung und Zwillingsbildung in 50 % des Materials gerechnet. Die Gitterdrehungen bei der Gleitung sind Mittelwerte über die verschiedenen Möglichkeiten. Nach jedem Verformungsschritt wurde überprüft, ob eine erreichte Orientierung der weiteren Verfor-

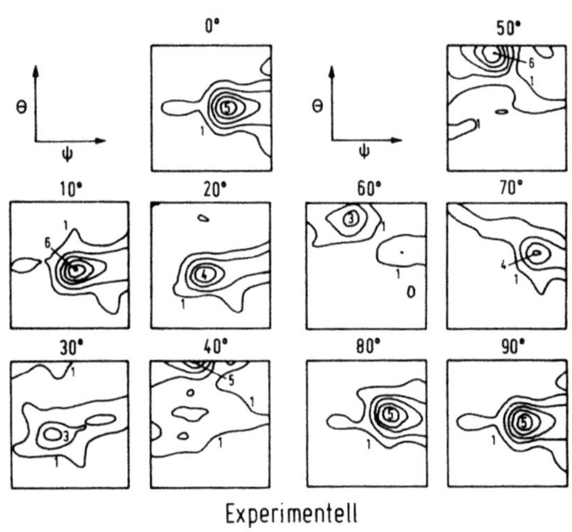

Abb. 15. Experimentell bestimmte ODF von Kupfer mit 10 % Zink und auf der Annahme von {111} ⟨110⟩-Gleitung und Zwillingsbildung berechnete ODF für 80 % Verformungsgrad. (Die Eulerwinkel der hier angewandten Methode stimmen nicht mit denen der Abb. 12 und 13 überein. Es handelt sich hier um Schnitte für konstante ϕ.) (nach Kallend und Davies)

mung auch durch Verzwilligung auf dem günstigsten System nachkommen kann. Wenn ja, wurde die Zwillingsorientierung für den nächsten Gleitschritt als Ausgangsorientierung berücksichtigt. Obwohl es in der Natur der Zwillingsbildung liegt, daß sie nur qualitativ erfaßt werden kann, stimmen berechnete und experimentell ermittelte ODF gut überein.

Da sowohl die Endlagen als auch die durch simulierte Verformung erhaltenen Polfiguren und ODF beider Modelle nicht voneinander abweichen, ist zu sagen, daß die Theorie von Bishop und Hill gegenüber der von Taylor außer einer Verminderung des Rechenaufwandes keine Verbesserungen gebracht hat. Dagegen ist zu sagen, daß die ganze Formänderungs-Theorie trotz der Tatsache, daß der einzelne Kristall nicht die Formänderung erfährt wie das ganze Werkstück (s. Kap. 2.4), doch wesentlich erfolgreicher war als die Spannungs-Theorie, deren befruchtender Einfluß vor allem in Bezug auf die Berücksichtigung der Zwillingsbildung allerdings nicht herabgemindert werden soll.

5. Zusammenfassung

Nach einer kurzen Einführung in die Texturen und die Beschreibung der Zieh-, Stauch- und Walztexturen wurde ein Überblick über die neueren Theorien der Entstehung von Verformungstexturen gegeben. Es wird hier zwischen Spannungs- und Formänderungs-Theorie unterschieden, die beide in ihren Grundlagen und Ergebnissen diskutiert werden.

Den Herren Professor Dr. G. Wassermann und Dr.-Ing. D. Grzesik danke ich für ihre freundliche Hilfe bei der Abfassung des Manuskriptes.

Literatur

1. Wassermann, G., J. Grewen: Texturen metallischer Werkstoffe, 2. Aufl. Berlin-Göttingen-Heidelberg: Springer. 1962.
2. Grewen, J., G. Wassermann: Acta Metallurg. 3, 354-360 (1955).
3. Wassermann, G.: Z. Metallkde. 54, 61-65 (1963).
4. Bunge, H.-J.: Kristall und Technik 5, 145-175 (1970)
5. Bunge, H.-J.: Mathematische Methoden der Texturanalyse. Berlin: Akademie-Verlag. 1969.
6. Roe, R.-J.: J. Appl. Phys. 36, 2024-2031 (1965).
7. Ibe, G., K. Lücke: Texture 1, 87-98 (1973).
8. Honeycombe, R.W.K.: The Plastic Deformation of Metals, 2. Aufl. London: Edward Arnold Ltd. 1971.
9. Hull, D.: Introduction to Dislocations. Oxford: Pergamon Press. 1968.
10. Schmid, E., G. Wassermann: Z. Phys. 48, 370-383 (1928). - Metallwirtsch. 9, 698-702 (1930).
11. Dillamore, I.L., W.T. Roberts: Preferred Orientation in Wrought and Annealed Metals. Met. Rev. 10, 271-380 (1965).
12. Chin, G.Y.: Verformungstexturen. In: Texturen in Forschung und Praxis. (J. Grewen, G. Wassermann, Hrsg.), S. 51-80. Berlin-Heidelberg-New York: Springer. 1969.
13. Bunge, H.-J.: Kristall und Technik 6, 677-728 (1971).
14. Chin, G.Y., W.F. Hosford, D.R. Mendorf: Proc. Roy. Soc. A 309, 433-456 (1969).
15. Dillamore, I.L., E. Butler, D. Green: Met. Sci. J. 2 161-167 (1968).
16. Schmid, E., H. Müller: Öst. Akad. Wiss., math.-naturwiss. Kl., Nr. 7, S. 117-119 (1958).
17. Goodman, S.R., H. Hu: Trans. Met. Soc. AIME 230, 1413-1419 (1964).
18. Ahlborn, H., G. Wassermann: Z. Metallkde. 54, 1-6 (1963).
19. Ahlborn, H.: Z. Metallkde. 56, 205-21, 411-420 (1965); 57, 877-884 (1966).
20. Dillamore, I.L.: Met. Trans. 1, 2463-2470 (1970).

21. Dillamore, I.L., W.T. Roberts: Acta Metallurg. 12, 281-293 (1964).

22. Segmüller, A., G. Wassermann: Freiberger Forschungshefte B 38, 38-44 (1960).

23. Haeßner, F., H. Weik: Arch. Eisenhüttenw. 27, 153-160 (1956).

24. Schläfer, D. und H.-J. Bunge: Texture 1 (1973) demnächst.

25. Grewen, J.: Stahl und Eisen 89, 1018-1022, 1071-1075 (1969).

26. Regenet, P.J., H.-P. Stüwe: Z. Metallkde. 54, 273-278 (1963).

27. Held, J.F.: Trans. Met. Soc. AIME 239, 573-576 (1967).

28. Hu, H.: Annealing of Silicon-Iron Crystals. In: Recovery and Recrystallization of Metals (L. Himmel, Hrsg.), S. 311-378. New York: Interscience. 1963.

29. Ahlborn, H., D. Sauer: Z. Metallkde. 59, 658-663 (1968)

30. Ahlborn, H., D. Sauer: Kristall und Technik 4, 531-573 (1969).

31. Hu, H.: Z. Metallkde. 60, 69-70 (1969).

32. Hu, H.: Orientierungsänderungen durch Rekristallisation. In: Texturen in Forschung und Praxis (J. Grewen, G. Wassermann, Hrsg.), S. 200-226. Berlin-Heidelberg-New York: Springer. 1969.

33. Gotthardt, R., G. Hoschek, O. Reimold, F. Haeßner: Texture 1, 99-109 (1973).

34. Sachs, G.: Z. VDI 72, 734-736 (1928).

35. Boas, W., E. Schmid: Z. techn. Phys. 12, 71-75 (1931).

36. Sachs, G., E. Schiebold: Naturwiss. 13, 964-968 (1926).

37. Taylor, G.I.: J. Inst. Metals 62, 307-324 (1938). - Analysis of Plastic Strain in a Cubic Metal. In: Stephen Timoshenko 60th Anniversary Volume, S. 218-224. New York: Macmillan. 1938.

38. v. Mises, R.: Z. angew. Mathem. u. Mech. 8, 161-185 (1928).

39. Bishop, J.F.W., R. Hill: Phil.Mag. 42, 414-427, 1298-1307 (1951).

40. Bishop, J.F.W.: Phil. Mag. 44, 51-56 (1953).

41. Taylor, G.I.: Strains in Crystalline Aggregate. In: Proc. Colloquium of Deformation and Flow of Solids, Madrid 1955 (R. Grammel, Hrsg.), S.3-12. Berlin-Göttingen-Heidelberg: Springer. 1956.

42. Piehler, H.R.: Plastic Anisotropy of Body-Centered Cubic Metals. Sc. D. Thesis, Department of Metallurgy. Mass. Inst. Techn., Cambridge (Mass.). 1967.

43. Piehler, H.R., W.H. Backofen: Die Vorhersage von anisotropen Fließgrenzen bei Blechen mit Textur. In: Texturen in Forschung und Praxis (J. Grewen, G. Wassermann, Hrsg.), S. 436-443. Berlin-Heidelberg-New York: Springer. 1969.

44. Dillamore, I.L., H. Katoh: Polycrystalline Plasticity and Texture Development in Cubic Metals. In: Proc. of the Intern. Seminar Crakow 1971 (J. Karp et al., Hrsg.), S. 315-344. 1973.

45. Dillamore, I.L., H. Katoh: Eingereicht bei Met. Sci. J.

46. Aernoudt, E., H.-P. Stüwe: Z. Metallkde. 61, 128-136 (1970).

47. Heye, W., G. Wassermann: Die Entstehung der Walztexturen kubisch flächenzentrierter Metalle durch Gleiten und mechanische Zwillingsbildung. Forschungsberichte Inst. Metallkde. u. Metallphys. TU Clausthal, Nr. 1, 1967.

48. Heye, W.: Kristallographisch-physikalische Theorie der Entstehung von Walztexturen (Teil I und II). Forschungsberichte Inst. Metallkde. u. Metallphys. TU Clausthal Nr. 3 und 4, 1969.

49. Heye, W., P. Sattler: Z. Metallkde. 62, 386-391 (1971).

50. Chin, G.Y., W.L. Mammel: Trans. Met. Soc. AIME 245, 1211-1214

51. Chin, G.Y., W.L. Mammel, W.T. Dolan: Trans. Met. Soc. AIME 239, 1111-1112 (1967).

52. Chin, G.Y., W.L. Mammel: Trans. Met. Soc. AIME 239, 1400-1405 (1967).

53. Chin, G.Y., W.L. Mammel, M.T. Dolan: Trans. Met. Soc. AIME 239, 1854-1855 (1967).

54. Siemes, H.: Z. Metallkde. 58, 228-230 (1967).

55. Piehler, H.R., W.A. Backofen: Met. Trans. 2, 249-255 (1971).

56. Rosenberg, J.M., H.R. Piehler: Met. Trans. 2, 257-259 (1971).

57. Chin, G.Y., W.L. Mammel, M.T. Dolan: Trans. Met. Soc. AIME 245, 383-388 (1969).

58. Chin, G.Y., W.L. Mammel: Met. Trans. 1, 1721-1727 (1970).

59. Chin, G.Y., B.C. Wonsiewicz: Trans. Met. Soc. AIME 245, 871-872 (1969).

60. Truszkowski, W.: Texture 1, 141-142 (1973).

61. Bunge, H.J, J. Tobisch: Texture demnächst.

62. Hu, H., R.S. Cline, S.R. Goodman: Deformation Textures of Metals. In: Recrystallization, Grain Growth and Textures (H. Margolin, Hrsg.), S. 295-367. Metals Park, Ohio: ASM. 1966.
63. Leffers, T.: Risö Report Nr. 184 (1968).
64. Bunge, H.-J., T. Leffers: Scripta Met. 5, 143-150 (1971).
65. Dillamore, I.L., N.S. Stoloff: Entstehung von Walztexturen unter den Bedingungen aufgezwungener Formänderung. In: Texturen in Forschung und Praxis (J. Grewen, G. Wassermann, Hrsg.), S. 110-119. Berlin-Heidelberg-New York: Springer, 1969.
66. Hosford, W.F., W.A. Backofen: Strength and Plasticity of Metals. In: Fundamentals of Deformation Processing (W.A. Backofen et al, Hrsg.) S. 259-292. Syracuse: University Press. 1964.
67. Hosford, W.F.: Acta Met. 14, 1085-1094 (1966).
68. Hosford, W.F., G.Y. Chin: Trans. Met. Soc. AIME 245, 877-880 (1969).
69. Chin, G.Y., B.C. Wonsiewicz: Met. Trans. 1, 551-556 (1970).
70. Chin, G.Y., W.L. Mammel: Met. Trans. 1, 1721-1727 (1970).
71. Bishop, J.F.W.: J. Mech. Phys. Solids 3, 130-142 (1954).
72. Kallend, J.S., G.J. Davies: Phil. Mag. 25, 471-490 (1972).

Anschrift der Verfasserin: Professor Dr.-Ing. Johanna Grewen, Technische Universität Clausthal, Institut für Metallkunde und Metallphysik, Großer Bruch 23, D-3392 Clausthal-Zellerfeld, Bundesrepublik Deutschland.

MODELLFREI LÖSBARE PROBLEME DER ELASTISCHEN VIELKRISTALLVERFORMUNG

J. BURBACH, Aldingen

1. Einleitung

In neuerer Zeit wurde das Problem der elastischen Verformung von Vielkristallen in einer Reihe theoretischer Arbeiten untersucht. Bei diesen Theorien geht es vor allem um die Frage des Zusammenhanges zwischen den anisotropen elastischen Eigenschaften der einzelnen Kristallite und dem elastischen Verhalten des Vielkristalles. Zwischen dem angeschnittenen Problemkreis und dem der röntgenographischen Ermittlung elastischer Spannungen in Vielkristallen besteht naturgemäß ein enger phänomenologischer Zusammenhang. Häufig auftretende Streuungen in den röntgenographischen Meßergebnissen, vor allem bei Messungen zur Bestimmung der sogenannten röntgenographischen elastischen Konstanten, lassen es wünschenswert erscheinen, modellfreie, also allgemeingültige Theorien der elastischen Vielkristallverformung zur Deutung der Experimente zur Verfügung zu haben. In den vorliegenden Ausführungen wird gezeigt, daß zwar nur wenige Probleme der elastischen Vielkristallverformung modellfrei und exakt gelöst werden können, daß aber die existierenden Lösungen sehr einfach sind. Insbesondere das elastische Verhalten ein- und mehrphasiger, makroskopisch isotroper Vielkristalle aus Phasen kubischer Struktur kann quantitativ exakt erklärt werden. "Modellfrei" soll im behandelten Zusammenhang bedeuten, daß außer sehr allgemeinen Voraussetzungen keine Annahmen über die Kornformen, über die Spannungs-Dehnungsverteilung innerhalb der einzelnen Kristallite und über die Nachbarschaftsverhältnisse zu den einzelnen Kristalliten gemacht werden*. Indessen muß für die wichtigsten Aufgaben makroskopische Isotropie des Vielkristalles gefordert werden, um zu eindeutigen Lösungen zu gelangen. Für die Umgebung der einzelnen Kristallite wird dabei keine Isotropie gefordert**.

Die erhaltenen Lösungen können nicht nur für die Physik der Vielkristalle, sondern auch für die Werkstofftechnik nützlich sein, sie werden z. T. mit den aus Modelltheorien gewonnenen Lösungen verglichen.

2. Voraussetzungen und Bezeichnungen

Es sollen folgende Voraussetzungen (I bis VI) gelten:

I. Das elastische Verhalten jedes Kristalliten eines Vielkristalles wird eindeutig durch die Voigtschen Konstanten des betreffenden Kristallsystems bestimmt. M.a.W.: Von einer (durchaus möglichen) Beeinflussung der elastischen Konstanten durch Kristallbaufehler (Punktdefekte, Versetzungen) oder durch Blochwände wird abgesehen und auch die elastischen Konstanten höherer Ordnung sollen keine Rolle spielen.

II. Es wird angenommen, daß es kein gestörtes Korngrenzgefüge gibt. D.h., jedes Atom oder jedes Molekül eines Vielkristallverbandes soll eindeutig einem bestimmten Kristalliten zugerechnet werden können.

---

*Kröner /1/ und Kneer /7/ behandelten z.B. Modelle, in denen das mittlere elastische Verhalten gleichorientierter Kristallite repräsentiert wird durch einen Kristalliten kugelförmiger oder ellipsoider Geometrie, der in eine isotrope Matrix eingeschlossen ist.

**Es ist z. B. denkbar, daß eine gewisse "Nahordnung" in bezug auf die Orientierung benachbarter Körner besteht, aber keine "Fernordnung" der Orientierungen vorhanden ist.

III. Es werden nur die isothermen elastischen Konstanten betrachtet, d.h. adiabatische elastische Deformationen sollen nicht vorkommen.

IV. Betrachtet werden nur elastisch-reversible Verformungen in allen Teilen des Vielkristalles.

Va. Die Vielkristalle sollen so viele Kristallite erhalten, daß Summierungen über gewisse Mengen von Kristalliten durch Integrale ersetzt werden können, d.h. das Volumen des Vielkristalles soll sehr groß gegen das Volumen des größten aller Kristalliten sein.

Vb. Der kleinste Durchmesser des Vielkristalles soll sehr groß gegen den größten Durchmesser aller seiner Kristallite sein. M.a.W.: Oberflächeneffekte, die durch die verschiedenartige Verformung oberflächennaher Kristallite gegenüber Kristallen im Innern des Vielkristalles entstehen, sollen vernachlässigbar sein, der Vielkristall wird makroskopisch als Kontinuum behandelt.

VI. In den hier explizit behandelten Fällen wird makroskopische (quasi-) Isotropie und Homogenität vorausgesetzt. Was die "makroskopische Isotropie" beeinhaltet, wird im folgenden noch allgemein interpretiert.

Die genannten Voraussetzungen wurden in allen vergleichbaren Untersuchungen gemacht, sie gehören zu keinem bestimmten Modell. Über die Spannungs- und Dehnungszustände in den einzelnen Kristalliten werden, wie schon bemerkt, keinerlei Voraussetzungen gemacht, d.h., es werden beliebige Verformungs-Inhomogenitäten innerhalb der Kristallite und auch Unterschiede der Mittelwerte der Spannungen und Dehnungen von Korn zu Korn bei Körnern gleicher Orientierung zugelassen.

Es sollen folgende Bezeichnungen bei einphasigen Vielkristallen gelten:

(x, y, z) : Labor-Bezugssystem

(x', y', z') : Beliebige, im einzelnen zu definierende orthogonale Basis.

Δ : Symbol für die Orientierung der orthogonalen kristallographischen Basis bestimmter Kristallite.

$\sigma_{ij}(\mathbf{r})$; $\varepsilon_{ij}(\mathbf{r})$: Spannungen und Dehnungen am Ort $\mathbf{r}$, bezogen auf das Laborsystem.

($\sigma_{ij}(\mathbf{r})$ und $\varepsilon_{ij}(\mathbf{r})$ können auch innerhalb der einzelnen Kristallite schwanken.)

$\sigma_{i'j'}(\mathbf{r})$; $\varepsilon_{i'j'}(\mathbf{r})$: wie vor, aber bezogen auf eine beliebige orthogonale Basis (x', y', z').

$\sigma_{i'j'}(\Delta)$; $\varepsilon_{i'j'}(\Delta)$: Über das Volumen $V(\Delta)$ der Kristallite, deren Orientierung in einem kleinen Bereich $\delta\Delta$ um eine feste Orientierung Δ liegt, gemittelte Spannungen und Dehnungen, betrachtet im System x', y', z'.

$$\sigma_{i'j'}(\Delta) := \int \sigma_{i'j'}(\mathbf{r})\, dV := \langle \sigma_{i'j'}(\mathbf{r}) \rangle_{V(\Delta)}$$

$$\varepsilon_{i'j'}(\Delta) := \int \varepsilon_{i'j'}(\mathbf{r})\, dV := \langle \varepsilon_{i'j'}(\mathbf{r}) \rangle_{V(\Delta)}$$

$\sigma_{i'j'}(\Delta_0)$; $\varepsilon_{i'j'}(\Delta_0)$: wie vor, aber für die Kristallite, deren orthogonale kristallographische Basis mit der Basis zusammenfällt, auf die die Spannungen bzw. Dehnungen bezogen sind.

<u>Bemerkung:</u> Hier werden die Spannungen und Dehnungen meist mit der Voigtschen Sechser-Indizierung gekennzeichnet; die zuvor eingeführte Kennzeichnung der Basen wird immer beibehalten.

$\bar{\sigma}_{i'j'}$; $\bar{\varepsilon}_{i'j'}$: Makroskopische Spannungen und Dehnungen des Vielkristalles. (Es werden nur makroskopisch homogene Spannungs- und Dehnungszustände betrachtet).

c_{ij} ; s_{ij} : Voigtsche elastische Konstanten bzw. Koeffizienten von Einkristallen in Sechser-Indizierung.

$\bar{c}_{ij}$; $\bar{s}_{ij}$: Voigtsche elastische Konstanten bzw. Koeffizienten von Vielkristallen.

Weitere Bezeichnungen und Abkürzungen werden im Text erläutert.

3. Zum Isotropie- und Homogenitätsbegriff

Als isotrop allein in bezug auf die Orientierungen der einzelnen Kristallite bezeichnet man einen Vielkristall bekanntlich dann, wenn eine volumenmäßige Mitteilung dieser Orientierungen über das Volumen keine Vorzugsrichtungen ergibt. Da aber auch die geometrische Gestalt der einzelnen Kristallite einen Einfluß auf das elastische Verhalten des Vielkristalles haben kann, muß ein allgemeinerer, diesen Sachverhalt berücksichtigender Isotropiebegriff benutzt werden. In allen theoretischen Arbeiten zum behandelten Thema wird implizit oder explizit die im folgenden dargestellte Definition der Isotropie für einphasige Vielkristalle zugrunde gelegt (vergl. z. B. /1/, /2/):

a) Gegeben sei ein beliebiger makroskopisch homogener Spannungs- (oder Dehnungs-)-Zustand $\bar{\sigma}_{ij}$ (bzw. $\bar{\varepsilon}_{ij}$), bezogen auf das Laborsystem (x, y, z), dem ein Vielkristall unterworfen wird.

b) Aus der Gesamtheit der Kristallite des Vielkristalles sollen diejenigen herausgegriffen werden, die in bezug auf das Laborsystem eine bestimmte Orienterung Δ haben.

c) Isotrop ist der betrachtete Vielkristall dann, wenn der über das Volumen der Kristallite der Orientierung Δ gemittelte

Spannungs-(oder Dehnungs-)-Zustand σ_{ij} (Δ) (bzw. ε_{ij} (Δ)) nicht davon abhängt, welche Lage der Vielkristall im Laborsystem einnimmt. (Zu verschiedenen Lagen des Vielkristalles im Laborsystem gehören voneinander verschiedene Mengen von Kristalliten der Orientierung Δ).

Für mehrphasige Vielkristalle ist die gegebene Definition dahingehend zu erweitern, daß sie getrennt für jede der Phasen gelten muß. In den folgenden Ableitungen wird der Isotropiebegriff exakt in der dargestellten Weise benutzt. Es ist leicht einzusehen, daß die gegebene Definition der Isotropie z. B. zutrifft für Vielkristalle, die entstanden sind durch die Erstarrung einer ungeordneten Schmelze bei verschwindendem Temperaturgradienten; es gibt keinerlei Vorzugsrichtungen.

Zum Homogenitätsbegriff ist in evidenter Weise nur zu sagen, daß ein Vielkristall dann makroskopisch homogen ist, wenn beliebige, hinreichend große Teile von ihm (vgl. Voraussetzung Va und Vb) die gleichen elastischen Eigenschaften haben wie der gesamte Vielkristall.

Aufgrund der festgelegten Voraussetzungen gelten folgende Beziehungen für einphasige makroskopisch homogene und isotrope Vielkristalle beliebiger Kristallsymmetrie und bei beliebiger Lage des Vielkristalles im Laborsystem. (Zu jeder Lage des Vielkristalles im Laborsystem gehören andere Kristalle, deren kristallographische Basis mit dem Laborsystem zusammenfällt).

$$\sigma_{ij}(\Delta_0) = {}^{\sigma\sigma}\!A_{ij}^{kl} \cdot \bar{\sigma}_{kl} \tag{1a}$$

$$\varepsilon_{ij}(\Delta_0) = {}^{\varepsilon\varepsilon}\!A_{ij}^{kl} \cdot \bar{\varepsilon}_{kl} \tag{1b}$$

$$\sigma_{ij}(\Delta_0) = {}^{\sigma\varepsilon}\!A_{ij}^{kl} \cdot \bar{\varepsilon}_{kl} \tag{1c}$$

$$\varepsilon_{ij}(\Delta_0) = {}^{\varepsilon\sigma}\!A_{ij}^{kl} \cdot \bar{\sigma}_{kl} \tag{1d}$$

Die ${}^{\alpha}A^{\beta}$ sind vierstufige, konstante Tensoren; die linearen Beziehungen (1a) bis (1d) drücken nichts anderes aus als die festgelegte Isotropie.

Die Tensoren ${}^{\sigma\sigma}A_{ij}^{kl}$ und ${}^{\varepsilon\varepsilon}A_{ij}^{kl}$ sind dimensionslos.

Wenn die mittleren Spannungs- oder Dehnungszustände für die Kristallite der Orientierung Δ_o bekannt sind, liegen auch die von Kristalliten beliebiger Orientierung Δ fest: Transformiert man den makroskopischen Spannungs- oder Dehnungszustand auf die durch die kristallographischen Achsen der Kristallite mit der Orientierung Δ gegebenen Basis, dann gelten in bezug auf diese Basis wieder die Gleichungen (1a) bis (1d). Die Beziehungen (1a) bis (1d) sind keineswegs neu, in anderer Schreibweise werden sie - zumindest teilweise - z.B. von Kröner /1/ und Stickforth /2/ benutzt.

Bei Anwendung der Voigtschen Indizierung lauten die Gleichungen (1a) bis (1d)

$$\sigma_i(\Delta_o) = {}^{\sigma\sigma}A_{ik} \cdot \bar{\sigma}_k \tag{2a}$$

$$\varepsilon_i(\Delta_o) = {}^{\varepsilon\varepsilon}A_{ik} \cdot \bar{\varepsilon}_k \tag{2b}$$

$$\sigma_i(\Delta_o) = {}^{\sigma\varepsilon}A_{ik} \cdot \bar{\varepsilon}_k \tag{2c}$$

$$\varepsilon_i(\Delta_o) = {}^{\varepsilon\sigma}A_{ik} \cdot \bar{\sigma}_k \tag{2d}$$

Dabei ist daran zu erinnern, daß in der Voigtschen Schreibweise immer

$$\sigma_{ij} = \sigma_k \text{ mit } k = i \text{ für } i = j \text{ und } k = 9-(i+j) \text{ für } i \neq j$$

gilt, aber andererseits

$$\varepsilon_{ij} = \varepsilon_k \text{ mit } k = i \text{ für } i = j \text{ und}$$
$$2\varepsilon_{ij} = \varepsilon_k \text{ mit } k = 9-(i+j) \text{ für } i \neq j$$

gesetzt wird.

Die Tensoren ${}^{\alpha}A^{\beta}$ in den Gleichungen (2a) bis (2d) besitzen als vierstufige Tensoren 36 Elemente. Mit Hilfe von Symmetriebetrachtungen läßt sich ermitteln, welche Tensorelemente

Null werden und welche Beziehungen zwischen den nicht verschwindenden Tensorelementen bestehen. Diese Symmetriebetrachtungen sind formal identisch mit denen, die Pockels /3/ für den elasto-optischen Effekt an Einkristallen durchführte. D.h., die von Pockels angegebenen Tensoren für die Relationen zwischen den mechanischen Spannungen auf einen Einkristall und den Änderungen der Brechungsindizes können in ihrem mathematischen Aufbau übernommen werden. Wichtig ist dabei die Feststellung, daß die ${}^{\alpha}A^{\beta}$ nur im kubischen Fall symmetrische Tensoren sind und daher auch nur in diesem Falle formal den gleichen Aufbau haben wie die Tensoren c_{ij} und s_{ij} der elastischen Konstanten bzw. Koeffizienten. Das liegt daran, daß es für die zur Diskussion stehenden Symmetrieüberlegungen keine gegen Drehungen des Koordinatensystems invariante Größe wie das elastische Potential gibt, die dafür sorgt, daß immer $c_{ij} = c_{ji}$ bzw. $s_{ij} = s_{ji}$ ist: Es gilt zwar $2W = \sigma_i \varepsilon_i$; $i = 1, 2 \ldots 6$ (bei konventionsgemäß weggelassenen Summenzeichen) für die elastische Energie W pro Volumeneinheit eines elastisch homogen verformten Einkristalles, $\sigma_i(\Delta_o) \cdot \varepsilon_i(\Delta_o)$ (vgl. Gleichung (2a) und (2b)) ist aber nicht gleich der mittleren elastischen Energie der Kristallite der Orientierung Δ_o, weil kein homogener Spannungs- bzw. Dehnungszustand dieser Kristallite vorliegt (vgl. Abschnitt 4.1.5.). In Anhang 1 sind die Pockelsschen Tensoren für den kubischen, den hexagonalen, den tetragonalen und den trigonalen Fall angegeben.

Wegen der elementaren Beziehung

$$\sigma_i(\Delta_o) = \langle \sigma_i(r) \rangle_{V(\Delta_o)} = \langle c_{ik} \cdot \varepsilon_k(r) \rangle_{V(\Delta_o)} =$$
$$= c_{ik} \cdot \varepsilon_k(\Delta_o)$$

und wegen

$$\bar{\sigma}_i = \bar{c}_{ik} \cdot \bar{\varepsilon}_k$$

folgt aus Gl. (2a) und (2b)

$$\sigma_i(\Delta_o) = \overset{\sigma\sigma}{A}_{ij} \cdot \bar{\sigma}_j = \left(\overset{\sigma\sigma}{A}_{ij}\ \bar{c}_{jk}\right) \cdot \bar{\varepsilon}_k =$$
$$= \left(\overset{\sigma\sigma}{A}_{ij} \cdot \bar{c}_{jk} \cdot \overset{\varepsilon\varepsilon}{A}{}^{-1}_{kl}\right) \cdot \varepsilon_l(\Delta_o) = \qquad (3)$$
$$= \left(\overset{\sigma\sigma}{A}_{ij} \cdot \bar{c}_{jk} \cdot \overset{\varepsilon\varepsilon}{A}{}^{-1}_{kl} \cdot s_{lm}\right) \cdot \sigma_m(\Delta_o)$$

Gl. (3) beinhaltet, daß immer, d.h. auch bei beliebig niedriger Kristallsymmetrie, gilt:

$$\overset{\sigma\sigma}{A}_{ij} \cdot \bar{c}_{jk} \cdot \overset{\varepsilon\varepsilon}{A}{}^{-1}_{kl} \cdot s_{lm} = U \qquad (4)$$

wobei U der Einheitstensor ist. (Bei nicht isotropen Vielkristallen gilt Gl. (4) ebenfalls, aber die Tensoren $^{\alpha}A^{\alpha}$ sind dabei nicht konstant, sie sind abhängig von der Lage des Vielkristalles im Laborsystem.) Gl. (4) ist für die weiteren Ableitungen sehr wichtig.

4. Der einphasige makroskopisch homogene und isotrope Vielkristall kubischer Struktur

4.1. Ableitung der Grundgleichungen

Den Ableitungen von Pockels entnimmt man aus den in Abschnitt 3 dargelegten Gründen, daß die Tensoren $^{\sigma}A^{\sigma}$ und $^{\varepsilon}A^{\varepsilon}$ im kubischen Fall die Gestalt

$$\begin{pmatrix} \overset{\alpha\alpha}{A}_{11} & \overset{\alpha\alpha}{A}_{12} & \overset{\alpha\alpha}{A}_{12} & 0 & 0 & 0 \\ \overset{\alpha\alpha}{A}_{12} & \overset{\alpha\alpha}{A}_{11} & \overset{\alpha\alpha}{A}_{12} & 0 & 0 & 0 \\ \overset{\alpha\alpha}{A}_{12} & \overset{\alpha\alpha}{A}_{12} & \overset{\alpha\alpha}{A}_{11} & 0 & 0 & 0 \\ 0 & 0 & 0 & \overset{\alpha\alpha}{A}_{44} & 0 & 0 \\ 0 & 0 & 0 & 0 & \overset{\alpha\alpha}{A}_{44} & 0 \\ 0 & 0 & 0 & 0 & 0 & \overset{\alpha\alpha}{A}_{44} \end{pmatrix} \qquad (5)$$

haben. Es wird sich zeigen, daß alle Elemente der Tensoren $^{\alpha}A^{\alpha}$ in einfacher Weise exakt berechnet werden können. Zunächst ist dazu zu berücksichtigen, daß bei makroskopisch isotroper Dehnung bzw. bei hydrostatischem Druck auf jeden einphasigen Vielkristall kubischer Struktur sich in jedem einzelnen Kristalliten ein homogener Spannungs-Dehnungszustand einstellt, der dem makroskopischen Spannungs-Dehnungszustand völlig identisch ist. Die Gl. (2a), (2b) und (5) liefern daher:

$$^{\alpha\alpha}A_{11} + 2\,^{\alpha\alpha}A_{12} = 1; \qquad \alpha = \sigma, \varepsilon \tag{6}$$

Damit ist $^{\alpha}A^{\alpha}_{12}$ als Funktion von $^{\alpha}A^{\alpha}_{11}$ festgelegt. Eine etwas schwierigere Ableitung führt zu einer Beziehung zwischen $^{\alpha}A^{\alpha}_{44}$ und $^{\alpha}A^{\alpha}_{11}$. Grundlage dieser Ableitung ist die Ausnutzung der Tatsache, daß bekannterweise die im Laborsystem über das Volumen des gesamten Vielkristalles gemittelten lokalen Spannungs- bzw. Dehnungszustände als Mittelwert genau den makroskopischen Spannungs- bzw. Dehnungszustand ergeben. Die zuvor genannte Mittelung kann deswegen mathematisch exakt ausgeführt werden, weil wegen der vorausgesetzten Isotropie das Gesamtvolumen der Kristallite, von denen eine kristallographische Achse innerhalb eines Raumwinkels ω des Orientierungsraumes liegt, genau proportional zu ω ist.

Mittelungen der genannten Art sind prinzipiell schon von Voigt /4/ und Reuss /5/ durchgeführt worden. Die Mitteilung liefert hier:

$$^{\alpha\alpha}A_{11} + \,^{\alpha\alpha}A_{44} = 2 \tag{7}$$

Die einfache, approximationslose, aber etwas umfangreiche Rechnung zu dieser Mittelung soll hier nicht explit ausgeführt werden.

Mit den Gl. (6) und (7) geht Gl. (5) über in

$$\overset{\alpha\alpha}{A}_{ij} = \begin{pmatrix} \overset{\alpha\alpha}{A}_{11} & \frac{1-\overset{\alpha\alpha}{A}_{11}}{2} & \frac{1-\overset{\alpha\alpha}{A}_{11}}{2} & 0 & 0 & 0 \\ \frac{1-\overset{\alpha\alpha}{A}_{11}}{2} & \overset{\alpha\alpha}{A}_{11} & \frac{1-\overset{\alpha\alpha}{A}_{11}}{2} & 0 & 0 & 0 \\ \frac{1-\overset{\alpha\alpha}{A}_{11}}{2} & \frac{1-\overset{\alpha\alpha}{A}_{11}}{2} & \overset{\alpha\alpha}{A}_{11} & 0 & 0 & 0 \\ 0 & 0 & 0 & \left(2-\overset{\alpha\alpha}{A}_{11}\right) & 0 & 0 \\ 0 & 0 & 0 & 0 & \left(2-\overset{\alpha\alpha}{A}_{11}\right) & 0 \\ 0 & 0 & 0 & 0 & 0 & \left(2-\overset{\alpha\alpha}{A}_{11}\right) \end{pmatrix} \qquad (8)$$

Mit anderen Worten: Durch Symmetrieoperationen und Mittelwertbetrachtungen läßt sich die Zahl der Unbekannten in den Tensoren ${}^{\alpha}A^{\alpha}_{ij}$ auf je eine reduzieren, wobei die elastischen Ein- und Vielkristallkonstanten nicht explizit in Erscheinung treten. Gl. (8) läßt sich auch in der Form

$$\overset{\alpha\alpha}{A}_{ij} = U + \overset{\alpha}{a}\, P_{ij} \qquad (9)$$

schreiben, wobei U wieder der Einheitstensor ist; die $\overset{\alpha}{a}$ wie auch die ${}^{\alpha}A^{\alpha}_{11}$ sind dimensionslose Materialkonstanten mit

$$\overset{\alpha}{a} = \overset{\alpha\alpha}{A}_{11} - 1 \qquad (10a)$$

und P_{ij} ist ein Tensor, der nur Zahlen enthält:

$$P_{ij} = \begin{pmatrix} 1 & -\frac{1}{2} & -\frac{1}{2} & 0 & 0 & 0 \\ -\frac{1}{2} & 1 & -\frac{1}{2} & 0 & 0 & 0 \\ -\frac{1}{2} & -\frac{1}{2} & 1 & 0 & 0 & 0 \\ 0 & 0 & 0 & -1 & 0 & 0 \\ 0 & 0 & 0 & 0 & -1 & 0 \\ 0 & 0 & 0 & 0 & 0 & -1 \end{pmatrix} \tag{10b}$$

Die Gl. (9) ist gültig für alle einphasigen makroskopisch isotropen Vielkristalle kubischer Struktur, der konstante Tensor P_{ij} nach Gl. (10b) kann also als "allgemeiner kubischer Vielkristalltensor" bezeichnet werden. Mit Hilfe der allgemeinen Gl. (4), die hier für den einphasig-kubisch-isotropen Fall betrachtet wird, lassen sich die Materialkonstanten $\overset{\alpha}{a}$ (d.h. $\overset{\sigma}{a}$ und $\overset{\varepsilon}{a}$) oder ${}^{\sigma}A_{11}^{\sigma}$ und ${}^{\varepsilon}A_{11}^{\varepsilon}$ eindeutig mit den elastischen Konstanten c_{ij} und $\bar{c}_{ij}$ (oder s_{ij} und $\bar{s}_{ij}$) verknüpfen. Anstelle von Gl. (4) kann

$$\overset{\sigma\sigma}{A}_{ij} \cdot \bar{c}_{jk} = \overset{\varepsilon\varepsilon}{A}_{ij}\, c_{jk} \tag{11}$$

geschrieben werden, mit Gl. (9) gilt also

$$\overset{\sigma}{a}\, P_{ij}\, \bar{c}_{jk} - \overset{\varepsilon}{a}\, P_{ij}\, c_{jk} = -\left(\bar{c}_{ik} - c_{ik}\right) \tag{12}$$

Gl. (12) liefert (nur) die zwei linear unabhängigen Gleichungen.

$$\overset{\sigma}{a}\left(\bar{c}_{11} - \bar{c}_{12}\right) - \overset{\varepsilon}{a}\left(c_{11} - c_{12}\right) = -\left(\bar{c}_{11} - c_{12}\right) \tag{12a}$$

$$\overset{\sigma}{a}\, \bar{c}_{44} - \overset{\varepsilon}{a}\, c_{44} = +\left(\bar{c}_{44} - c_{44}\right) \tag{12b}$$

woraus sofort bei Berücksichtigung der allgemeinen Beziehung $\bar{c}_{11} - \bar{c}_{12} = 2\,\bar{c}_{44}$ die endgültigen Bestimmungsgleichungen für

$\overset{\sigma}{a}$ und $\overset{\varepsilon}{a}$ folgen:

$$\overset{\sigma}{a} = 1 - \frac{5}{3} \cdot \frac{1 - \frac{c_{44}}{\bar{c}_{44}} \cdot \frac{c_{11} - c_{12}}{2\,c_{44}}}{1 - \frac{c_{11} - c_{12}}{2\,c_{44}}} \tag{13a}$$

$$\overset{\varepsilon}{a} = 1 - \frac{5}{3} \cdot \frac{\frac{\bar{c}_{44}}{c_{44}} - \frac{c_{11} - c_{12}}{2\,c_{44}}}{1 - \frac{c_{11} - c_{12}}{2\,c_{44}}} \equiv$$

(13b)

$$\equiv 1 - \frac{5}{3} \cdot \frac{1 - \frac{s_{44}}{\bar{s}_{44}} \cdot \frac{2\,(s_{11} - s_{12})}{s_{44}}}{1 - \frac{2\,(s_{11} - s_{12})}{s_{44}}}$$

Zu den - aus der Literatur nicht bekannten - Bestimmungsgleichungen (13a) und (13b) sind folgende wesentliche Bemerkungen zu machen:

4.1.1. $\overset{\sigma}{a}$ und $\overset{\varepsilon}{a}$ hängen nur ab vom sogenannten "Anisotropiegrad" $\lambda = \frac{c_{11} - c_{12}}{2\,c_{44}} \equiv \frac{s_{44}}{2\,(s_{11} - s_{12})}$ der Kristallite und vom Verhältnis $\frac{c_{44}}{\bar{c}_{44}} \equiv \frac{\bar{s}_{44}}{s_{44}}$; die Kompressibilität geht nicht explizit ein. Für $\lambda = 1$, also isotrope Kristallite, wird erwartungsgemäß $\overset{\alpha}{a} \equiv 0$.

Beispiele für errechnete $\overset{\sigma}{a}$- und $\overset{\varepsilon}{a}$-Werte sind in Tabelle 1 angegeben.

Tabelle 1

	c_{11} 10^{11}dyn cm^{-2}	c_{12} 10^{11}dyn cm^{-2}	c_{44} 10^{11}dyn cm^{-2}	$\bar{c}_{44}$ 10^{11}dyn cm^{-2}	$\overset{\varepsilon}{a}$ zur angegebenen Fehlerbreite vgl. Text	$\overset{\sigma}{a}$
Fe	23,0	13,5	11,4	8,23	0,13±0,02	-0,21±0,22
Ni	24,8	15,3	11,6	8,34	0,13±0,02	-0,22±0,02
Cu	16,9	12,2	7,54	4,81	0,21±0,02	0,24±0,01

Die c_{ik}-Werte in Tabelle 1 sind /11/, die $\bar{c}_{44}$-Werte /12/ entnommen. Die Angabe der Fehlerbreite von $\overset{\varepsilon}{a}$ bzw. $\overset{\sigma}{a}$ bezieht sich auf die Annahme einer Schwankungsbreite von 1 % in den $\bar{c}_{44}$-Werten. Geringe Schwankungen in $\bar{c}_{44}$, die z.B. aus verschiedenartigen mittleren Kornformen rühren können, führen zu relativ starken Schwankungen in $\overset{\sigma}{a}$ und $\overset{\varepsilon}{a}$.

4.1.2. Der Schubmodul $\bar{c}_{44}$ des Vielkristalles läßt sich aus den hier durchgeführten Symmetrieüberlegungen prinzipiell nicht herleiten, er geht in Gl. (13a) und (13b) als zu messende Materialkonstante ein.

4.1.3. Rein formal können über den Schubmodul in den Gl. (13a) und (13b) irgendwelche Annahmen gemacht werden. So kann man z.B. den Voigtschen- oder den Reusschen Grenzwert einsetzen*.

Der Voigtsche Grenzwert ergibt sich daraus, daß für jeden Kristalliten der gleiche wie der makroskopische Dehnungszustand angenommen wird. Man entnimmt Gl. (9), daß diese Annahme identisch ist mit der Forderung $\overset{\varepsilon}{a} = 0$. Mit dem Voigtschen Grenzwert

$$\bar{c}_{44V} = \frac{c_{11} - c_{12}}{5} + \frac{3}{5} c_{44} \qquad (14)$$

* Nach der Theorie von Hill /6/ liefert der Voigtsche Grenzwert bekanntlich eine obere, der Reussche Grenzwert eine untere Schranke für den Schubmodul.

wird auch die rechte Seite von Gl. (13b) identisch Null. Diese Übereinstimmung verwundert nicht, weil die Ableitung der Gl. (13a) und (13b) ohne Approximationen erfolgte. Für den Reusschen Grenzwert - makroskopischer gleich mikroskopischem Spannungszustand - gilt

$$\left(\bar{c}_{44R}\right)^{-1} = \frac{4}{5}\left(c_{11} - c_{12}\right)^{-1} + \frac{3}{5}\, c_{44}^{\ -1} \tag{15}$$

d.h. bei $\overset{\sigma}{a} = 0$ werden beide Seiten von Gl. (13a) identisch Null.

Bei Benutzung der Hillschen Relation ergeben sich aus (13a) und (13b) die Beziehungen

$$0 \geqslant \overset{\sigma}{a} \geqslant \left(1 - \frac{1}{\frac{2}{5}\lambda + \frac{3}{5}}\right) \geqslant -\frac{2}{3} \quad \text{für } \lambda \leqslant 1 \tag{16a}$$

$$0 \leqslant \overset{\sigma}{a} \leqslant \left(1 - \frac{1}{\frac{2}{5}\lambda + \frac{3}{5}}\right) \leqslant 1 \quad \text{für } \lambda \geqslant 1 \tag{16b}$$

$$0 \leqslant \overset{\varepsilon}{a} \leqslant \left(1 - \frac{1}{\frac{2}{5}\lambda + \frac{3}{5}}\right) \leqslant 1 \quad \text{für } \lambda \leqslant 1 \tag{17b}$$

$$0 \geqslant \overset{\varepsilon}{a} \geqslant \left(1 - \frac{1}{\frac{2}{5}\lambda + \frac{3}{5}}\right) \geqslant -\frac{2}{3} \quad \text{für } \lambda \geqslant 1 \tag{17c}$$

Dabei ist $\lambda = \frac{c_{11} - c_{12}}{2\, c_{44}}$ wieder der Anisotropiegrad des jeweiligen kubischen Einkristalles.

4.1.4. Für bekannte Werte $(c_{11} - c_{12})$, c_{44} und $\bar{c}_{44}$ läßt sich mit Hilfe der Gl. (9), (13a) und (13b) für jeden isotropen einphasig-kubischen Vielkristall z.B. die mittlere Schubspannung in bestimmten Netzebenen (hkl) von Kristalliten einer bestimmten Orientierung Ω bei beliebigen makroskopisch homogenen Spannungs-Dehnungszuständen exakt berechnen. Indessen ergeben sich unmittelbar aus den bisher durchgeführten Überlegungen keine Aussagen darüber, wie groß die vorkommenden lokalen Abweichungen von diesen Mittelwerten sind. Insbesondere für die Spannungsspitzen, die verantwortlich sind für den lokalen Beginn plastischer Verformungen bei hinreichend starker Belastung und die somit eine große Rolle für das Ermüdungsverhalten der Werkstoffe spielen, lassen sich ohne mehr oder weniger willkürliche Modellannahmen überhaupt keine Aussagen machen.

4.1.5. In Punkt 4.1.4. wurde darauf hingewiesen, daß sich aus den bisherigen Symmetrieüberlegungen keine Aussagen über die lokalen Abweichungen von den Mittelwerten der Spannungen und Dehnungen in gleichorientierten Kristalliten gewinnen lassen. Eine Energiebetrachtung liefert wenigstens eine integrale Aussage über diese lokalen Abweichungen: Für die elastische Energie pro Volumeneinheit W_E eines Einkristalles kubischer Struktur unter homogenem Spannungs- oder Dehnungszustand gilt (in Voigtscher Schreibweise)

$$2W_E = s_{11}\left(\sigma_1^2+\sigma_2^2+\sigma_3^2\right) + 2s_{12}\left(\sigma_2\sigma_3+\sigma_3\sigma_1+\sigma_1\sigma_2\right) + s_{44}\left(\sigma_4^2+\sigma_5^2+\sigma_6^2\right) \qquad (16)$$

Gl. (16) kann auch in der Form

$$2W_E = \frac{s_{11}+2s_{12}}{3}\left(\sigma_1+\sigma_2+\sigma_3\right)^2 + \frac{s_{11}-s_{12}}{3}\left[\left(\sigma_2-\sigma_3\right)^2+\left(\sigma_3-\sigma_1\right)^2+\left(\sigma_1-\sigma_2\right)^2\right] + s_{44}\left(\sigma_4^2+\sigma_5^2+\sigma_6^2\right) \qquad (17)$$

geschrieben werden. ($\frac{\sigma_i - \sigma_j}{2}$ sind Schubspannungen in (110)-Ebenen in <110>-Richtungen und σ_4, σ_5 und σ_6 sind Schubspannungen in (100)-Ebenen.)

Wird ein Einkristall kubischer Struktur inhomogen verformt und sind die über das Volumen gemittelten Spannungen und Dehnungen σ_i bzw. ε_i, dann gilt, wie man leicht überprüft

$$W_E = W_E + \Delta W_E \tag{18}$$

wobei W_E die elastische Energie bei homogenem Spannungszustand σ_i bzw. Dehnungszustand ε_i ist und ΔW_E gegeben ist durch das folgende Integral über das Volumen V des Einkristalles:

$$\begin{aligned} 2\Delta W = {} & \frac{s_{11}+2s_{12}}{3} \cdot \left\langle \left(\Delta\sigma_1(r) + \Delta\sigma_2(r) + \Delta\sigma_3(r) \right)^2 \right\rangle_V + \\ & + \frac{s_{11}-s_{12}}{3} \cdot \left\langle \left(\Delta\sigma_2(r) - \Delta\sigma_3(r) \right)^2 + \right. \\ & \left. + \left(\Delta\sigma_3(r) - \Delta\sigma_1(r) \right)^2 + \left(\Delta\sigma_1(r) - \Delta\sigma_2(r) \right)^2 \right\rangle_V + \\ & + s_{44} \cdot \left\langle \Delta\sigma_4^2(r) + \Delta\sigma_5^2(r) + \Delta\sigma_6^2(r) \right\rangle_V \end{aligned} \tag{19}$$

mit

$$\Delta\sigma_i(r) = \sigma_i(r) - \sigma_i \tag{19a}$$

Die Gl. (18) und (19a), angewandt auf das behandelte Vielkristallproblem, liefern

$$W_V = \langle W(\Delta) \rangle_V + \langle \Delta W(\Delta) \rangle_V \tag{20}$$

wobei W_V die gesamte, auf die Volumeneinheit bezogene elastische Energie des Vielkristalles ist, während das erste Glied auf der rechten Seite von Gl. (20) die über alle Orientierungen Δ gemittelte elastische Energie pro Volumeneinheit aller Kristallite für den Fall ist, daß jeweils gleichorientierte Kristallite gleichartig und homogen verformt werden, und zwar um die Mittelwerte der Spannungen, die sich aus den Gl. (2a), (9) und (13a) ergeben. $\langle \Delta W(\Delta) \rangle_V$, wofür im weiteren ΔW_V gesetzt wird, ist der insgesamt für die Inhomogenität des Verzerrungszustandes gleichorientierter Kristallite aufzubringende Energieanteil. ΔW_V beschreibt in integraler Weise nicht nur die Inhomogenität des Spannungs- oder Dehnungszustandes innerhalb der einzelnen Kristallite, es erfaßt gleichzeitig integral auch den Unterschied gleichorientierter Kristallite untereinander. Es gilt also

$$\Delta W_V = W_V - \overset{*}{W}_V \tag{21}$$

$$\text{mit } \overset{*}{W}_V = \langle W(\Delta) \rangle_V$$

Ein Vergleich von (19) und (21) zeigt zunächst, daß immer gilt

$$\Delta W_V \geqslant 0 \tag{21a}$$

ΔW_V soll für den Fall des makroskopisch einachsigen Spannungszustandes berechnet werden.Bei einachsigem Spannungszustand auf einen isotropen Vielkristall gilt:

$$2\, W_V = \bar{s}_{11}\, \bar{\sigma}_1^2 \tag{22}$$

Für W erhält man unter Benutzung der Gl. (17a) und (2a), sowie bei Berücksichtigung der Gl. (8) aus einer volumenmäßigen Mittelung über alle Orientierungen

$$2\, W_V = \left[\frac{s_{11} + s_{12}}{3} + \frac{4}{15} \left(s_{11} - s_{12}\right) \left(\frac{3 \overset{\sigma\sigma}{A}_{11} - 1}{2} \right)^2 + \right. \tag{23}$$

$$\left. + \frac{1}{5}\, s_{44} \left(\overset{\sigma\sigma}{A}_{11} - 2 \right)^2 \right] \bar{\sigma}_{11}^2$$

Wegen Gl. (22) ergibt sich aus Gl. (21) und (23)

$$\frac{\Delta W_V}{W_V} = 1 - \left[\frac{s_{11} + 2 s_{12}}{3} + \frac{4}{5} \left(s_{11} - s_{12} \right) \left(\frac{3 \overset{66}{A}_{11} - 1}{2} \right)^2 + \right.$$

$$\left. + \frac{1}{5} s_{44} \left(\overset{66}{A}_{11} - 2 \right)^2 \right] \bar{s}_{11}^{-1} \tag{24}$$

In W_V ist auch der für die Volumenänderung des Vielkristalles bei einachsigem Spannungszustand aufzubringende Energieanteil enthalten. Überlagert man dem einachsigen Spannungszustand $\bar{\sigma}_1$ einen hydrostatischen Spannungszustand $\bar{\sigma}$ mit $\bar{\sigma} = \frac{\bar{\sigma}_1}{3}$, verbleibt ein reiner Schubspannungszustand. Bezeichnet man die gesamte elastische Energie dieses Schubspannungszustandes mit W'_V und berücksichtigt die allgemeingültige Beziehung

$$s_{11} \equiv \frac{\bar{s}_{11} + 2\bar{s}_{12}}{3} + \frac{2}{3} \left(\bar{s}_{11} - \bar{s}_{12} \right) =$$

$$= \frac{s_{11} + 2 s_{12}}{3} + \frac{2}{3} \left(\bar{s}_{11} - \bar{s}_{12} \right) \tag{25}$$

dann ergibt sich analog zu Gl. (24) aus Gl. (23)

$$\frac{\Delta W_V}{W'_V} = 1 - \left[\frac{4}{5} \left(\bar{s}_{11} - \bar{s}_{12} \right) \left(\frac{3 \overset{66}{A}_{11} - 1}{2} \right)^2 + \right. \tag{26}$$

$$\left. + \frac{3}{5} s_{44} \left(\overset{66}{A}_{11} - 2 \right)^2 \right] \cdot \bar{c}_{44}$$

Wegen Gl. (13a) ergibt sich anstelle von Gl. (26)

$$\frac{\Delta W_V}{W'_V} = 1 - \left[\frac{5}{2}\lambda\left(\frac{1-\frac{c_{44}}{\bar{c}_{44}}}{1-\lambda}\right)^2 + \frac{5}{3}\left(\frac{1-\frac{c_{44}}{\bar{c}_{44}}\lambda}{1-\lambda}\right)^2\right]\cdot\frac{\bar{c}_{44}}{c_{44}} \tag{27}$$

mit dem Anisotropiegrad $\lambda = \frac{c_{11}-c_{12}}{2c_{44}}$. Man übersieht leicht, daß Gl. (27) für jeden reinen Schubspannungszustand des Vielkristalles gilt: Die erlaubten, reinen Schubspannungszustände, die zu konstantem W'_V gehören, liefern auch ein konstantes W_V und umgekehrt. In Tabelle 2 sind für Eisen, Nickel und Kupfer mit den Materialkonstanten aus Tabelle 1 die errechneten $\frac{\Delta W_V}{W'_V}$ - Werte angegeben. Die Tatsache, daß $\frac{\Delta W_V}{W'_V}$ in den behandelten Fällen nicht größer als 6 % ist, läßt keinesfalls den Schluß zu, daß die lokalen Inhomogenitäten des Spannungszustandes in Kristalliten gleicher Orientierung schwach sind: Es können lokal sehr stark vom Mittelwert abweichende Spannungsspitzen vorkommen.

Tabelle 2

	$\frac{\Delta W_V}{W'_V}$
Fe	0,042
Ni	0,037
Cu	0,060

4.1.6. Gl. (27) legt die Frage nahe, inwieweit sich aus ihr eine neue Aussage über Schranken, innerhalb derer $\bar{c}_{44}$ liegen muß, gewinnen läßt. Setzt man in Gl. (27) formal $\frac{\Delta W_V}{W'_V} = 0$, dann erhält man wegen der Bedingung $\frac{\Delta W_V}{W'_V} > 0$

Schranken für $\bar{c}_{44}$*. Die Lösungen, die man so erhält, sind genau die Voigt-Reusschen Schranken. Das verwundert nicht, denn im Voigtschen und im Reusschen Grenzwert werden homogene Spannungs- und Dehnungszustände betrachtet (vgl. Abschnitt 4.1.2.). Man kann also aufgrund reiner Symmetrie- und Energiebetrachtungen keine neuen Aussagen darüber gewinnen, zwischen welchen Schranken der makroskopische Schubmodul $\bar{c}_{44}$ liegt. Wie schon früher erwähnt, muß also bei den vorliegenden Ableitungen der makroskopische Schubmodul immer als zu messende Materialkonstante eingeführt werden. Aus diesem Grunde kann nur an praktischen Beispielen ein Vergleich mit dem Ergebnis aus Modelltheorien, z.B. nach Kröner und Kneer /1/, /7/, /8/, vorgenommen werden. Das wird in Abschnitt 4.2. durchgeführt. Die skizzierten Überlegungen für die Schranken von $\bar{c}_{44}$ sind ein neuer Beweis für die Gültigkeit der Hillschen Relation (vgl. Abschnitt 4.1.3.) im kubischen Fall.

4.2. Anwendung der Grundgleichungen auf die röntgenographische Spannungs-Dehnungsbeziehung

Bei der röntgenographischen Dehnungs-Messung mißt man die mittlere Änderung des Abstandes bestimmter Netzebenenscharen (hkl), deren Orientierungen für einen bestimmten monochromatischen Röntgenstrahl mit der Braggschen Gleichung in Einklang stehen. Die Netzebenen dieser Scharen sind - neben der gemeinsamen Indizierung - nur dadurch ausgezeichnet, daß sie eine gemeinsame Normale haben. Das heißt, die Kristallite des Vielkristalles, zu denen die Netzebenen einer solchen Schar gehören, haben voneinander verschiedene Orientierungen. Da aber Kristallite verschiedener Orientierungen wegen ihrer elastischen Anisotropie in bezug auf das Laborsystem voneinander verschiedene Dehnungen erfahren, wenn der Vielkristall homogen belastet wird, muß neben der Reflexverschiebung eine

---

* Für $\lambda = 1$ gilt $\frac{\Delta W_V}{W_V'} = 0$, für $\lambda \neq 1$ gilt $\frac{\Delta W_V}{W_V'} > 0$.

Reflexverbreiterung auftreten. Bei Isotropie - in dem in Abschnitt 3 definierten Sinne - muß diese Reflexverbreiterung symmetrisch zur Maximal-Amplitude sein, wenn der Röntgenstrahl hinreichend viele Kristallite erfaßt, d.h., die Verschiebung der Maximal-Amplitude des Reflexes ist ein Maß für die mittlere Abstandsänderung der betrachteten Netzebenenschar.

Um die in Abschnitt 4.1. abgeleiteten Beziehungen auf die röntgenographischen Spannungsbeziehungen anwenden zu können, muß vorausgesetzt werden, daß die Eindringtiefe des Röntgenstrahles groß ist gegen den mittleren Korndurchmesser des betrachteten Vielkristalles: Die in Abschnitt 3 abgeleiteten Beziehungen gelten nur für einen unendlich ausgedehnten Vielkristall. Sie gelten wegen der Oberflächenanisotropie nicht für die oberflächennahen Kristallite (vgl. /2/). Da die Beziehungen aus Abschnitt 3 exakt in bezug auf sehr allgemeine Voraussetzungen sind, sind bei geringer Eindringtiefe des Röntgenstrahles aus dem Unterschied zwischen Theorie und Experiment Informationen über die sogenannte "elastische Oberflächenanisotropie" zu erhalten, falls der (einphasige) Vielkristall (kubischer Struktur) nachgewiesenerweise isotrop ist und falls die Materialkonstanten $(c_{11} - c_{12})$, c_{44} und $\bar{c}_{44}$ genau bekannt sind.

Für den wichtigsten Fall, den des makroskopisch einachsigen Spannungszustandes, lassen sich aus den in Abschnitt 4.1. hergeleiteten Beziehungen bei Berücksichtigung der von Stickforth /2/ angegebenen Theorie leicht allgemeingültige Beziehungen für den Fall hinreichend großer Eindringtiefe herleiten. Stickforth hat in der zitierten Arbeit ähnliche wie die hier dargestellten Symmetrieüberlegungen angestellt. Dabei betrachtete er im wesentlichen aber nur den durch Gl. (1d) gegebenen Zusammenhang. D.h., eine Ableitung, die vergleichbar der hier durchgeführten Berechnung von $\overset{\sigma}{a}$ und $\overset{\varepsilon}{a}$ (nach den Gl. (13a) und (13b) wäre, kommt bei Stickforth noch nicht vor.
Für den einphasig-kubisch-isotropen Vielkristall erhält Stickforth bei makroskopisch einachsigem Spannungszustand die Beziehung (Gl. 104) in /2/):

$$\frac{\delta d_{hkl}(\gamma)}{d_{hkl}(\gamma)} = \Big[s_1' - r_0 \left(\Gamma - \frac{1}{5} \right) + \tag{28}$$

$$+ \left(\frac{1}{2} s_2' - 3 r_0 \left(\Gamma - \frac{1}{5} \right) \right) \sin^2 \psi \Big] \bar{\sigma}_1$$

Darin bedeutet:

$d_{hkl}(\gamma)$	Netzebenenabstand gewisser gleichindizierter Netzebenen (h,k,l) mit einer gemeinsamen Normalen.
$\delta d_{hkl}(\gamma)$	Änderung von $d_{hkl}(\gamma)$ unter der Wirkung der makroskopischen Normalspannung $\bar{\sigma}_{11}$

$$s_1' \equiv \bar{s}_{12} \equiv -\frac{\nu}{E} \tag{28a}$$

$$s_2' \equiv 2\left(\bar{s}_{11} - \bar{s}_{12}\right) \equiv \bar{s}_{44} \equiv \frac{1}{G} \tag{28b}$$

ψ = Winkel zwischen den Oberflächennormalen und der Normalen $\boldsymbol{n}$ der betrachteten Netzebenenschar (h,k,l). Gl. (28) gilt in der angegebenen Form für den Fall, daß $\boldsymbol{n}$ in der Ebene liegt, die von der Oberflächennormalen und der Richtung der makroskopischen (einachsigen) Beanspruchung aufgespannt wird. Für andere Fälle muß (28) etwas abgewandelt werden, vgl. /2/*.
$\Gamma = \frac{h^2k^2 + k^2l^2 + l^2h^2}{(h^2 + k^2 + l^2)^2}$. r_o ist nach Stickforth die sogenannte "eigentliche röntgenographische elastische Konstante" des einphasigen isotropen Vielkristalles kubischer Struktur.

In der zitierten Arbeit von Stickfort wird r_o neben s_1' und s_2' als zu messende Materialkonstante eingeführt. Die Anwendung

* Bezeichnet man den Winkel zwischen der Richtung der makroskopisch-einachsigen Beanspruchung und der Normalen zur Ebenenschar mit γ', dann gilt Gl. (28) allgemein, wenn $\psi = \frac{\pi}{2} - \psi'$ gesetzt wird.

der hier abgeleiteten Gleichungen erlaubt es aber, r_o exakt zu berechnen, wenn $(c_{11} - c_{12})$, c_{44} und $\bar{c}_{44}$ bekannt sind. Für (100)-Reflexe wird Γ in (28) gleich Null und für $\psi = \frac{\pi}{2}$ werden die (100)-Netzebenen erfaßt, zu denen die makroskopische Beanspruchungsrichtung Normale ist. D.h., eine kristallographische Achse der Kristallite, zu denen die betrachteten (100)-Netzebenen gehören, fällt mit der makroskopischen Beanspruchungsrichtung zusammen. Für diese Kristallite liefert aber Gl. (9) wegen $\varepsilon_1 (\Delta_o) = \frac{\delta d_{100}}{d_{100}}$ sofort:

$$\begin{aligned} \varepsilon_1 (\Delta_0) &= \varepsilon_1 + \overset{\varepsilon}{a} \left[\varepsilon_1 - \left(\frac{\bar{\varepsilon}_2 + \bar{\varepsilon}_3}{2} \right) \right] = \\ &= \left[s_{11} + \overset{\varepsilon}{a} \left(\bar{s}_{11} - \bar{s}_{12} \right) \right] \bar{\sigma}_1 \end{aligned} \tag{29}$$

während Gl. (28)

$$\varepsilon_1 (\Delta_0) = \left(s_1' + \frac{s_2'}{2} + \frac{2}{5} r_0 \right) \bar{\sigma}_1 = \left(s_{11} + \frac{2}{5} r_0 \right) \bar{\sigma}_1 \tag{30}$$

liefert. Der Vergleich von (29) und (30) ergibt

$$r_0 = \frac{5}{2} \overset{\varepsilon}{a} \left(\bar{s}_{11} - \bar{s}_{12} \right) = \frac{5}{4} \overset{\varepsilon}{a} \bar{s}_{44} \tag{31}$$

In Tabelle 3 sind für die der Tabelle 1 entnommenen Werte von $\overset{\varepsilon}{a}$ die errechneten Werte von r_o angegeben. Außerdem sind - vgl. Gl. (28) - die Werte

$$\begin{aligned} s_1 &= s_1 + r_0 \left(\Gamma - \frac{1}{5} \right) \equiv \\ &\equiv \frac{s_{11} + 2 s_{12}}{3} + \bar{s}_{44} \left[\frac{5}{4} \overset{\varepsilon}{a} \left(\Gamma - \frac{1}{5} \right) \right] \end{aligned} \tag{32a}$$

und

$$\frac{1}{2} s_2 = \frac{1}{2} s_2' - 3 r_0 \left(\Gamma - \frac{1}{5}\right) =$$

$$= \frac{\bar{s}_{44}}{2} \cdot \left[1 - \frac{15}{4} \frac{\varepsilon}{a} \left(\Gamma - \frac{1}{5}\right)\right] \qquad (32b)$$

jeweils für $\Gamma = 0$ (Minimalwert) und für $\Gamma = 1/3$ (Maximalwert) eingetragen. s_1 und s_2 werden in der üblichen Terminologie (vgl. z. B. /9/) als "röntgenographische elastische Konstanten" bezeichnet, die erfahrungsgemäß abhängig von Γ sind. Die Gl. (32a) und (32b) beschreiben für den Fall großer Eindringtiefe die Abhängigkeit exakt.

Tabelle 3

(Alle Werte in 10^{-13} dyn^{-1} cm^2)

Die angegebenen Fehlerbreiten beziehen sich - wie in Tabelle 1 - auf die angenommene Schwankung von $\bar{c}_{44}$ um 1 %.

	r_o	$s_1(100)$ (min)	$s_1(111)$ (max)	$\frac{1}{2}s_2(100)$ (min)	$\frac{1}{2}s_2(111)$ (max)
Fe	1,98±0,30	-1,77±0,08	1,09±0,02	7,26±0,24	5,28±0,06
Ni	1,95±0,30	-1,79±0,08	-1,14±0,02	7,16±0,24	5,22±0,06
Cu	5,46±0,52	-3,75±0,13	-1,95±0,04	13,67±0,40	8,21±0,11

In den Bildern 1a und 1b wird die theoretisch ermittelte, lineare Abhängigkeit s_1 (Γ) und s_2 (Γ) für Kupfer und Eisen verglichen mit den Meßwerten von s_1 und s_2, die von V. Hauk und H. Müller /10/ zusammengestellt wurden. Die bisweilen relativ starken Abweichungen zwischen gemessenen und theoretischen Werten werfen die Frage auf, woher diese rühren. Dazu läßt sich folgende Bemerkung machen: Man entnimmt den Gl. (32a) und (32b), daß für zueinandergehörige Werte von s_1 und s_2 immer gilt

$$3s_1 + \frac{1}{2} s_2 = s_{11} + 2s_{12} \qquad (33)$$

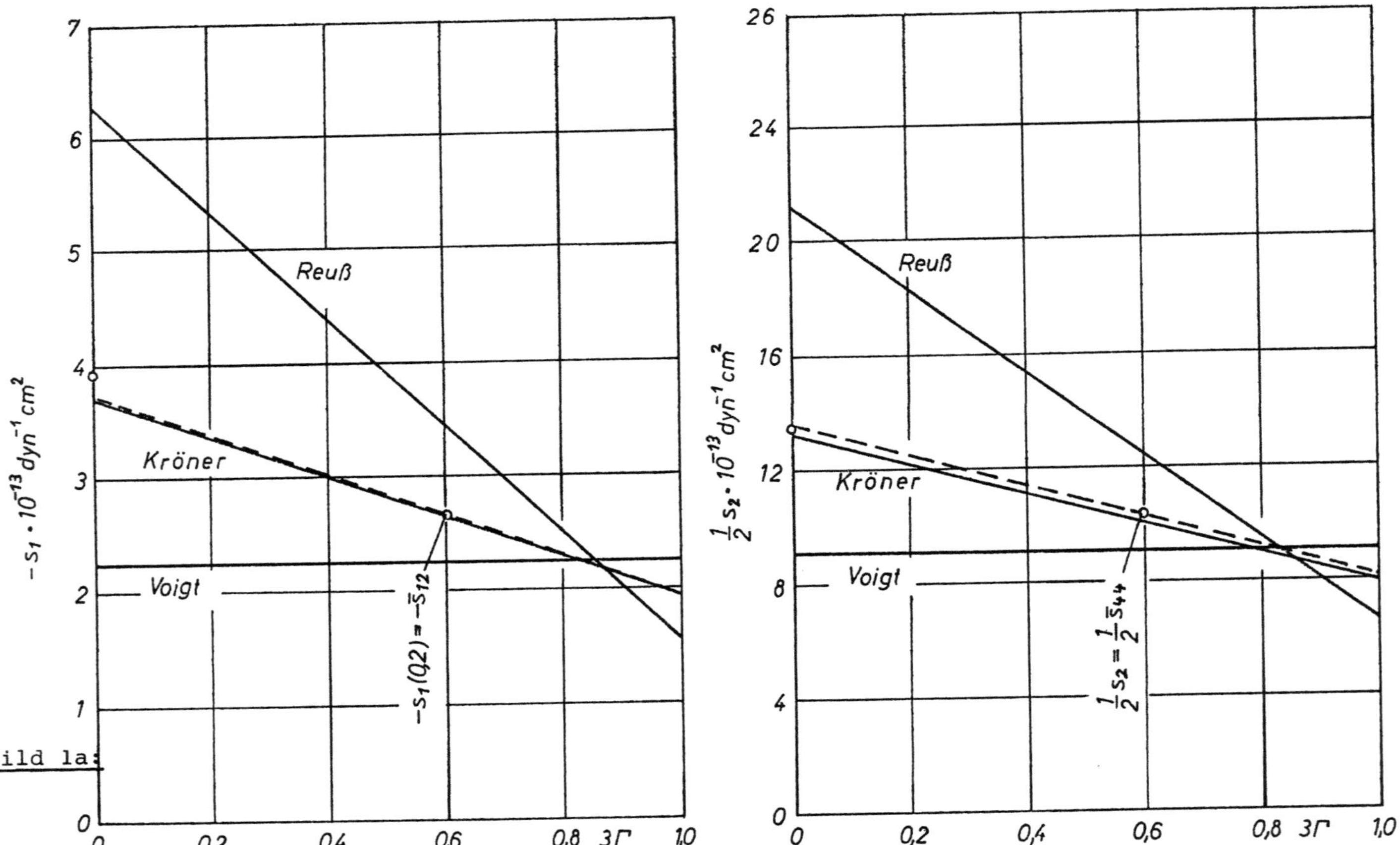

Bild 1a: $s_1(\Gamma)$ und $s_2(\Gamma)$ für Kupfer nach Reuß, Voigt, Kröner und (gestrichelt) nach der vorliegenden Theorie.

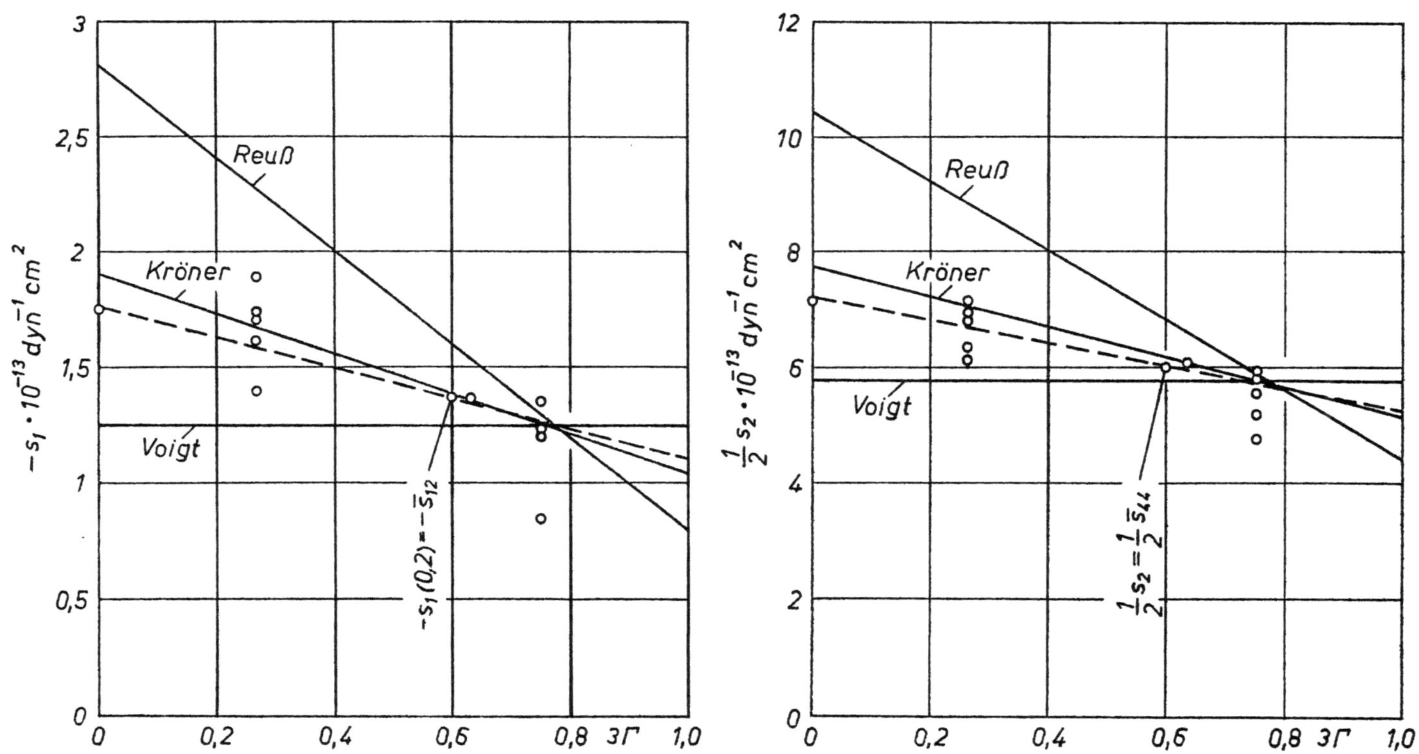

<u>Bild 1b:</u> $s_1(\Gamma)$ und $s_2(\Gamma)$ für Eisen nach Reuß, Voigt, Kröner und (gestrichelt) nach der vorliegenden Theorie.

falls Isotropie und hinreichende Eindringtiefe des Röntgenstrahles vorliegen. Ermittelt man für zueinandergehörige, gemessene Werte s_1 und s_2 - wie sie in der zitierten Arbeit von Hauk in der dortigen Tabelle 2 zusammengestellt sind - die Werte $(3\ s_1 + \frac{1}{2}\ s_2)$ und vergleicht diese nach Gl. (33) mit $s_{11} + s_{12}$, dann ergeben sich - vgl. Tabelle 4 - teilweise deutliche relative Unterschiede. Ob die auftretenden Unterschiede aus Meßfehlern rühren, durch etwaige Texturen bedingt sind oder auf der Oberflächenanisotropie beruhen, kann hier nicht geklärt werden. Weitere, systematische experimentelle Arbeiten zur Klärung dieser Frage erscheinen notwendig.

Die hier abgeleiteten Beziehungen für $s_1\ (\Gamma)$ und $s_2\ (\Gamma)$ sollen mit solchen aus Modelltheorien verglichen werden. In den Bildern 1a und 1b sind neben den zuvor genannten Geraden nach Gl. (32a) und Gl. (32b) eingetragen:

a) die Geraden, die sich für $s_1\ (\Gamma)$ und $s_2\ (\Gamma)$ nach Voigt und Reuss ergeben (vgl. /10/),

b) die Geraden, die sich aus der älteren Theorie von Kröner /1/ errechnen lassen*.

(Eine übersichtliche Darstellung der Gleichungen für $s_1\ (\Gamma)$ und $s_2\ (\Gamma)$ nach Voigt, Reuss und Kröner haben Hauk und Müller /10/ gegeben, sie soll hier in den wesentlichen Punkten übernommen werden.) Die im Vergleich zur Streuung der Meßwerte geringfügigen Abweichungen zwischen den Geraden für $s_1\ (\Gamma)$ und $s_2\ (\Gamma)$ nach Kröner und nach der vorliegenden Theorie sollen diskutiert werden.

---

* In der Literatur (z.B. /10/)wird bisweilen behauptet, die Geraden $s_1\ (\Gamma)$ bzw. $s_2\ (\Gamma)$ nach Voigt, Reuss und Kröner müßten sich in einem Punkt schneiden. Diese Aussage ist aber nur näherungsweise gültig. Wäre die Aussage exakt, ließe sich z.B. folgern, daß $s_1\ (\Gamma)$ und damit auch $\bar{c}_{44}$ unabhängig von der Kompressibilität des Vielkristalles ist. Tatsächlich enthalten aber die Krönerschen Gleichungen die Kompressibilität explizit. Entsprechende Aussagen gelten für die vorliegende Theorie; implizit geht die Kompressibilität in $\overset{\sigma}{a}$ und $\overset{\varepsilon}{a}$ ein.

Tabelle 4

Meßwerte

Werkstoff	$s_{11}+2s_{12}$ $10^{-13}dyn^{-1}cm^2$	Reflex Γ	s_1 $10^{-13}dyn^{-1}cm^2$	$\frac{1}{2}s_2$ $10^{-13}dyn^{-1}cm^2$	$3s_1+\frac{1}{2}s_2$	Messungen von
Fe	2,01	(800) 0	- 1,74	7,16	1,96	H.Möller u. F. Brasse /13/
		(130) o,270	- 1,72	6,98	1,82	H.Möller u. F. Brasse /13/
			- 1,73	6,36	1,17	H.Möller u. G. Martin /14/
			- 1,62	6,84	1,98	F. Bollenrath u. Mitarbeiter/15/
			- 1,89	7,16	1,49	M.J.Donachie u. J.T.Norton /16/
			- 1,39	6,16	1,99	S.Taira u. Mitarbeiter /17/
		(732)(651) 0,638	- 1,38	6,07	1,93	H.Möller u. F. Brasse /13)
		(211) 0,75	- 1,24	5,84	2,12	H.Möller u. F. Brasse /13/
			- 1,35	5,94	1,89	E.Macherauch u. P. Müller /18/
			- 1,21	5,20	1,57	M.J.Donachie u.J.T.Norton /16/
			- 0,84	4,79	2,27	R.Prümmer u. E. Macherauch /19/
			- 1,35	5,60	1,55	R.Prümmer u. e. Macherauch /19/
Ni	1,80	(420) 0,48	- 1,61	6,22	1,39	K.Kolb u. E. Macherauch /20/
			- 1,30	6,32	2,42	K.Kolb u. E. Macherauch /20/
		(331) 0,823	- 1,50	6,01	1,51	K.Kolb u. E. Macherauch /20/
			- 1,20	5,55	1,95	K.Kolb u. E. Macherauch /20/
Cu	2,40	(400) 0	- 3,97	13,55	1,64	C.O.Leiber u. E.Macherauch /21)

Nach Kröner /1/ (vgl. /10/) gilt formal identisch mit den Gl. (32a) und (32b)

$$s_1(\Gamma) = s_1' + T_{44}\left(\Gamma - \frac{1}{5}\right) \equiv \bar{s}_{12} + T_{44}\left(\Gamma - \frac{1}{5}\right) \equiv$$

$$\equiv \frac{s_1 + 2s_{12}}{3} - \frac{\bar{s}_{44}}{6} + T_{44}\left(\Gamma - \frac{1}{5}\right) \quad (32c)$$

$$\frac{s_2}{2}(\Gamma) = \frac{s_2'}{2} - 3T_{44}\left(\Gamma - \frac{1}{5}\right) \equiv \frac{\bar{s}_{44}}{2} - 3T_{44}\left(\Gamma - \frac{1}{5}\right) \quad (32d)$$

wobei allerdings $\bar{s}_{44}$ bzw. $G \equiv \bar{s}_{44}^{-1}$ kein Meßwert ist, sondern die Lösung der kubischen Gleichung

$$G^3 + \alpha G^2 + \beta G + \gamma = 0 \quad (34)$$

die nur von den elastischen Einkristallkonstanten abhängige Parameter enthält. In dieser Gleichung bedeutet

$$\alpha = (9K + 4\nu) \cdot \frac{1}{8}$$

$$\beta = -(3K + 2\nu) \cdot \frac{\mu}{8}$$

$$\gamma = -3K\nu \cdot \frac{\mu}{4}$$

$$K = \frac{c_{11} + 2c_{12}}{3}$$

$$\nu = \frac{c_{11} - c_{12}}{2}$$

$$\mu = c_{44}$$

Der Parameter T_{44} entspricht formal der Stickforthschen Konstante r_o (vgl. Gl. (31)), er ist gegeben durch

$$T_{44} = \frac{(G-\mu)(3K+6G)}{G\left(8G^2+G(9K+12\mu)+6K\mu\right)} \tag{35}$$

Falls das Krönersche Modell - vgl. Fußnote Seite 106 - zutrifft, müssen die Gl. (32a) und (32c) bzw. (32b) und (32d) numerisch gleiche Ergebnisse für s_1 (Γ) und s_2 (Γ) liefern.

In Tabelle 5 sind für Kupfer und Eisen die Werte s_1 (Γ) und s_2 (Γ) nach Voigt, Reuss und Kröner für $\Gamma = 0$, (d.h. (100)-Reflexe) und für $\Gamma = \frac{1}{3}$ (d.h. (111)-Reflexe) angegeben. Zur Berechnung dieser Werte wurden die gleichen c_{ik}-Werte wie in Tabelle 1 benutzt. Die entsprechenden Geraden s_1 (Γ) und s_2 (Γ) sind (wie schon erwähnt) in den Bildern (1a) und (1b) dargestellt. Ein Vergleich der Tabellen 3 und 5 bzw. zueinander gehöriger Geraden in den Bildern (1a) und (1b) zeigt:

a) Im Falle des Kupfers sind die Unterschiede zwischen den Ergebnissen aus der vorliegenden Theorie und denen von Kröner klein; allein die Unsicherheit im gemessenen Wert von $\bar{c}_{44}$ bzw. $\bar{s}_{44}$, der in den Gl. (32a) und (32b) eingeht, kann diese Unterschiede erklären (vgl. Tabelle 3).
b) Im Falle des Eisens sind diese Unterschiede etwas größer, aber keineswegs gravierend.

Das heißt: Die Krönersche Approximation ist sehr gut.

Tabelle 5
(Alle s-Werte in 10^{-13} $dyn^{-1}cm^2$)

	$\bar{c}_{44}$	$s_1(100)$	$s_1(111)$	$\frac{s}{2}2(100)$	$\frac{s}{2}2(111)$
	Kupfer				
Kröner	4,83	- 3,72	- 1,93	13,35	7,96
Voigt		- 2,258	- 2,258	9,17	9,17
Reuss		- 6,30	- 1,33	21,3	6,65
	Eisen				
Kröner	8,07	- 1,91	- 1,04	7,75	5,14
Voigt		- 1,25	- 1,25	5,70	5,79
Reuss		- 2,82	- 0,79	10,47	4,39

5. Röntgenographische elastische Konstanten und elastisches Verhalten von mehrphasigen makroskopisch homogenen und isotropen Vielkristallen aus Phasen kubischer Struktur

Bei mehrphasigen Vielkristallen aus Phasen kubischer Struktur lassen sich alleine aus der Kenntnis der elastischen Ein- und Vielkristallkonstanten noch keine Aussagen über die mikroskopischen elastischen Spannungen und Deformationen im Vielkristall gewinnen. Unter Hinzuziehung der röntgenographischen elastischen Konstanten als echte Materialkonstanten kann aber der Fall mehrphasiger, makroskopisch isotroper und homogener Vielkristalle aus Phasen kubischer Struktur exakt behandelt werden. Zu beachten ist dabei zunächst: Die schon in Abschnitt 4.2. angewandte Gl. (28) gilt für jede Phase eines mehrphasigen makroskopischen homogenen und isotropen Vielkristalles aus kubischen Phasen*. Für jede der Phasen gibt es voneinander verschiedene Werte s_1', s_2' und r_o. Zu welcher Phase diese Konstanten gehören, soll im weiteren durch einen besonderen Index angegeben werden.Z.B. $\overset{n}{s}{}_1'$ gehöre zur n-ten Phase. Vorausgesetzt werden muß noch, daß die Eindringtiefe der angewandten Röntgenstrahlung so groß ist, daß die schon diskutierten Einflüsse der Oberflächenanisotropie vernachlässigt werden können. Inwieweit diese Forderung physikalisch realisiert werden kann, soll hier nicht untersucht werden.

Den weiteren Ableitungen soll zur besseren Übersicht das in Bild 2 dargestellte Schema vorangestellt werden.Es gibt einen Überblick über den tensoriellen Zusammenhang zwischen den verschiedenartigen Mittelwerten der Spannungen und Dehnungen, die das elastische Verhalten des Vielkristalles beschreiben. Das angegebene Schema gilt getrennt für jede der Phasen. Welche Beziehungen außerdem noch gelten, wird später abgeleitet. Die im Schema an die Pfeile zwischen den einzelnen Mittelwerten geschriebenen Tensoren gelten für die Transformation in Richtung der Pfeile.

---

* Zur Isotropie vgl. Abschnitt 3

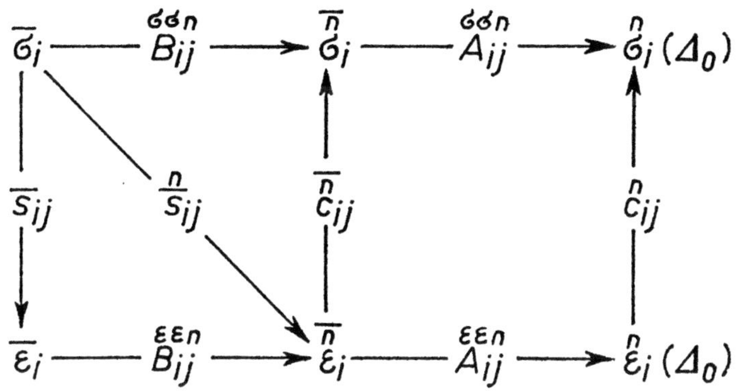

Bild 2

In diesem Schema bedeuten:

$\bar{\sigma}_i$, $\bar{\varepsilon}_i$ makroskopischer Spannungs- bzw. Dehnungszustand des Vielkristalles, bezogen auf das Laborsystem.

$\overline{\overset{n}{\sigma}}_i$, $\overline{\overset{n}{\varepsilon}}_i$ über das gesamte Volumen der n-ten Phase gemittelte Spannungen und Dehnungen, immer bezogen auf das Laborsytem.

$\overset{n}{\sigma}_i(\Delta_0)$, $\overset{n}{\varepsilon}_i(\Delta_0)$ die im Laborsystem über das Volumen der Kristallite der n-ten Phase gemittelten Spannungen und Dehnungen, deren kristallographische Achsen mit dem Laborsystem zusammenfallen.

Die Bedeutung der Tensoren s_{ij} , $\overset{n}{s}_{ij}$, $\overline{\overset{n}{c}}_{ij}$, $\overset{n}{c}_{ij}$, $\overset{\alpha\alpha n}{A}_{ij}$ und $\overset{\alpha\alpha n}{B}_{ij}$ geht eindeutig aus dem dargestellten Schema hervor*. Wichtig sind dabei folgende Tatsachen:

---

* Bei dem Schema ist zu beachten, daß kein Tensor gleich oder reziprok gleich einem anderen Tensor des Schemas ist. Zur Abkürzung werden, wie üblich, die inversen c-Tensoren mit s bezeichnet.

1. Die Tensoren $\overline{\overset{n}{c}}_{ij}$ entsprechen physikalisch den Tensoren $\bar{c}_{ij}$, die das makroskopische Verhalten makroskopisch isotroper Vielkristalle beschreiben. Sie geben also die Beziehung zwischen den über das Volumen einer Phase gemittelten Spannungen und Dehnungen an. Indessen ist $\overline{\overset{n}{c}}_{ij}$ keinesfalls identisch mit dem Tensor $\bar{c}_{ij}$ eines einphasigen Vielkristalles, der aus gleichartigen Kristalliten wie die n-te Phase des mehrphasigen Vielkristalles aufgebaut ist: Der geometrische Zusammenhang der einzelnen Kristallite ist im mehrphasigen Fall ein völlig anderer als im einphasigen Fall. Außerdem kann sich $\bar{c}_{ij}$ wie auch $\overline{\overset{n}{c}}_{ij}$ mit den mittleren Kornformen ändern. Sicher gelten aber wegen der kubischen Struktur bzw. wegen der Isotropie folgende Beziehungen*

$$\overline{\overset{n}{c}}_{11} + 2\overline{\overset{n}{c}}_{12} = \overset{n}{c}_{11} + 2\overset{n}{c}_{12} \qquad (36a)$$

(mit den Einkristallkonstanten $\overset{n}{c}_{11}$ und $\overset{n}{c}_{12}$ der n-ten Phase) und

$$\overline{\overset{n}{c}}_{11} - \overline{\overset{n}{c}}_{12} = 2\overline{\overset{n}{c}}_{44} \qquad (36b)$$

Bei bekannten gemessenen Werten von $\overset{n}{c}_{ij}$ enthalten die Tensoren $\overline{\overset{n}{c}}_{ij}$ also nur eine Unbekannte: $\overline{\overset{n}{c}}_{11}-\overline{\overset{n}{c}}_{12} = 2\overline{\overset{n}{c}}_{44}$.

2. Die Tensoren $\overset{\alpha\alpha n}{A}_{ij}$ sind formal die gleichen Tensoren, wie die $\overset{\alpha\alpha}{A}_{ij}$ im einphasigen Fall (vgl. Gl. (8)): Es lassen sich z.B. für die Beziehungen zwischen den $\overline{\overset{n}{\varepsilon}}_i$ und den $\varepsilon_i(\Delta_o)$ die gleichen Symmetrieüberlegungen angeben wie im einphasigen Fall**. Jeder Tensor $\overset{\alpha\alpha n}{A}_{ij}$ hat also die Gestalt (vgl. Gl. (9)).

* Gl. (36a) beschreibt, daß die über das Volumen gemittelte relative Volumenänderung und die gleichermaßen gemittelte hydrostatische Spannung der n-ten Phase durch den Kompressionsmodul eines Einkristalles aus der n-ten Phase miteinander verknüpft sind.

** Man beachte dabei, daß für den einphasigen Fall der makroskopische Dehnungs- bzw. Spannungszustand gleich dem ist, der sich aus einer Mittelung über das Volumen aller Kristallite ergibt.

$$\overset{\alpha\alpha n}{A}_{ij} = U + \overset{\alpha n}{a} P_{ij} \tag{37}$$

je Tensor $\overset{\alpha\alpha n}{A}_{ij}$ gibt es also nur die eine Unbekannte $\overset{\alpha n}{a}$.

3. Da weder die $\bar{\overset{n}{\sigma}}_i$ oder die $\bar{\overset{n}{\varepsilon}}_i$ noch die $\overset{n}{\varepsilon}_i(\Delta_o)$ oder die $\overset{n}{\sigma}_i(\Delta_o)$ unmittelbar meßbar sind, müssen röntgenographische Spannungs-Dehnungs-Messungen zur Bestimmung der unter 1) und 2) genannten Unbekannten herangezogen werden. (Vgl. einleitende Bemerkungen). Es wird sich zeigen, daß damit alle Tensoren im angegebenen Schema festgelegt werden können.

Die in den einleitenden Bemerkungen zu diesem Abschnitt genannten Größen $\overset{n}{s}'_1$, $\overset{n}{s}'_2$ und $\overset{n}{\Gamma}_o$ lassen sich mit Hilfe von Gl.(28) bei makroskopisch einachsiger Beanspruchung aus mehreren (mindestens 3) Messungen (verschiedene Winkel ψ) und mehreren Reflexen (verschiedene Γ) für jede Phase bestimmen (vgl. /10/). Aus diesen Werten lassen sich, analog zu den Gl. (28a) und (28b) zunächst die Tensoren $\bar{\overset{n}{s}}_{ij}$, die den makroskopischen Spannungszustand $\bar{\sigma}_i$ auf den Vielkristall mit $\bar{\overset{n}{\varepsilon}}_i$ verknüpfen, aufstellen*.

$$\bar{\overset{n}{s}}_{11} = \overset{n}{s}'_1 + \frac{1}{2}\overset{n}{s}'_2 \tag{38a}$$

$$\bar{\overset{n}{s}}_{12} = \overset{n}{s}'_1 \tag{38b}$$

und damit wegen der Isotropie

$$\bar{\overset{n}{s}}_{44} = 2\left(\bar{\overset{n}{s}}_{11} - \bar{\overset{n}{s}}_{12}\right) = \overset{n}{s}'_2 \tag{38c}$$

Mit den Gl. (38a), (38b) und (38c) liegen die Tensoren $\bar{\overset{n}{s}}_{ij}$ fest. Wie im einphasigen Fall - vgl. Gl. (30) - kann man Gl. (38a) und (38b) sofort entnehmen, welche mittlere Dehnung die Kristallite der n-ten Phase, deren Orientierung mit der makroskopischen Basis übereinstimmt, bei makroskopisch

* Für die $\bar{\overset{n}{s}}_{ij}$ gilt trivialerweise nicht der in Gl. (36a) für die $\overset{n}{s}_{ij}$ angegebene Zusammenhang.

einachsiger Beanspruchung in der Richtung der makroskopischen Beanspruchungsrichtung erfahren:

$$\overset{n}{\varepsilon}_1(\Delta_0) = \frac{\delta \overset{n}{d}_{100}(\Delta_0)}{\overset{n}{d}_{100}(\Delta_0)} = \left(\overset{n}{s}_{11} + \frac{2}{5}\overset{n}{r}_0\right)\cdot\overline{\sigma}_1 \qquad (39)$$

Wegen

$$\overline{\overset{n}{\varepsilon}}_i = \overset{n}{s}_{ij}\,\overline{\sigma}_j \qquad (40)$$

(vgl. Schema) gilt bei makroskopisch einachsiger Beanspruchung

$$\left.\begin{aligned} \overline{\overset{n}{\varepsilon}}_1 &= \overline{\overset{n}{s}}_{11}\cdot\overline{\sigma}_1 \\ \overline{\overset{n}{\varepsilon}}_2 &= \overline{\overset{n}{\varepsilon}}_3 = \overset{n}{s}_{12}\cdot\overline{\sigma}_1 \\ \overline{\overset{n}{\varepsilon}}_i &= 0 \qquad \text{für } i = 4, 5, 6 \end{aligned}\right\} \qquad (41)$$

Wegen Gl. (37) folgt also aus (41)

$$\begin{aligned} \overset{n}{\varepsilon}_1(\Delta_0) &= \overline{\overset{n}{\varepsilon}}_1 + \overset{\varepsilon n}{a}\cdot\left(\overline{\overset{n}{\varepsilon}}_1 - \overline{\overset{n}{\varepsilon}}_2\right) = \\ &= \left[\overset{n}{s}_{11} + \overset{\varepsilon n}{a}\left(\overset{n}{s}_{11} - \overset{n}{s}_{12}\right)\right]\overline{\sigma}_1 \end{aligned} \qquad (42)$$

Der Vergleich von Gl. (39) und Gl. (42) liefert sofort unter Berücksichtigung von Gl. (38c)

$$\overset{\varepsilon n}{a} = \frac{2}{5}\cdot\frac{\overset{n}{r}_0}{\overset{n}{s}_{11} - \overset{n}{s}_{12}} = \frac{4}{5}\,\frac{\overset{n}{r}_0}{\overset{n}{s}_{44}} \qquad (43)$$

Gl. (43) bedeutet, daß bei gemessenen Werten von $\overset{n}{s}'_1$, $\overset{n}{s}'_2$ und $\overset{n}{r}_o$ - vgl. Gl. (38a) und (38b) - $\overset{\varepsilon n}{a}$ berechnet werden kann. Damit liegt - vgl. Gl. (37) - der Tensor $\overset{\varepsilon\varepsilon n}{A}$ fest.

Wie im einphasigen Fall besteht eine eindeutige Beziehung zwischen $\overset{\varepsilon n}{a}$ und $\overline{\overset{n}{c}}_{44}$, vgl. das Schema und Gl. (13b)

$$\overset{\varepsilon n}{a} = 1 - \frac{5}{3} \cdot \frac{\dfrac{\overset{\bar{n}}{c}_{44}}{\overset{n}{c}_{44}} - \dfrac{\overset{n}{c}_{11} - \overset{n}{c}_{12}}{2\overset{n}{c}_{44}}}{1 - \dfrac{\overset{n}{c}_{11} - \overset{n}{c}_{12}}{2\overset{n}{c}_{44}}} \tag{44}$$

Daraus folgt

$$\overset{\bar{n}}{c}_{44} = \left[\frac{\overset{n}{c}_{11} - \overset{n}{c}_{12}}{2\overset{n}{c}_{44}} + \frac{3}{5} \left(1 - \overset{\varepsilon n}{a}\right) \cdot \left(\frac{\overset{n}{c}_{11} - \overset{n}{c}_{12}}{2\overset{n}{c}_{44}} \right) \right] \overset{n}{c}_{44} \tag{45}$$

Wegen (36a), (36b) und (45) liegen also bei bekannten Werten $\overset{n}{s}'_1$, $\overset{n}{s}'_2$ und $\overset{n}{r}_o$ auch die Tensoren $\overset{\bar{n}}{c}_{ij}$ fest. Damit ist die gestellte Aufgabe praktisch gelöst: Der Tensor $\bar{s}_{ij}$ läßt sich aus einer rein mechanischen Messung festlegen, der Tensor $\overset{n}{s}_{ij}$ ergibt sich aus den Stickforth'schen Ableitungen. Die Stickforth'sche Theorie, kombiniert mit weiteren Symmetrieüberlegungen, lieferte die Tensoren $\overset{\varepsilon\varepsilon n}{A}_{ij}$ und $\overset{n}{c}_{ij}$. Die restlichen Tensoren im angegebenen Schema ergeben sich sofort aus

$$\overset{\varepsilon\varepsilon n}{B}_{ij} = \bar{c}_{ik} \cdot \overset{n}{s}_{kj} \tag{46}$$

$$\overset{\sigma\sigma n}{B}_{ij} = \overset{n}{s}_{ik} \cdot \overset{\bar{n}}{c}_{kj} \tag{47}$$

$$\overset{\sigma\sigma n}{A}_{ij} = \overset{\bar{n}}{s}_{ik} \cdot \overset{\varepsilon\varepsilon n}{A}_{kl} \cdot \overset{n}{c}_{lj} \tag{48}$$

Am wichtigsten erscheinen die Gl. (47) und (48): Mit ihrer Hilfe kann nicht nur für den besonderen Fall makroskopisch einachsiger Beanspruchung, sondern auch für jeden beliebigen makroskopischen Spannungszustand angegeben werden, welcher mittlere Spannungszustand in einer bestimmten Phase herrscht und welche mittleren Spannungszustände in Kristalliten gleicher Phase und gleicher Orientierung vorkommen.

Die bisher durchgeführten Ableitungen müssen getrennt auf jede der Phasen angewandt werden, explizit erscheint dabei die Wechselwirkung der einzelnen Phasen nicht. (Implizit steckt sie natürlich in den gemessenen oder berechneten Tensorelementen). Wegen der - nach den vorangegangenen Ableitungen - evidenten Beziehungen

$$\overline{\sigma_i} = \sum_n \gamma_n \overline{\overset{n}{\sigma_i}} \tag{49a}$$

$$\overline{\varepsilon_i} = \sum_n \gamma_n \overline{\overset{n}{\varepsilon_i}} \tag{49b}$$

mit den Volumenkonzentrationen γ_n der einzelnen Phasen muß aber die Beziehung (vgl. Schema)

$$\sum_n \gamma_n \overset{\alpha\alpha n}{B_{ij}} = U \tag{50}$$

(U = Einheitstensor) gelten, die in integraler Weise die Wechselwirkung der verschiedenen Phasen miteinander explizit ausdrückt. Gl. (50) kann wichtig werden für die Kontrolle der durchgeführten Messungen und Berechnungen. Insbesondere bei nicht auszuschließendem Einfluß der Oberflächenanisotropie kann das notwendig sein.

Die Durcharbeitung praktischer Beispiele für mehrphasige, makroskopisch homogene und isotrope Vielkristalle aus Phasen kubischer Struktur würde eine detaillierte Analyse bekannt gewordener Experimente zu diesem Thema erfordern; darauf soll hier verzichtet werden. Die Minimalforderung, die an experimentell ermittelte röntgenographische Spannungs-Dehnungsbeziehungen zu stellen ist,lautet: $\overset{n}{s}_1(\Gamma)$ und $\overset{n}{s}_2(\Gamma)$ müssen lineare Funktionen von Γ sein, da nur dann die in die Theorie eingehenden Größen numerisch sicher festgelegt werden können.

Die zuvor gegebenen Ableitungen gelten auch für die kubischen Phasen solcher makroskopisch isotropen Vielkristalle, die nicht nur Phasen kubischer Struktur enthalten. Die Gl. (49) und (50) können dann im allgemeinen aber nicht mehr explizit angewandt werden, weil nicht alle Tensoren B_{ij} berechnet werden können.Liegt jedoch ein zweiphasiger, makroskopisch isotroper Vielkristall vor, in dem eine der Phasen (Nr. 1) kubische Struktur besitzt, lassen sich für diese die Tensoren $\overset{\alpha\alpha 1}{B}$ in der angegebenen Weise bestimmen und für die nicht-kubische Phase (Nr. 2) lassen sich die Tensoren $\overset{\alpha\alpha 2}{B}$ wegen Gl. (50) dann bestimmen aus

$$\overset{\alpha\alpha 2}{B} = \frac{1}{\gamma_2} \cdot \left(U - \gamma_1 \overset{\alpha\alpha 1}{B} \right) \tag{51}$$

Das heißt, in der nicht-kubischen Phase lassen sich wenigstens die über das Gesamtvolumen dieser Phase gemittelten Spannungen und Dehnungen ermitteln. Beispielsweise bei WC-Co-Hartmetallen mit hexagonalem WC und kubischem Co läßt sich prinzipiell die mittlere Spannung oder Dehnung im WC aufgrund äußerer Beanspruchung ermitteln. Ob aber der Aufwand dafür vertretbar ist, ist eine andere Frage.

6. Abschließende Bemerkungen und Zusammenfassung

Nach einigen Bemerkungen über die elementaren Voraussetzungen, die bei jeder mathematischen Behandlung von Aufgaben der elastischen Vielkristallverformung gemacht werden müssen, wurde zunächst der Begriff der "makroskopischen Isotropie von Vielkristallen", wie er in allen vergleichbaren Theorien gebraucht wird, erläutert. Irgendwelche Annahmen über mittlere Kornformen oder Nachbarschaftsverhältnisse zu den Kristalliten des Vielkristalles wurden nicht gemacht. Danach wurden folgende Probleme behandelt:

a) Einphasige, makroskopisch isotrope und homogene Vielkristalle kubischer Struktur

Für diesen Fall wird gezeigt, daß die über das Volumen gleichorientierter Kristallite gemittelten Spannungen und Dehnungen ohne Approximation bei beliebigen makroskopisch-homogenen Spannungs- oder Dehnungszuständen berechnet werden können. Als Meßgrößen gehen dabei ein die Einkristallkonstanten c_{11}, c_{12} und c_{44} und der makroskopische Schubmodul $\bar{c}_{44} \equiv G$. Letzterer kann aus der vorliegenden Theorie nicht gewonnen werden. Außerdem lassen sich - in Fortführung der Theorie von Stickforth /2/ - die röntgenographischen elastischen Konstanten ohne zusätzliche Annahmen berechnen. Vergleiche mit experimentellen Ergebnissen zeigen, daß nur näherungsweise eine Übereinstimmung zwischen Theorie und Experiment vorliegt: Nur dann, wenn makroskopische Isotropie und hinreichend große Eindringtiefe des Röntgenstrahles vorliegen, ist Übereinstimmung zwischen Theorie und Experiment zu erwarten. Für texturbehaftete Vielkristalle läßt sich keine modellfreie Theorie angeben, und oberflächennahe Kristallite verformen sich auch bei makroskopischer Isotropie wegen der sogenannten Oberflächenanisotropie anders als die übrigen Kristallite /2/. Die vorliegenden Ableitungen gestatten es aber (bei makroskopischer Isotropie), aus röntgenographischen Dehnungsmessungen Informationen über die genannte Oberflächenanisotropie zu gewinnen.

Ein Vergleich der vorliegenden Ergebnisse mit der Modelltheorie von Kröner /1/ zeigt, daß die letztere fast genau die makroskopischen Schubmoduln $\bar{c}_{44} \equiv G$ liefert. In entsprechender Weise können andere Modelltheorien überprüft werden. Indessen liefern diese keine neuen Informationen, falls der Schubmodul $\bar{c}_{44}$ meßbar ist. Energiebetrachtungen liefern eine integrale Aussage darüber, wie groß der Anteil der Energie ist, die für die inhomogene Verformung gleichorientierter Kristallite aufzubringen ist. Im allgemeinen, d.h. bei deutlich von 1 abweichendem Anisotropiegrad λ der Kristallite ist es jedoch prinzipiell unmöglich, die mikroskopischen elastischen Spannungs- und Dehnungsspitzen hinreichend genau für wichtige technische Anwendungen abzuschätzen. Das gilt insbesondere für Fragen der Werkstoffermüdung, die immer im Übergangsbereich von rein elastischer zu plastischer Verformung auftritt. Das aber heißt, daß es prinzipiell unmöglich ist, an Einkristallen gewonnene Gesetzmäßigkeiten der plastischen Verformung zur quantitativen Beschreibung des plastischen Verhaltens von Vielkristallen heranzuziehen.

b) Für den mehrphasigen, makroskopisch isotropen Vielkristall aus bzw. mit kubischen Phasen werden die unter a) genannten Ableitungen erweitert. Dabei werden die sogenannten "röntgenographischen elastischen Konstanten" als echte zu messende Werkstoffkenngrößen in die Theorie einbezogen. Die gewonnenen Gleichungen gestatten es, getrennt für jede Phase die mittleren Spannungen und Dehnungen und auch die mittleren Spannungen und Dehnungen in gleichorientierten Kristalliten gleicher, kubischer Phase zu berechnen, wenn alle in die Theorie eingehenden Meßgrößen bekannt sind.

Die unter b) genannten Ableitungen gestatten es prinzipiell, allein aus mechanischen und röntgenographischen Dehnungsmessungen die mittleren mikroskopischen und makroskopischen Spannungszustände quantitativ zu bestimmen. Indessen sind die experimentellen Anforderungen-in bezug auf Isotropie und Homogenität des Vielkristalles und die erforderliche Eindringtiefe des Röntgenstrahles - so hoch, daß eine technische Anwendung der vorliegenden Theorie sehr großen Aufwand erfordert.Für die Erforschung der Physik der Vielkristalle können die abgeleiteten Beziehungen jedoch nützlich werden.

Herrn Professor Dr. Kröner, Stuttgart, und Herrn Professor Dr. Stickforth, Braunschweig, dessen grundlegende theoretische Untersuchungen /2/ hier teilweise weitergeführt wurden, sei an dieser Stelle für die zahlreichen Diskussionen und Ratschläge gedankt; Herrn Professor Dr. Rüdiger für die Förderung der vorliegenden Arbeit.

Literatur

1. Kröner, E.: Z. Phys. 151, 504 (1958)
2. Stickforth, J.: Techn. Mitt. Krupp 24, 89 (1966)
3. Szivessy, G.: Handbuch der Physik Bd. 21, 724 (1929)
4. Voigt, W.: Lehrbuch der Kristallphysik, 962 (1928)
5. Reuss, A.: Z. angew. Math. Mech. 9, 55 (1929)
6. Hill, R.: Proc. Phys. Soc. 65, 349 (1952)
7. Kneer, G.: Dis. T.H. Clausthal (Zur Elastizität vielkristalliner Aggregate) (1964)
8. Kröner, E.: J. Mech. Phys. Solids. 15, 319 (1967)
9. Macherauch, E.: Materialprüf. 5, 14 (1963)
10. Bollenrath, F., v. Hauk und E.H. Müller: Z. Metallk. 58, 76 (1967)
11. Landolt-Börnstein: Gruppe III, Bd. 1 (1966) Springer
12. D'Ans-Lax: Bd. 1 (1967) Springer
13. Möller, H. und F. Brasse: Arch. Eisenhüttenwes. 26, 231 (1955)
14. Möller, H. und G. Martin: Mitt. KWI Eisenforschg. 21, 261 (1939)
15. Bollenrath, F., E. Osswald, H. Möller und H. Neerfeld: Arch. Eisenhüttenwes. 26, 183 (1941/42)
16. Donachie, M.J. und J.T. Norton: Trans. ASM 55, 51 (1962)
17. Taira, S., J. Arima und T. Shiroyama: J. Soc. Mat. Science Japan 12, 865 (1963)
18. Macherauch, E. und P. Müller: Arch. Eisenhüttenwes. 29, 257 (1958)
19. Prümmer, R. und E. Macherauch: Z. Naturforschg. 20a, 1369 (1965) und VDI-Berichte 102, 45 (1966)
20. Kolb, K. und E. Macherauch: Z. Metallkde. 53, 108 (1962)
21. Leiber, C.O. und E. Macherauch: Z. Metallkde. 51, 621 (1960)

Anschrift des Verfassers: Dipl.-Phys. Dr. rer. nat. Jürgen Burbach, Essen, Fried.Krupp GmbH. Forschungsinstitut; jetzt: Phys.-Techn. Entwicklungsinstitut LAING, Hofener Weg 35, D-7141 Aldingen b. Ludwigsburg, Bundesrepublik Deutschland.

Anhang

Die Pockelsschen Tensoren für die trigonalen, tetragonalen, hexagonalen und kubischen Fälle, entnommen /3/. Angegeben sind die Tensoren für die piezooptischen Spannungsbeziehungen.

Kubische Systeme

$$\begin{matrix} p_{11} & p_{12} & p_{12} & 0 & 0 & 0 \\ p_{12} & p_{11} & p_{12} & 0 & 0 & 0 \\ p_{12} & p_{12} & p_{11} & 0 & 0 & 0 \\ 0 & 0 & 0 & p_{44} & 0 & 0 \\ 0 & 0 & 0 & 0 & p_{44} & 0 \\ 0 & 0 & 0 & 0 & 0 & p_{44} \end{matrix}$$

Hexagonale Systeme

$$\begin{matrix} p_{11} & p_{12} & p_{13} & 0 & 0 & 0 \\ p_{12} & p_{11} & p_{13} & 0 & 0 & 0 \\ p_{31} & p_{31} & p_{33} & 0 & 0 & 0 \\ 0 & 0 & 0 & p_{44} & 0 & 0 \\ 0 & 0 & 0 & 0 & p_{44} & 0 \\ 0 & 0 & 0 & 0 & 0 & \frac{p_{11}-p_{12}}{2} \end{matrix}$$

Tetragonale Systeme

$A_z^{(4)}$ $A_x^{(2)}$

$$\begin{matrix} p_{11} & p_{12} & p_{13} & 0 & 0 & 0 \\ p_{12} & p_{11} & p_{13} & 0 & 0 & 0 \\ p_{31} & p_{31} & p_{33} & 0 & 0 & 0 \\ 0 & 0 & 0 & p_{44} & 0 & 0 \\ 0 & 0 & 0 & 0 & p_{44} & 0 \\ 0 & 0 & 0 & 0 & 0 & p_{66} \end{matrix}$$

$A_z^{(4)}$

$$\begin{matrix} p_{11} & p_{12} & p_{13} & 0 & 0 & p_{16} \\ p_{12} & p_{11} & p_{13} & 0 & 0 & -p_{15} \\ p_{31} & p_{31} & p_{33} & 0 & 0 & 0 \\ 0 & 0 & 0 & p_{44} & 0 & 0 \\ 0 & 0 & 0 & 0 & p_{44} & 0 \\ p_{61} & -p_{61} & 0 & 0 & 0 & p_{66} \end{matrix}$$

Trigonale Systeme

$A_z^{(3)}$ $A_x^{(2)}$

$$\begin{matrix} p_{11} & p_{12} & p_{13} & p_{14} & 0 & 0 \\ p_{12} & p_{11} & p_{13} & -p_{14} & 0 & 0 \\ p_{31} & p_{31} & p_{33} & 0 & 0 & 0 \\ p_{41} & -p_{41} & 0 & p_{44} & 0 & 0 \\ 0 & 0 & 0 & 0 & p_{44} & p_{41} \\ 0 & 0 & 0 & 0 & p_{14} & \frac{p_{11}-p_{12}}{2} \end{matrix}$$

$A_z^{(3)}$

$$\begin{matrix} p_{11} & p_{12} & p_{13} & p_{14} & -p_{25} & 0 \\ p_{12} & p_{11} & p_{13} & -p_{14} & p_{25} & 0 \\ p_{31} & p_{31} & p_{33} & 0 & 0 & 0 \\ p_{41} & -p_{41} & 0 & p_{44} & p_{45} & p_{52} \\ -p_{52} & p_{52} & 0 & -p_{45} & p_{44} & p_{41} \\ 0 & 0 & 0 & p_{25} & p_{14} & \frac{p_{11}-p_{12}}{2} \end{matrix}$$

ELASTIZITÄT UND PLASTIZITÄT DER VIELKRISTALLE

E. KRÖNER, Stuttgart

1. Stoffübersicht

In den letzten zehn Jahren hat die Theorie der Vielkristallelastizität durch die konsequente Berücksichtigung des statistischen Charakters im Aufbau der Vielkristalle entscheidende Impulse erhalten. Ausgehend von den elastischen Konstanten der Kristallite und von gewissen Informationen über deren Verteilung in der Probe ist es möglich geworden, formal exakte Lösungen abzuleiten und in wichtigen Fällen enge Grenzen für effektive Elastizitätsgesetze von Kristallen mit und ohne Textur zu ziehen. In Abschnitt 1 werden die Grundgedanken der (linearisierten) statistischen Theorie der Vielkristallelastizität anschaulich dargestellt, und es wird über wichtige Ergebnisse berichtet. Nahe verwandt der statistischen Theorie ist auch die selbstkonsistente Methode, die ebenfalls zu guten Ergebnissen geführt hat. Dem Charakter des Kolloquiums entsprechend wird auf die anspruchsvolle mathematische Entwicklung der Theorie ganz verzichtet. Zur Vereinfachung der Darstellung werden außerdem Verweise auf andere Arbeiten etwas pauschal gegeben.

Wesentliche Beiträge zur Statistik der Vielkristalle verdankt man I.M.Lifshitz und L.N.Rosentsveig /1/, W.F.Brown /2/, V.A.Lomakin /3/, S.D.Volkov und N.A.Klinskikh /4/, M.J.Beran und J.Molyneux /5/, E.Kröner /6/, C.Eimer /7/, V.V.Bolotin und V.N.Moskalenko /8/, M.J.Beran und J.J.McCoy /9/ V.V.Novoshilov /10/, W.M.Lewin /11/, P.Mazilu /12/, P.H.Dederichs und R.Zeller /13/, E.Kröner /14/, J.Korringa /15/. Die chronologisch geordnete Liste erhebt keinen Anspruch auf Vollständigkeit.

Die Erfolge auf dem Gebiet der Plastizität von Vielkristallen sind weit weniger spektakulär. Das Thema wird in einigen anderen Beiträgen zu diesem Kolloquium ausführlich besprochen. Deshalb beschränken sich unsere Ausführungen im Abschnitt 3 im wesentlichen auf die statistischen Aspekte und auf Überlegungen zur Selbstkonsistenz. Auch hier spielt das Fehlen von Information eine entscheidende Rolle. Es beschränkt weit mehr noch als in der Elastizitätstheorie die Möglichkeit präziser Voraussagen. Auch wenn die statistische Theorie der Vielkristallplastizität bisher nur ungenügend entwickelt ist, läßt sie doch einige Aussagen von grundsätzlicher Bedeutung zu.

2. Theorie der Vielkristallelastizität

2.1. Ältere Ansätze

Es war noch im vergangenen Jahrhundert, als W.Voigt /16/ sich das Problem stellte, die effektiven elastischen Moduln des Vielkristalls aus den Moduln seiner Kristallite zu berechnen. Die effektiven elastischen Moduln sind hier definiert als die Komponenten desjenigen Tensors 4. Stufe $\underline{\underline{C}}^{eff}$, der den über die Probe gemittelten Spannungstensor $\bar{\underline{\sigma}}$ mit dem ebenso gemittelten Dehnungstensor $\bar{\underline{\varepsilon}}$ im effektiven Elastizitätsgesetz

$$\bar{\underline{\sigma}} = \underline{\underline{C}}^{eff}\,\bar{\underline{\varepsilon}} \qquad (1)$$

verbindet*.

---

*Tensoren 2. bzw. 4. Stufe werden durch einfaches bzw. doppeltes Unterstreichen gekennzeichnet. Der Tensorcharakter der wichtigsten Größen der Elastizitätstheorie spielt zwar für die eigentlichen Rechnungen, nicht aber für die allgemeinen Darlegungen dieses Vortrags eine Rolle. Durch einfaches Überstreichen bezeichnen wir räumliche Mittelwerte, genommen über das gesamte Volumen oder, später, auch über ein hinreichend großes Teilvolumen der Probe.

Andererseits gehorcht der einzelne Kristallit einem Elastizitätsgesetz, das die lokalen Spannungen $\underline{\sigma}(\mathfrak{r})$ und Dehnungen $\underline{\varepsilon}(\mathfrak{r})$ an einem beliebigen Punkt $\mathfrak{r}$ im Kristallit in Beziehung setzt:

$$\underline{\sigma} = \underline{\underline{c}}\,\underline{\varepsilon} \quad . \tag{2}$$

Die Zahlenwerte der lokalen Elastizitätsmoduln c_{ijkl} (Komponenten von $\underline{\underline{c}}$), die wir auf ein raumfestes kartesisches Koordinatensystem beziehen, hängen von der Orientierung des Kristallits im Vielkristallverband ab. Dadurch werden sie zu Funktionen, die auf einer mikroskopischen Skale mehr oder weniger regellos fluktuieren. In der später zu besprechenden statistischen Theorie werden solche Funktionen als Zufallsfunktionen bezeichnet.

Vergleicht man den räumlichen Mittelwert der Gl. (2) mit Gl. (1), so findet man

$$\underline{\underline{c}}^{eff}\,\bar{\underline{\varepsilon}} = \overline{\underline{\underline{c}}\,\underline{\varepsilon}} \, . \tag{3}$$

Voigt selbst schlug bereits eine Formel für $\underline{\underline{c}}^{eff}$ vor: Unter der Annahme, daß die Dehnungen lokal homogen verteilt, somit überall gleich $\bar{\underline{\varepsilon}}$ sind, wird in Gl. (3) $\overline{\underline{\underline{c}}\,\underline{\varepsilon}} = \bar{\underline{\underline{c}}}\,\bar{\underline{\varepsilon}}$, somit

$$\underline{\underline{c}}^{eff} \rightarrow \underline{\underline{c}}^{V} = \bar{\underline{\underline{c}}} \qquad \text{(Voigt, 1889)} \; . \tag{4}$$

Wie A.Reuss /17/ gezeigt hat, gelangt man durch die Annahme homogen verteilter Spannungen zu einem weiteren Ausdruck für $\underline{\underline{c}}^{eff}$. Man sieht dies sofort, wenn man die Gln. (1,2) nach $\bar{\underline{\varepsilon}}$ bzw. $\underline{\varepsilon}$ auflöst. Der Reussche Ausdruck lautet mit $\underline{\underline{s}} \equiv \underline{\underline{c}}^{-1}$

$$\underline{\underline{c}}^{eff} \rightarrow \underline{\underline{c}}^{R} = \bar{\underline{\underline{s}}}^{-1} \qquad \text{(Reuss, 1929)} \; . \tag{5}$$

Wie R.Hill /18/ gezeigt hat, bedeuten $\underline{\underline{c}}^{V}$ und $\underline{\underline{c}}^{R}$ exakte obere bzw. untere Grenzen für den wahren effektiven Elastizitätstensor $\underline{\underline{c}}^{eff}$:

$$\underline{\underline{c}}^{V} \geq \underline{\underline{c}}^{eff} \geq c^{R} \qquad \text{(Hill, 1952)} \; . \tag{6}$$

Die Ungleichung (6)* gilt auch, wenn $\underline{\underline{C}}^{eff}$ ein anisotroper Tensor ist (Fall der Textur). Als Ergebnis einer exakten Theorie haben der Voigtsche Tensor $\underline{\underline{C}}^{V}$ und der Reussche Tensor $\underline{\underline{C}}^{R}$ auch in der modernen Theorie der Vielkristallelastizität ihre eigenständige Rolle bewahrt.

Interessanterweise besteht die Hillsche Ungleichung (6) nicht nur im Falle vielkristalliner Aggregate, sondern bei beliebiger Verteilung von Elastizitätsmoduln über eine Probe. Die Gleichheitszeichen gelten bei homogener Verteilung.

Die Hillschen Grenzen können zahlenmäßig berechnet werden, wenn die für die Mittelung von $\underline{\underline{c}}$ und $\underline{\underline{s}}$ erforderliche Information vorliegt. Für einen einphasigen Vielkristall, dessen Kristallite definitionsgemäß materiell gleichartig sind, benötigt man die Zahlenwerte der Einkristallmoduln, etwa in der Hauptdarstellung, und die Verteilungsfunktion, die angibt, mit welchen Volumanteilen die Orientierungen im Vielkristall vertreten sind. Im einfachsten Fall sind alle Orientierungen gleichmäßig vorhanden. Die Mittelung ist dann bequem durchzuführen. Besteht der Vielkristall aus kubischen Kristalliten, so hängt deren Kompressionsmodul $\kappa = (c_{11}+2c_{12})/3$ von der Orientierung bekanntlich nicht ab. Für κ entfällt damit die Mittelung. Sind $\mu = c_{44}$ und $\nu = (c_{11}-c_{12})/2$ die lokalen Schubmoduln der kubischen Kristallite in der Hauptdarstellung, so ergibt die Mittelung für den Voigtschen und Reusschen Schubmodul

$$G^V = \frac{3\mu+2\nu}{5} \; , \; G^R = \frac{5\mu\nu}{2\mu+3\nu} \; . \qquad (7)$$

---

*Diese Ungleichung ist symbolisch gemeint. Sie steht für sechs Ungleichungen, denen die sechs Eigenwerte der Voigtschen 6x6 Matrizen zu $\underline{\underline{C}}^{V}$, $\underline{\underline{C}}^{eff}$ und $\underline{\underline{C}}^{R}$ gehorchen. Diese Eigenwerte sind Kombinationen der Tensorkomponenten. Ist zum Beispiel $\underline{\underline{C}}$ ein Tensor kubischer Symmetrie, so ergeben sich die Eigenwerte zu $C_{11}+2C_{12}$ (einfach), $C_{11}-C_{12}$ (zweifach), C_{44} (dreifach). Mit $C_{\alpha\beta}$ ($\alpha,\beta = 1,2...6$) bezeichnen wir die zu $\underline{\underline{C}}$ gehörigen Elastizitätsmoduln in der bekannten Voigtschen Schreibweise.

Für einen Kupfereinkristall ist nach G.Bradfield (zitiert bei G.Kneer /19/) $\mu = 7{,}55$, $\nu = 2{,}36$, somit $G^V = 5{,}47$, $G^R = 4{,}01$ (alle Angaben in 10^{11} dyn/cm^2). Wo zwischen diesen weit auseinander liegenden Grenzwerten der wahre effektive Schubmodul der Probe liegt, kann grundsätzlich nur mit Hilfe weiterer Information über den Aufbau des Vielkristalls gesagt werden.

Es hat in der älteren Zeit nicht an Versuchen gefehlt, durch andersartige Mittelungen (zum Beispiel $\overline{1/s_{ij}}$) näher an die wahren effektiven Elastizitätsmoduln heranzukommen. In manchen Fällen ergab sich dabei in der Tat ein besserer Vergleich mit dem Experiment, als bei der Voigtschen oder Reusschen Mittelung. Trotzdem verzichten wir auf eine Darstellung dieser Ansätze, weil sie mehr empirischer als theoretisch fundierter Natur sind, und weil die moderne Theorie der Vielkristallelastizität inzwischen über sie hinweggeschritten ist*.

2.2. Der statistische Ansatz. Ensemble, Erwartungswerte

Wir haben gesehen, daß man schon mit verhältnismäßig geringer Information über den Aufbau des Vielkristalls eine fundierte Aussage über dessen Eigenschaften machen kann, indem man seine effektiven Elastizitätsmoduln nach Voigt, Reuss und Hill eingrenzt. Eine gut entwickelte Theorie sollte darüber hinaus erlauben, bei Vorliegen von weiterer Information die Grenzen enger zu ziehen. Dies ist das erklärte Ziel der modernen statistischen Theorie ungeordneter oder auch teilgeordneter Medien.

Die vollständige Information über den Vielkristall enthält alle noch so kleinen Details seines strukturellen Aufbaus. Diese Information ist nicht nur nicht erhältlich; sie ist auch gar nicht erwünscht, weil es Bände füllen würde, sie vollständig zu speichern. In dem Augenblick, in dem die vorhandene Information eingeschränkt oder, obwohl verfügbar, nicht verwertet wird, erhält die Theorie zwangsweise statistischen Charakter. Voraussagen können jetzt nur noch in der Form von

---

*Den interessierten Leser verweisen wir auf den schönen Übersichtsartikel von E.Schmid /20/.

Erwartungswerten gemacht werden.

Anschaulich stellen wir uns vor, daß unter makroskopisch gleichartigen experimentellen Bedingungen eine Unzahl von - wie wir dann erwarten - makroskopisch etwa gleichartigen Proben, das heißt, Vielkristallen, hergestellt wird. Zusammen bilden sie ein statistisches Ensemble im Sinne von Gibbs. Mikroskopisch werden sich die Mitglieder des Ensembles wegen der mit der Ausbildung der Vielkristallstruktur verbundenen Zufälligkeiten voneinander unterscheiden. Die Information über die mikroskopischen Details nennen wir sinngemäß mikroskopisch. Auf sie wird in der Statistik verzichtet.

Nach dem Verzicht auf die mikroskopische Information lassen sich nur noch makroskopische Voraussagen machen, und zwar in der Form von Erwartungswerten. Diese sind Mittelwerte der statistisch über die Proben und die Mitglieder des Ensembles verteilten Funktionen, die wegen des statistischen Charakters auch Zufallsfunktionen heißen. Das Mittel wird in gleichmäßiger Weise über das ganze Ensemble genommen. Wir schreiben solche Mittelwerte mit spitzen Klammern <>, um sie von den durch Überstreichen gekennzeichneten Volummittelwerten zu unterscheiden. Zum Beispiel ist $\langle \underline{\underline{c}}(1) \rangle$ der Mittelwert des an äquivalenten Punkten 1 in allen Proben des Ensembles gemessenen Elastizitätstensors $\underline{\underline{c}}(\mathbf{r})$, der den Status einer tensoriellen Zufallsfunktion besitzt.

Die Kenntnis des Erwartungswertes gestattet nicht, das Ergebnis eines einzelnen Experiments vorauszusagen. So ist zum Beispiel der Erwartungswert für die Augenzahl beim Wurf eines normalen Würfels 3,5. Der Würfel kann aber jede ganze Zahl von 1 bis 6 zeigen. Nimmt man hingegen den Mittelwert der Augenzahl für eine sehr große Zahl von Würfen, so liegt dieser umso näher bei 3,5 , je öfter geworfen wird.

Entsprechend wird man im allgemeinen nicht genau $\langle \underline{\underline{c}}(1) \rangle$ messen, wenn man aus dem oben eingeführten Ensemble eine Probe herausgreift und die Elastizitätsmoduln am Ort 1 mißt. Erst die Messungen an vielen Proben ergeben einen Mittelwert, der sich mit ansteigender Versuchszahl immer mehr $\langle \underline{\underline{c}}(1) \rangle$ nähert. Nach dem Gesetz der großen Zahl der Wahrscheinlichkeitstheorie werden bei einzelnen Experimenten größere Abweichungen von dem

Mittelwert allerdings nur höchst selten vorkommen.

Führt man die selben Messungen in allen Proben an einem von 1 verschiedenen Punkt 2 aus, so braucht $\langle \underline{\underline{c}}(2) \rangle$ nicht mit $\langle \underline{\underline{c}}(1) \rangle$ übereinzustimmen. Im allgemeinen ist also $\langle \underline{\underline{c}}(\mathfrak{r}) \rangle$ eine Funktion des Ortes $\mathfrak{r}$. Wir wollen uns nun solche, manchmal repräsentativ oder makroskopisch genannten Volumelemente ΔV in einem Vielkristall vorstellen, die einerseits sehr groß verglichen mit den typischen Fluktuationslängen (Korndurchmesser) der zu untersuchenden Zufallsgrößen, die andererseits aber sehr klein verglichen mit den äußeren Dimensionen der Probe sind*. Die Existenz solcher Volumelemente wird man in der Regel dann voraussagen, wenn die Kornzahl hinreichend groß ist.

Bildet man nun räumliche Mittelwerte von Zufallsfunktionen über das repräsentative Volumelement $\Delta V(\mathfrak{r})$ am Ort $\mathfrak{r}$ des Vielkristalls, so erhält man bei ausreichender Unordnung in dessen Aufbau, wenn es sich also wirklich um Zufallsfunktionen handelt, Funktionen des Ortes, zum Beispiel $\overline{\underline{\underline{c}}(\mathfrak{r})}$, die die Schwankungen nicht mehr enthalten. Durch diese Mittelung sind offenbar Funktionen auf der makroskopischen Skale entstanden, die die Fluktuationen nicht sieht. Solche Funktionen können wegen der andererseits geforderten Kleinheit von ΔV, wie wir sagen, makroskopisch differenziert und integriert werden.

Wir werden sehen, daß die Theorie zunächst nicht volumgemittelte, sondern ensemblegemittelte Funktionen liefert. Auch diese sind makroskopische Funktionen, wenn nur die Gleichheit von Volum- und Ensemblemittel gilt. Daß diese Gleichheit besteht, ist die Ergodenhypothese unserer Theorie. Wo sie nicht wenigstens in guter Näherung gilt, ist nach den Gesetzen der Wahrscheinlichkeitslehre jeder statistischen Theorie die Basis entzogen. Bei den in den normalen Präparationsverfahren hergestellten Vielkristallen mit einer großen Kornzahl und unregelmäßiger Korngrenzenanordnung besteht zweifellos die

---

*In den äußeren Dimensionen hat man gegebenenfalls auch die Wellenlänge einer der Probe aufgezwungenen Schallwelle zu verstehen. Wird die Wellenlänge mit der Fluktuationslänge vergleichbar, so beginnt die statistische Theorie zusammenzubrechen.

Ergodenhypothese zu Recht. Wir verwenden sie daher mit dem gleichen guten Gewissen, mit dem sie - in etwas anderer Form - in der statistischen Mechanik angewandt wird.

Gilt für eine Zufallsfunktion, daß ihr Ensemblemittel für beliebige Punkte 1 und 2 im Vielkristall immer gleich ist, so ist diese Funktion, wie man sagt, statistisch homogen oder makroskopisch homogen (auch stationär) verteilt. Für eine solche Funktion sind gewissermaßen alle makroskopischen Volumelemente gleichwertig*.

Die in diesem Abschnitt angestellten Betrachtungen legen eine Neudefinition des effektiven Elastizitätstensors nahe. Es soll von jetzt ab

$$\langle \underline{\sigma}(\mathfrak{r})\rangle = \underline{\underline{C}}^{eff} \langle \underline{\varepsilon}(\mathfrak{r})\rangle \qquad (8)$$

gelten. $\underline{\underline{C}}^{eff}$ kann sich als von $\mathfrak{r}$ abhängig erweisen. Dann sind die elastischen Eigenschaften der Probe makroskopisch inhomogen verteilt. Diesen Fall wollen wir nicht weiter verfolgen, da er bei normalen Vielkristallen nicht auftritt. Der durch Gl. (8) definierte effektive Elastizitätstensor hat den Status eines Erwartungswertes. Er ist also nicht der effektive Elastizitätstensor einer einzelnen Probe, sondern des ganzen Ensembles.

2.3. Makroskopische Information, Korrelationsfunktionen

Wir haben gesehen, daß man durch Ensemblemittelungen makroskopische Information über den Vielkristall erhält. Kennt man sämtliche denkbaren Mittelwerte, die mit den über den Vielkristall definierten Funktionen gebildet werden können, so

---

*Präziser nennt man makroskopisch homogen verteilt eine Zufallsfunktion, wenn sämtliche mit ihr gebildeten Mittelwerte, insbesondere auch solche, die kombinierten Messungen an beliebig vielen Punkten entsprechen (vgl. Abschnitt 2.3), nur von der relativen Lage dieser Punkte abhängen. Makroskopisch isotrop bedeutet, daß darüber hinaus die Mittelwerte nur Funktionen der Abstände zwischen den Meßpunkten sind.

besitzt man die vollständige makroskopische Information über den Vielkristall und seine physikalische Situation.

Da die Elastizität des Vielkristalls durch den Elastizitätstensor $\underline{\underline{c}}(r)$ vollständig beschrieben werden kann, muß die vollständige makroskopische Information hierüber in der Gesamtheit der Ensemblemittelwerte enthalten sein, die man mit $\underline{\underline{c}}(r)$ bilden kann. In der Wahrscheinlichkeitstheorie wird bewiesen, daß die gesamte makroskopische Information über eine einzelne Zufallsfunktion durch den vollständigen, unendlichen Satz der Korrelationsfunktionen zu dieser Zufallsfunktion gegeben werden kann. Für den Elastizitätstensor werden die Korrelationsfunktionen (natürlich ebenfalls Tensoren) durch die Folge der Mittelwerte $\langle\underline{\underline{c}}(1)\rangle$, $\langle\underline{\underline{c}}(1)\ \underline{\underline{c}}(2)\rangle$, $\langle\underline{\underline{c}}(1)\ \underline{\underline{c}}(2)\ \underline{\underline{c}}(3)\rangle$ usw. gebildet. Diese sind makroskopische Funktionen von $1,2,3...\infty$ Punkten. Die Korrelationsfunktion $\langle\underline{\underline{c}}(1)\ \underline{\underline{c}}(2)...\underline{\underline{c}}(n)\rangle$ wird auch n-Punkt-Korrelationsfunktion genannt.

Wir zeigen anschaulich am Beispiel der 2-Punkt-Korrelationsfunktion $\langle c(1)\ c(2)\rangle \equiv f(1,2)$, daß die Korrelationsfunktionen makroskopische Information über den Aufbau des Vielkristalls bedeuten. c sei irgend einer der Elastizitätsmoduln c_{ijkl}

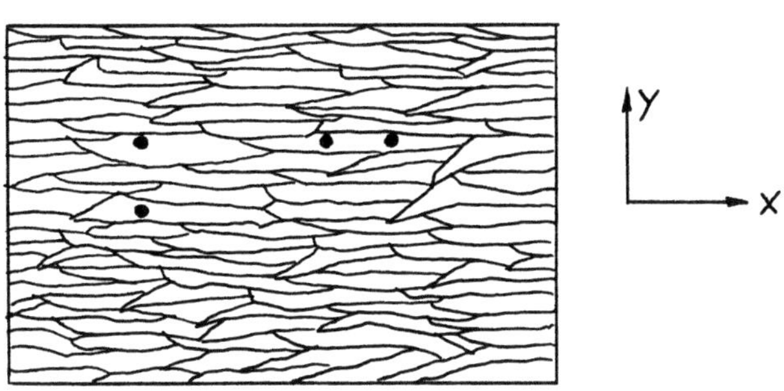

Abb. 1. Zum Informationsgehalt der Korrelationsfunktionen

Abb. 1 zeigt einen Vielkristall der überwiegend aus länglichen Körnern besteht, die sich in x-Richtung erstrecken. Die Verteilung der Gitterorientierungen soll so regellos wie möglich sein. Liegt nun die Verbindungslinie der Punkte 1,2 parallel zur x-Achse und ist ihr Abstand kleiner als die mittlere Längsausdehnung, aber größer als die Querdimension der Körner, so besteht eine große Wahrscheinlichkeit, daß beim Herausgreifen einer Probe aus dem Ensemble die Punkte 1,2 in das gleiche Korn fallen, sie somit zu gleichen Elastizitätsmoduln gehören. Für diese Punkte ist also f nahe bei $\langle c^2\rangle$*. Liegt ein anderes Punktepaar 1,2 gleichweit auseinander, aber jetzt in y-Richtung, so ist mit großer Wahrscheinlichkeit $c(1) = c(2)$. Wegen der angenommenen Regellosigkeit der Modulverteilung ist f jetzt nahe bei $\langle c\rangle^2$. Da $\langle c^2\rangle > \langle c\rangle^2$ gilt, zeigt die Korrelationsfunktion f eine Anisotropie, die ein Maß für die Länglichkeit der Körner darstellt.

In ähnlicher Weise schließt man, daß 3-Punkt-Korrelationsfunktionen zum Beispiel bumerangförmige Körner erkennen lassen, und daß höhere Korrelationsfunktionen immer weitere makroskopische Details der Kornanordnung beschreiben. Wir halten fest, daß unendlich viele Funktionen benötigt werden, um den Vielkristall makroskopisch vollständig zu charakterisieren.

Die Verwendung von Korrelationsfunktionen für die Vorgabe von Information über die Verteilung der elastischen Eigenschaften in Vielkristallen ist auch deshalb sinnvoll, weil diese Funktionen grundsätzlich gemessen werden können. Ist zum Beispiel eine Probe makroskopisch homogen und isotrop, so enthält offenbar jede einzelne Ebene, die man durch sie legt, die vollständige Information über die Korrelationsfunktionen. Wenn man ein Schliffbild anfertigen könnte, das eine hinreichend große Kornzahl enthält und außer den Korngrenzen auch noch die Orientierungen aller Körner erkennen ließe, wäre es nur noch eine Fleißarbeit, die Korrelationsfunktionen auszumessen. Man könnte hierzu geeignete Apparate konstruieren. Leider lassen die wirklichen Schliffbilder nur die Korngrenzen erkennen, während man andererseits die Information über die Orientierungen aus röntgenographischen Aufnahmen erhält, die die Korngrenzen nicht zeigen. Auch beide Aufnahmen zusammen enthalten nicht die Information, die bestimmten Körnern bestimmte Orientierungen zuweist. Hierzu eine einfache Methode zu entwickeln scheint

---

*Wir beschränken uns einfachheitshalber auf den Fall statistisch homogener Modulverteilung. Dann ist $\langle c^2\rangle$ ortsunabhängig.

mir eine lohnende und gut definierte Aufgabe für den Experimentator zu sein.

2.4. Die statistische Theorie der Vielkristallelastizität

Mit den vorstehenden Erkenntnissen können wir nun eine statistische Theorie der Vielkristallelastizität wie folgt konzipieren: Es werde makroskopische Information in Form von Korrelationsfunktionen in steigender Ordnung vorgegeben. Wir erwarten dann, daß obere Grenzen $\underline{\underline{c}}^{(n)}$ und untere Grenzen $\underline{\underline{c}}_{(n)}$ für den effektiven Elastizitätstensor zumindest im Prinzip berechnet werden können, die mit steigendem n, der Ordnung der letzten noch gegebenen Korrelationsfunktion, immer enger liegen. Für $n=\infty$ sollten sie zusammenfallen, also den bei der dann vollständigen makroskopischen Information allein noch zulässigen Erwartungswert $\underline{\underline{c}}^{eff}$ ergeben.

Die Theorie selbst, die einen größeren mathematischen Apparat erfordert, kann in diesem kurzen Bericht nicht dargestellt werden. Sie ähnelt anderen statistischen Theorien der Physik, zum Beispiel der allgemeinen Streutheorie der Quantenmechanik, deren gutentwickelte Methoden nach P.Dederichs und R.Zeller /13/ übernommen werden können. Man erhält den effektiven Elastizitätstensor in der Form einer unendlichen Reihe von Vielfachintegralen, in die neben den Korrelationsfunktionen nur noch die Greenschen (Tensor-) Funktionen eines homogenen Vergleichsmediums mit Elastizitätstensor $\langle\underline{\underline{c}}\rangle$ für die oberen Grenzen bzw. $\langle\underline{\underline{s}}\rangle^{-1}$ für die unteren Grenzen eingehen. Die Vielfachintegrale erlauben auch eine Veranschaulichung durch Graphen. Vgl. hierzu O.Eberhardt /21/.

Damit die Resultate wirklich obere und untere Grenzen ergeben, muß man im ersten Fall den Greenschen Tensor zum ersten Randwertproblem (Oberflächenverschiebungen gegeben), im zweiten Fall den Tensor zum zweiten Randwertproblem (Oberflächenkräfte gegeben) verwenden. Bei sehr großer Kornzahl wird man die Probe gern unendlich ausgedehnt annehmen. Es ist wichtig, daß dann nicht der üblicherweise angegebene Greensche Tensor des unendlichen Mediums, der wie $1/|\mathbf{r}-\mathbf{r}'|$ abfällt, genommen werden darf. Vielmehr braucht man Greensche Tensoren mit einem formunabhängigen Zusatzterm, der der Situation der Gl. (8)

gerecht wird, bei der die Spannungen und Dehnungen im Unendlichen nicht verschwinden*.

2.5. Der vollkommen ungeordnete Vielkristall

Die genannten Vielfachintegrale sind nur bei einfacher Form der Korrelationsfunktionen, und auch dann, wenigstens bisher, nur bis n=3 berechnet worden. Ein besonders wichtiges Beispiel bildet der in Ref. /6/ definierte, vollkommen ungeordnete Vielkristall, der durch eine statistisch unabhängige Modulverteilung definiert ist.

Hierunter verstehen wir, daß die Kenntnis des Elastizitätstensors an beliebig vielen und beliebig gelegenen Punkten einer Probe keine Information über den Elastizitätstensor an irgend einem anderen Punkt dieser Probe beinhaltet. Gewissermaßen ist die Modulverteilung in diesem Vielkristall punktweise ausgewürfelt.

Der vollkommen ungeordnete Vielkristall stellt insofern eine Idealisierung dar, als er nur im Grenzfall verschwindender Korngröße realisiert werden kann: Bei endlicher Korngröße erwartet man mit großer Wahrscheinlichkeit, daß an einem Punkt 2 dicht neben einem Punkt 1 die gleichen Elastizitätsmoduln wie bei 1 gemessen werden, was mit der Annahme der statistischen Unabhängigkeit nicht vereinbar ist.

Trotzdem ist der vollkommen ungeordnete Vielkristall von besonderer Bedeutung: Er stellt einen Grenzfall dar, dem sich der Präparator durch zunehmende Sorgfalt mehr und mehr nähern kann. Die endliche Korngröße realer Vielkristalle macht bei den elastischen Eigenschaften nicht viel aus. Rechnet man nämlich so, als ob die Körner keine Ausdehnung hätten, so begeht man einen Fehler, der im Verhältnis von Korngröße zur Probengröße steht**. Wir bemerken, daß der vollkommen unge-

---

*Die fraglichen Zusatzterme im Greenschen Tensor $G_{ik}(\mathfrak{r}, \mathfrak{r}')$ sind in x_i und x_i' bilineare Formen, die für das erste und für das zweite Randwertproblem verschiedene Form haben.

**Vergleiche aber die 1. Fußnote von Abschnitt 2.2.

ordnete Vielkristall durch die obige Festsetzung auch mathematisch streng definiert ist.

Bei statistischer Unabhängigkeit lassen sich alle Korrelationsfunktionen bis zur Ordnung ∞ sofort hinschreiben. Sie enthalten deltafunktionsartige Bestandteile, die gerade die statistische Unabhängigkeit ausdrücken. In den Vielfachintegralen bedeuten sie eine Vereinfachung, die es erlaubt hat, bei makroskopisch isotroper Verteilung der lokalen Elastizitätsmoduln die Integrale bis zur dritten Ordnung in geschlossener Form auszurechnen. Wegen der Formeln verweisen wir auf die einschlägige Literatur, zum Beispiel Ref. /22/.

Hier sei nur noch ein allgemeiner Zug der Reihenentwicklung nach den Vielfachintegralen angegeben. Das Vielfachintegral n-ter Ordnung, das die Korrelationsfunktion n-ter Ordnung enthält, ist vom n-ten Grad in den als Differenz definierten Anisotropiekonstanten der Kristallite. Beim kubischen Kristall gibt es nur eine Anisotropiekonstante, die wir zu

$$A = \frac{\mu-\nu}{\mu+\nu} \tag{9}$$

definieren können. Dabei haben μ,ν die früher erläuterte Bedeutung, $\mu=\nu$ bedeutet Isotropie.

Abb. 2 zeigt maßstabsgerecht das Ergebnis der Rechnungen im Falle des Schubmoduls eines vollkommen ungeordneten, makroskopisch isotropen Kupfervielkristalls. Wie P.Dederichs und R.Zeller /13/ bemerkten, liefern die beiden formalen Endformeln für $\underline{G}^{eff}$ nur für ungerades n obere und untere Grenzen.

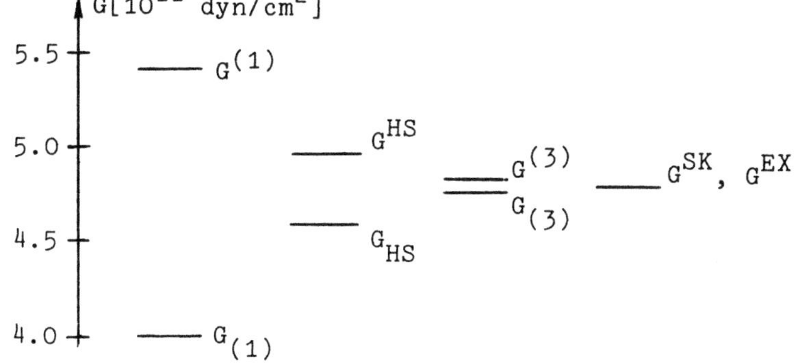

Abb. 2. Grenzen für den effektiven Schubmodul von Kupfervielkristallen

Der Erfolg der Theorie wird durch das Zusammenrücken der Grenzen dritter Ordnung verglichen zu denen erster Ordnung (Voigt und Reuss) schlagend dokumentiert. Die Grenzen erster und dritter Ordnung sind korrekt in A bzw. A^3.

Die mit HS bezeichneten G-Werte, die in A^2 korrekt sind, wurden schon früher nach einer anderen Methode von Z.Hashin und S.Shtrikman /23/ ermittelt, die auch ihre Grenzeigenschaft bewiesen haben. Die dazu verwendete Information entspricht der 2-Punkt-Korrelationsfunktion. Es sei hier bemerkt, daß bei allen bisherigen Berechnungen von Grenzen für Elastizitätsmoduln von zwei zueinander komplementären Variationsprinzipien ausgegangen wurde.

Eine statistisch unabhängige Modulverteilung kann auch vorliegen, wenn der Vielkristall makroskopisch anisotrop ist. Denn auch in diesem Fall der Textur brauchen die Werte der Elastizitätsmoduln an beliebig vielen und beliebig gelegenen Punkten keinen Schluß auf die Werte der Elastizitätsmoduln an irgendeinem anderen Punkt zuzulassen. Allerdings gibt es hier Sonderfälle, zum Beispiel die ideale Faserstruktur eines Aggregats kubischer Kristallite, die alle eine <111>-Achse in eine Vorzugsrichtung eingedreht haben. Hier gibt es Moduln - etwa c_{33}, wenn 3 der <111>-Richtung entspricht - die homogen über die Probe verteilt sind, während andere, zum Beispiel c_{11}, c_{22} statistisch unabhängig verteilt sind. Normalerweise dürfte dieser Fall noch einfacher als der einer statistisch unabhängigen Verteilung sämtlicher Moduln zu behandeln sein.

2.6. Das selbstkonsistente Verfahren

Die Abb. 2 enthält schließlich noch den sogenannten selbstkonsistenten Wert G^{SK}, der innerhalb der Zeichengenauigkeit mit dem von G.Bradfield (zitiert bei G.Kneer /19/) angegebenen experimentellen Wert G^{EX} zusammenfällt. Diesen Wert darf man als besonders zuverlässig betrachten, weil bei seiner Ermittlung große Sorgfalt darauf verwendet wurde, Abweichungen von der vollkommen ungeordneten Situation durch Korrekturen zu berücksichtigen. Durch einen Kunstgriff gelang es Bradfield auch, die solche Messungen störende reversible Versetzungsbewegung zu unterbinden.

In dem von A.V.Hershey /24/ und E.Kröner /25/ unabhängig eingeführten selbstkonsistenten Verfahren wird durch Lösung eines Randwertproblems die Spannung in einem elastisch anisotropen kugelförmigen Korn mit beliebiger Gitterorientierung berechnet. Die Umgebung des Korns, die Matrix, wird dabei als elastisch homogen und isotrop angenommen. In großer Entfernung sollen Spannung und Dehnung homogen werden. Nach J.D.Eshelby /26/ ergeben sich bei diesem Einschlußproblem in dem kugelförmigen Korn homogene Spannungen und Dehnungen. Der der Matrix zugeschriebene Elastizitätstensor $\underline{\underline{C}}^{SK}$ wird selbstkonsistent so bestimmt, daß die Spannung in der Matrix in großem Abstand von dem kugelförmigen Korn gleich der Spannung wird, die man durch Mittelbildung über alle Orientierungen eines solchen Korns erhält. Man könnte sagen, $\underline{\underline{C}}^{SK}$ ist der effektive Elastizitätstensor eines virtuellen Vielkristalls, der aus lauter kugelförmigen Körnern besteht.

Der selbstkonsistente Elastizitätstensor $\underline{\underline{C}}^{SK}$ wurde von Hershey für Aggregate kubischer Kristallite und von Kröner für Kristallite beliebiger Symmetrie angegeben. G.Kneer /19/ und P.M.Morris /39/ haben $\underline{\underline{C}}^{SK}$ darüber hinaus noch für Vielkristalle mit Fasertextur bzw. Walztextur berechnet. Soweit Vergleiche mit experimentellen Messungen an Ein- und Vielkristallen angestellt werden konnten, gab es Unterschiede, die sich im Rahmen der Meßgenauigkeit bewegten.

Mit einer früher von E.Kröner, B.K.Datta und D.Kessel /27/ angegebenen Methode konnte inzwischen nachgewiesen werden, daß bei makroskopisch isotropen Aggregaten kubischer Kristallite G^{SK} immer innerhalb der Grenzen $G^{(3)}$ und $G_{(3)}$ liegt, woraus die auch aus dem direkten Vergleich von $G^{(3)}$, $G_{(3)}$ und G^{SK} ablesbare Tatsache folgt, daß G^{SK} noch in der Ordnung A^3 korrekt ist. Nach P.H.Dederichs und R.Zeller /13/ sollte ein entsprechendes Ergebnis für beliebige Symmetrie der Kristallite gelten. Die vorstehenden Ergebnisse erklären, daß die selbstkonsistenten Elastizitätstensoren so gut mit dem Experiment übereinstimmen.

2.7. Einige Ergebnisse für Aggregate kubischer Kristallite

Um einen Eindruck von dem formelmäßigen Aussehen der Resultate der Theorie zu geben, stellen wir jetzt die Formeln dar, mithilfe derer die in Abb. 2 eingetragenen theoretischen Werte berechnet wurden. Unter Benützung der oben eingeführten Konstanten κ,μ,ν erhalten wir*

$$G^{(1)} = G^{V} \equiv \frac{3\mu+2\nu}{5}, \quad G_{(1)} = G^{R} \equiv \frac{5\mu\nu}{2\mu+3\nu}$$

$$G^{HS} = \mu.\frac{48\kappa\nu+27\kappa\mu+76\mu\nu+24\mu^2}{18\kappa\nu+57\kappa\mu+36\mu\nu+64\mu^2}, \quad G_{HS} = \nu.\frac{57\kappa\mu+18\kappa\nu+84\mu\nu+16\nu^2}{12\kappa\mu+63\kappa\nu+24\mu\nu+76\nu^2}$$

$$2G^{(3)} = 2(\bar{\mu}-3E\psi^2-3E^2\psi^3), \quad (2G_{(3)})^{-1} = 2(\bar{M}-3F\emptyset^2-3F^2\emptyset^3).$$

Dabei ist $\psi = 2(\mu-\nu)/5$, $\emptyset = 2(M-N)/5$,

$$E = \frac{3}{5\bar{\mu}} . \frac{\kappa+2\bar{\mu}}{3\kappa+4\bar{\mu}}, \quad F = \frac{3}{5\bar{M}} . \frac{K'+2\bar{M}}{3K'+4\bar{M}}$$

und

$$K'\kappa = 4/9, \quad M\mu = 1/4, \quad \bar{\mu} = G^{V}.$$

Ferner folgt G^{SK} aus der kubischen Gleichung

$$(G^{SK})^3 + \frac{9\kappa+4\nu}{8}(G^{SK})^2 - \frac{3\kappa+12\nu}{8}\mu G^{SK} - \frac{3\kappa\mu\nu}{4} = 0,$$

die stets genau eine positiv reelle Wurzel hat, weil κ,μ,ν positiv definit sind. Interessanterweise ist G^{HS} obere und G_{HS} untere Grenze nur für $\mu>\nu$. Für $\mu<\nu$ vertauscht sich die Rolle der oberen und unteren Grenze.

Vergleicht man die Formeln für $G^{(1)}$ und $G_{(1)}$, die in Ordnung A korrekt sind, mit den übrigen Formeln, die Ergebnisse liefern, die noch in A^2 oder A^3 stimmen, so bemerkt man als wesentlichen Unterschied das Auftreten des Kompressionsmoduls κ in den letzten Formeln. Weder der arithmetische, noch der geometrische Mittelwert von $G^{(1)}$ und $G_{(1)}$ enthalten κ. Diese von Hill als

*Bei der Berechnung der in Abb. 2 eingetragenen Werte haben wir neben den im Abschnitt 2.1. angegebenen Werten für μ und ν noch $\kappa=13,76 \cdot 10^{11}$ dyn/cm^2 (nach Bradfield) verwendet.

Näherungen vorgeschlagenen Werte sind daher, wie $G^{(1)}$ und $G_{(1)}$ selbst, nur in der Ordnung A korrekt. Nach L.Thomsen /28/ ist allerdings der Fehler in der Ordnung A^2 grundsätzlich beschränkt, was erklärt, daß die genannten Mittelwerte doch manchmal ganz gut stimmen. Jedoch ist es auch möglich, daß sie außerhalb der Grenzen von Hashin und Shtrikman liegen.

2.8. Tabellierung elastischer Vielkristalldaten. Nichtlokale und nichtprimitive Elastizität

Man kann davon ausgehen, daß in den weitaus meisten Fällen die Einkristallmoduln mit einer Genauigkeit von 10^{-4} oder besser vorliegen bzw. erhältlich sind. Tabellierte Vielkristalldaten sollten von makroskopischer Information über den inneren Aufbau begleitet sein. Eine ausgezeichnete Rolle spielt experimentell und theoretisch der vollkommen ungeordnete Vielkristall. Für ihn können heute aus den Einkristalldaten mit großer Genauigkeit die Grenzen bis zur dritten Ordnung sowie die selbstkonsistenten Werte berechnet werden. Es erscheint weit sinnvoller, alle diese Daten in Tabellenwerken festzuhalten, als eine Anzahl von experimentellen Meßdaten zu registrieren, die unter nur unzureichender Festlegung des inneren Aufbaus der Vielkristalle aufgeschrieben wurden.

Wir hatten im Anschluß an Gl. (8) nicht die Frage diskutiert, ob sich elastische Messungen an Vielkristallen immer in dieser Form darstellen lassen; mit anderen Worten, ob ein effektiver Elastizitätstensor überhaupt existieren muß. Die Untersuchung dieser Frage ergibt, daß, abgesehen von homogener Verteilung der Elastizitätsmoduln, ein so einfaches Gesetz wie Gl. (8') nur existiert, wenn bei der Verteilung der Elastizitätsmoduln keine Korrelationen endlicher oder unendlicher Reichweite auftreten. Andernfalls erhält man stets ein sogenanntes nichtlokales Elastizitätsgesetz von der Standardform

$$\langle \underline{\sigma}(\mathfrak{r})\rangle = \int_V \underline{\underline{C}}^{eff}(\mathfrak{r},\mathfrak{r}')\langle\varepsilon(\mathfrak{r}')\rangle \, dV.$$

Man vergleiche hierzu die späteren der anfangs gegebenen Zitate.

Die tensorielle, nichtlokale Elastizitätsfunktion $\underline{\underline{C}}^{eff}(\mathfrak{r},\mathfrak{r}')$ hat die gleiche Reichweite wie die Korrelationen, und kann übrigens auch in den Korrelationsfunktionen von $\underline{\underline{C}}$ und in den Greenschen Funktionen ausgedrückt werden. Vielkristalle dieser Art können hergestellt werden, wenn Präparationsmethoden, die Korrelationen zwischen auseinanderliegenden Orten der Probe herstellen, angewandt werden.

In dem Grenzfall, in dem alle Korrelationslängen gegen Null gehen, ergibt sich der vollkommen ungeordnete Vielkristall. Nur Vielkristalle, in denen die Moduln entweder alle homogen* oder alle statistisch unabhängig oder teils homogen, teils statistisch unabhängig verteilt sind, zeigen lokales elastisches Verhalten.

Eine weitere Komplikation tritt auf, wenn etwa vorhandene Volumkräfte oder -Eigenspannungsquellen zur Verteilung der Elastizitätsmoduln korreliert sind. Das ist die nichtprimitive Situation /14/. Zu solchen Volumkräften gehören auch Trägheitskräfte, die bei Wellenausbreitung im Vielkristall stets zu den Elastizitätsmoduln korreliert sind. Die primitiven Gesetze (8) und (9) brechen jetzt zusammen und müssen durch wesentlich kompliziertere Sätze von Gleichungen, die Korrelationsfunktionen verschiedener Ordnung simultan enthalten, ersetzt werden. Hier stehen noch wesentliche theoretische Probleme zur Lösung an.

3. Überlegungen zur physikalischen Theorie der Vielkristallplastizität

3.1. Allgemeines

Aus vielen Gründen hat es sich als äußerst schwierig erwiesen, die Plastizität der kristallinen Werkstoffe theoretisch in den Griff zu bekommen. Dies gilt für Einkristalle ebenso wie für Vielkristalle. Ein wichtiger Grund ist, daß die phänomenologisch beobachtete plastische Verformung das Ergebnis zahlloser irreversibler Prozesse auf der atomaren Skale darstellt. Man ist somit gezwungen, die Vorgeschichte, das heißt, den ganzen Verformungsweg des Werkstücks, zu verfolgen.

Eine weitere Komplikation besteht darin, daß für die Plastizität schon bei Einkristallen Inhomogenitäten des Aufbaus in

---

*Dieser Fall trifft näherungsweise bei Wolfram zu.

Form von Gitterfehlern aller Art eine entscheidende Rolle spielen, während man diese in der reinen Elastizitätstheorie nicht zu beachten braucht. Da die Anordnung der Gitterfehler bedeutende makroskopische Auswirkungen hat, muß sie in einer realistischen makroskopischen Theorie quantitativ erfaßt werden. Die hierdurch eintretende Erschwernis ist bedeutend.

Während die Elastizität der Werkstoffe leicht isoliert experimentell - und daher auch theoretisch - untersucht werden kann, ist die Plastizität stets mit Elastizität gekoppelt und außerdem vielfach noch von viskosen Prozessen begleitet. Genau genommen hat man es also in der Regel mit Elasto-Visko-Plastizität zu tun. Die viskose Komponente der Verformung bringt eine starke Temperaturabhängigkeit in das Geschehen, die die Überlegungen nicht vereinfacht. Ein gewisses Problem stellt allein schon die saubere Abgrenzung zwischen den Begriffen Viskosität und Plastizität dar, wie man den vielen Vorschlägen hierzu entnimmt.

Um den Technikern habhafte Formeln in die Hand zu geben, hat sich schon früh die mathematische Theorie der Plastizität entwickelt. Habhafte Formeln gab es aber nur mit Hilfe rigoroser Vereinfachungen, wie der des ideal plastischen Körpers, die in der Theorie gewöhnlich den Status von Axiomen besitzen. Ansätze dieser Art sind heute, und wahrscheinlich für alle Zeiten, unentbehrlich.

Im Gegensatz hierzu ist die physikalische Theorie der Plastizität weit weniger auf die Lösung technischer Probleme abgestellt. In ihr wird versucht, die maßgeblichen Prozesse innerhalb eines mechanisch-thermodynamischen oder statistischen Rahmens zu berücksichtigen, wobei von den makroskopischen Aspekten so wenig wie möglich verloren gehen soll.

Besondere Probleme bringt die Plastizität der Vielkristalle. Schon die Aufgabenstellung ist hier komplexer, als bei der Elastizität, weil es sich nicht mehr einfach darum handeln kann, aus einer als bekannt angenommenen Plastizität der Kristallite auf das plastische Verhalten des Vielkristalls zu schließen. Die Korngrenzen, die wir beim elastischen Vielkristall einfach als Unstetigkeiten in der Verteilung der Elastizitätsmoduln beschreiben konnten, haben einen tiefgreifenden Einfluß auf die Plastizität: Sie beschränken die Laufwege der Versetzungen, ändern dadurch die Verfestigung und bewirken die Ausbildung dreiachsialer Spannungen, mit denen sich die Kristallite gegenseitig beeinflussen. Diese Erkenntnis hat dazu geführt, daß man bei der Berechnung von Vielkristallfließkurven kaum noch von experimentell ermittelten Einkristallkurven ausgeht, sondern gewisse Annahmen über das Fließen von Einkristallen unter dreiachsiger Spannung als Information über die Kristallite zugrunde legt. Das Schubspannungsgesetz von E.Schmid aus dem Jahre 1923, das mit diesem Kolloquium sein 50-jähriges Jubiläum feiert, ist hierbei von größter Bedeutung.

Besondere Erfolge hatte die von G.I.Taylor vorgeschlagene und von J.W.F.Bishop und R.Hill weiterentwickelte Theorie der Vielkristallplastizität. Wir werden über diese und verwandte Theorien, die an vielen anderen Orten, so auch in diesem Kolloquiumsband, ausführlich dargestellt sind, nicht berichten, sondern uns darüber hinaus gehenden Überlegungen zuwenden. Dabei handelt es sich um das Problem der Selbstkonsistenz und um die statistischen Aspekte der Vielkristallplastizität. Diese haben sich zwar noch nicht zu einer Theorie verdichtet, sie erlauben aber doch einige Aussagen von grundsätzlicher Bedeutung.

3.2. Grundgesetz der Eigenspannungen, Selbstkonsistenz der plastischen Verformung

Der Elementarakt der plastischen Verformung ist die lokale Gleitung. Für sie gilt ein Gesetz, das man als das Grundgesetz der Eigenspannungen bezeichnen kann. Qualitativ besagt es, daß eine lokale Gleitung Eigenspannungen hervorruft, die bestrebt sind, die weitere Ausbildung der lokalen Gleitung zu behindern, die andererseits das Einsetzen lokaler Gleitung an anderen Stellen begünstigen. Anders ausgedrückt beinhaltet das Grundgesetz der Eigenspannungen die Tendenz, Gleitungen möglichst homogen über die Probe zu verteilen. Dabei steht das Gesetz im Widerstreit mit den durch die Kristallstruktur gegebenen Zwängen, die diskrete Gleitvorgänge verlangen.

Das Grundgesetz der Eigenspannungen kann mithilfe der Elastizitätstheorie, sofern man diese auf inkompatible Verformungen ausdehnt, quantitativ gefaßt werden. In integrierter Form und linearer Näherung lautet es*

$$\underline{\sigma}(\mathfrak{r}) = - \int \underline{\underline{\Delta}}(\mathfrak{r},\mathfrak{r}') \, \underline{\varepsilon}^P(\mathfrak{r}') \, dV'. \tag{10}$$

Ist die durch den plastischen Dehnungstensor $\underline{\varepsilon}^P$ beschriebene Verteilung der Gleitung über die Probe gegeben, so kann man die zugehörigen Eigenspannungen $\underline{\sigma}(\mathfrak{r})$ mit Hilfe der Tensorfunktion $\underline{\underline{\Delta}}$ berechnen, die durch Differenzieren des schon erwähnten Greenschen Tensors entsteht:

$$\Delta_{ijpq}(\mathfrak{r},\mathfrak{r}') = c_{ijpq}(\mathfrak{r})\delta(\mathfrak{r},\mathfrak{r}') - c_{ijkl}(\mathfrak{r})\partial_l \partial'_n G_{km}(\mathfrak{r},\mathfrak{r}')c_{mnpq}(\mathfrak{r}') . \tag{11}$$

Hier ist $\partial_l = \partial/\partial x_l$, $\partial'_n = \partial/\partial x'_n$, und $\delta(\mathfrak{r},\mathfrak{r}')$ ist die Diracsche Deltafunktion. Wir haben die Elastizitätsmoduln als ortsabhängig eingesetzt, weil sie im Vielkristall Funktionen des Ortes - Zufallsfunktionen - sind. Die Spannung $\underline{\sigma}(\mathfrak{r})$ ergibt sich aus Gl. (10) als reine Eigenspannung, wenn man für $G_{km}(\mathfrak{r},\mathfrak{r}')$ in Gl. (11) den Greenschen Tensor des 2. Randwertproblems (Oberflächenkräfte gegeben) einsetzt. Anschaulich gesprochen bedeutet die Form (11) des Tensors $\underline{\underline{\Delta}}$, daß von der gesamten Spannung der von Volum- und Oberflächenkräften herrührende Anteil abgezogen wird.

Das Integral in Gl. (10) läßt sich nach J.D.Eshelby /26/ leicht ausrechnen, wenn $\underline{\varepsilon}^P(\mathfrak{r}')$ eine homogene Gleitung in einem kugelförmigen Bereich K eines elastisch homogenen, unendlich ausgedehnten Mediums beschreibt. Man findet, daß die entstandene Eigenspannung in K homogen und derjenigen entgegengerichtet ist, die von der Umgebung her eine Gleitung der vorgegebenen Art in K veranlassen könnte.

---

*Weitere Formen dieses Gesetzes werden in anderem Zusammenhang bei E.Kröner /29/ diskutiert. In einer zu Gl. (10) nahe verwandten Form kommt es bei T.H.Lin /30/ vor, der seine Bedeutung für die Plastizitätstheorie betont. Vergleiche auch W.M.Maysel /40/ und W.L.Indenbom /41/.

Es liegt nahe, diese Überlegung auf die plastische Verformung eines Vielkristalls anzuwenden, indem man die folgende vereinfachte Situation annimmt:

a) Die Spannungsberechnung erfolgt so, als ob alle Körner Kugelform hätten.
b) Die Kristallite werden als elastisch isotrop angenommen.
c) Die aus äußerer und Eigenspannung zusammengesetzte resultierende Spannung und die Gleitung sind homogen in den Körnern verteilt.
d) Es gibt keine plastische Volumänderung.
e) Ein Korn soll fließen, wenn andernfalls bei einem Zuwachs der resultierenden Spannung die Fließspannung überschritten würde, deren Abhängigkeit von der Orientierung Ω und der Vorgeschichte bekannt sei.

Ohne weitere Näherungen erhält man mithilfe von Gl. (10) und einer Mittelung über alle Orientierungen als Ausdruck des Grundgesetzes der Eigenspannungen für den in a)-e) definierten Vielkristall nach E.Kröner /31/

$$\underline{\sigma}(\Omega) - \underline{\sigma} = \alpha G(\underline{\varepsilon}^P(\Omega) - \underline{\varepsilon}^P) \qquad (12)$$

mit G als Schubmodul und α, abhängig von der Poissonzahl, etwa gleich 1.

Die Differenz links in Gl. (12) ist die Abweichung der Spannung in den Körnern der Orientierung Ω von der räumlich gemittelten Spannung, also die orientierungsabhängige Eigenspannung. Die Differenz rechts gibt an, wie sich die Kristallite in Abhängigkeit von der Orientierung unterschiedlich plastisch verformen. Wenn, wie es oft zutrifft, die Bruchspannung unter dem Wert G/100 liegt, darf die linke Seite von Gl. (12) nirgends größer als G/100 sein. Es folgt, daß in diesem Fall die plastische Dehnung in keinem Korn um mehr als 0,01 von der mittleren plastischen Dehnung des Vielkristalls abweicht. Man kann hieraus schließen, daß die Taylorsche Annahme der homogen über alle Kristallite verteilten plastischen Dehnung bei größerer Verformung keine schlechte Näherung sein sollte.

Gl. (12) ist die Grundgleichung der selbstkonsistenten Theorie der Vielkristallplastizität. Dabei besteht die Selbstkonsistenz darin, daß sich die Eigenspannungen in den verschiedenen Körnern so einstellen, daß der räumliche Mittelwert über die resultierende Spannung gleich der von außen angelegten Spannung ist*.

Daß das Grundgesetz der Eigenspannungen außer den direkt abgelesenen Folgerungen auch einen wesentlichen Beitrag zur Lösung des Vielkristallproblems liefert, sieht man, wenn man es in der differentiellen Form

$$d\underline{\sigma}(\Omega) - d\bar{\underline{\sigma}} = G(d\varepsilon^{P}(\Omega) - d\bar{\varepsilon}^{P}) \qquad (13)$$

schreibt, wobei sich die Differentiale nicht auf räumliche Unterschiede, sondern auf den Verformungsablauf beziehen. Man nennt sie deshalb auch Inkremente.

Nehmen wir an, wir hätten ein Plastizitätsgesetz der Kristallite von der Form $d\underline{\varepsilon}^{P}(\Omega) \sim d\underline{\sigma}(\Omega)$, wie es oft betrachtet wird. Der Proportionalitätsfaktor ist dann eine gegebene Tensorfunktion von Ω. Berücksichtigt man, daß $d\bar{\underline{\varepsilon}}^{P}$ aus $d\underline{\varepsilon}^{P}(\Omega)$ durch Mittelbildung folgt, so kann man Gl. (13) eine Beziehung der Form $d\underline{\sigma}(\Omega) \sim d\bar{\underline{\sigma}}$ entnehmen, bei der der Proportionalitätsfaktor ebenfalls bekannt ist. Damit läßt sich zunächst $d\underline{\varepsilon}^{P}(\Omega)$ und dann $d\bar{\underline{\varepsilon}}^{P}$ in $d\bar{\underline{\sigma}}$ ausdrücken, womit man das Plastizitätsgesetz des Vielkristalls aus Angaben über die Kristallite gewonnen hat.

Rechnungen von B.Budiansky und T.T.Wu /34/ und von J.W. Hutchinson /33,35/, bei denen perfekt plastisches oder einfaches Verfestigungsverhalten der Kristallite angenommen wurde, haben gezeigt, daß das Verfahren praktisch durchführbar ist. Verfeinerungen an der Formulierung (12) des Grundgesetzes wurden in letzter Zeit von H.D.Bui, A.Zaoui und J.Zarka /36/ durch Aufgabe der Bedingungen a)-c) angebracht. Diese Autoren benützen außerdem ein von J.Zarka /37/ mit einem Versetzungsmodell für dreiachsige Spannungen berechnetes Plastizitätsgesetz für die Kristallite. Die Übereinstimmung mit dem Experiment wird als befriedigend empfunden.

Die hier geschilderte selbstkonsistente Theorie der Viel-

---

* Eine grundsätzliche Diskussion und eine Systematisierung der selbstkonsistenten Methode findet sich bei R.Hill /32/. Vgl. auch J.W.Hutchinson /33/.

kristallplastizität geht insofern grundsätzlich über Taylors Theorie hinaus, als die Entwicklung der Eigenspannungen in den Kristalliten verfolgt wird. Zu einer endgültigen Beurteilung fehlt es allerdings noch an Erfahrung.

3.3. Statistische Aspekte der Vielkristallplastizität

Nach dem großen Erfolg der statistischen Theorie bei der Vielkristallelastizität liegt es nahe, ähnliche Überlegungen bei der Plastizität anzustellen. Wie bemerkt, wird das plastische Geschehen entscheidend von den Gitterfehlern beeinflußt. Unter diesen kommt der Versetzung eine überragende Rolle zu. Wir werden deshalb allein die Versetzung als Träger der plastischen Verformung betrachten. Andere Gitterfehler oder auch das Phänomen der Zwillingsbildung ergeben Komplikationen, die außerhalb dieses Berichts stehen.

Zunächst wollen wir über den Einkristall sprechen. Die lokalen Gleitungen werden jetzt als Bewegung von einzelnen Versetzungen beschrieben, die auch als Quellen der sich ausbildenden Eigenspannungen verstanden werden können. Die Anordnung der Versetzungen bestimmt weitgehend den inneren Zustand des Kristalls. Hier wird das Wort Zustand im Sinne der Thermodynamik verstanden. Mit anderen Worten, wir stellen uns die Aufgabe, die Versetzungsanordnung mit Hilfe von Zustandsgrößen zu beschreiben. Diese sind physikalische Größen, die zumindest in Gedanken gemessen werden können, ohne die Vorgeschichte des Kristalls zu kennen.

Da die mikroskopischen Details der Versetzungsanordnung weder erhältlich noch von Interesse sind, begnügen wir uns mit der makroskopischen Information. Es liegt nahe, auch hier Korrelationsfunktionen steigender Ordnung zu verwenden. Es macht keine Schwierigkeiten, diese Funktionen zu definieren. Die vollständige makroskopische Information über die Versetzungsanordnung benötigt zu ihrer Beschreibung unendlich viele Funktionen. Es ist leicht zu sehen, daß nicht der Mittelwert des Versetzungstensors, der eine 1-Punktfunktion ist, sondern die 2-Punktkorrelationsfunktion, und zwar für zusammenfallende Punkte, die Information über die Versetzungslänge im Volumelement ΔV enthält, die in vielen mikroskopischen Theorien der Plastizität eine besondere Rolle spielt. Diese Funktion macht weiterhin Aussagen über die Verteilung der wichtigen Versetzungsdipole im Kristall.

Es gibt eine Reihe von Theorien, die Versetzungsanordnungen mit einer kleineren Zahl von inneren Zustandsfunktionen beschreiben. Die Theorien von J.Zarka /37/ und J.Lambermont /38/ sind von dieser Art. Die Tatsache, daß der Zustand mit einer endlichen Zahl von Funktionen gekennzeichnet wird, besagt, daß die makroskopische Beschreibung unvollständig bleibt. Nach unseren früheren Erkenntnissen schließen wir, daß sich die Voraussagen, die wiederum die Form von Erwartungswerten haben, innerhalb eines begrenzten Bereichs bewegen müssen, dessen Weite von der Menge an Information abhängt. Wo innerhalb der Grenzen das wirkliche plastische Verhalten liegt, kann auch durch die beste Theorie ohne zusätzliche Information nicht bestimmt werden.

Die beste Theorie ist vielmehr die, mit der man die fraglichen Grenzen bei gegebener Information exakt aufstellen kann. Hier ist eine lohnende Aufgabe für den Plastizitätstheoretiker zu sehen. Dabei ist es besonders wichtig, mit wenigen Funktionen möglichst viel makroskopisch relevante Information vorzugeben. Hierzu ist Einsicht in die Physik der Plastizität besonders wertvoll.

Für die Vielkristallplastizität sind diese Erörterungen insofern wichtig, als sie zeigen, daß die Gesetze der Kristallite, genau genommen, ungeheuer kompliziert sind; enthalten sie doch unendlich viele Funktionen. Man wird jetzt untersuchen müssen, wie weit diese im Einkristall makroskopischen Funktionen, die beim Zusammenbau der Kristallite zum Vielkristall den Charakter von Zufallsfunktionen auf der Skale der Korndurchmesser annehmen, auch in dieser Situation makroskopisch wirksam sind. Offenbar treten jetzt Korrelationsfunktionen von Zufallsfunktionen auf, die auf einer anderen Skale selbst Korrelationsfunktionen sind.

Die Komplexität dieses noch nicht erforschten Sachverhalts erleichtert die Entscheidung, die Statistik nicht mehr innerhalb der Kristallite, sondern nur von einem Kristalliten zum anderen anzuwenden. Man wird dann etwa für den Kristalliten wie in der selbstkonsistenten Methode ein einfacheres, explizit versetzungsfreies Plastizitätsgesetz ansetzen. Dieses hängt von der Orientierung ab, die zufällig über die Probe verteilt gedacht wird. Damit werden die Funktionen im Plastizitätsgesetz selbst Zufallsfunktionen, über die man makroskopische Information in Form von Korrelationsfunktionen erhalten kann. Ebenso nimmt das Grundgesetz der Eigenspannungen Zufallscharakter an. Es muß also auch in Korrelationsfunktionen ausgedrückt werden. Dieses Programm, das insbesondere zur Aufstellung von Grenzen führen sollte, ist bisher nicht durchgeführt worden.

Der Deutschen Forschungsgemeinschaft, die einen Teil meiner eigenen Arbeiten zur Elastizität der Vielkristalle unterstützt hat, möchte ich herzlich danken.

Literatur

1. Lifshitz, I.M. und L.N. Rosenzweig: J. Exp. Teor. Fiz. 16, 967 (1946).
2. Brown, W.F.: J. Chem. Phys. 23, 1514 (1955).
3. Lomakin, V.A.: J. Appl. Math. Mech. 29, 1048 (1965), übersetzt aus dem Russischen.
4. Volkov, S.D. und N.A.Klinskikh: Phys. Metals, Metallogr. 19, 24 (1965), übersetzt aus dem Russischen.
5. Beran, M.J. und J.Molyneux: Quart. Appl. Math. 24, 107 (1966).
6. Kröner, E.: J. Mech. Phys. Solids 15, 319 (1967).
7. Eimer, C.: Arch. Mech. Stos. 19, 4 (1967).
8. Bolotin, V.V. und V.N.Moskalenko: Sov. Phys. Dokl. 13, 73 (1968).
9. Beran, M.J. und J.J.McCoy: Int. J. Solids Struct. 6, 1035 (1970).
10. Novoshilov, V.V.: Prikl. Mat. Mech. 34, 67 (197o).
11. Lewin, W.M.: Prikl. Mat. Mech. 35, 744 (1971).

12. Mazilu, P.: Rev. Roum. Math. Pur. Appl. 17, 261 (1972).
13. Dederichs, P.H. und R.Zeller: Berichte der Kernforschungsanlage Jülich (Deutschland), Nr. 836 (1972).
Zeller, R. und P.H.Dederichs: phys. stat. sol.(b) 55, 831 (1973).
14. Kröner, E.: Int. J. Eng. Sci. 11, 171 (1973).
15. Korringa, J.: J. Math. Phys. 14, 509 (1973).
16. Voigt, W.: Abh. Gött. Akad. Wiss. Jg. 1887, S. 48.
17. Reuss, A.: Z. Ang. Math. Mech. 9, 49 (1929).
18. Hill, R.: Proc. Phys. Soc. A65, 349 (1952).
19. Kneer, G.: phys. stat.sol. 9, 825 (1965).
20. Schmid, E.: Über die elastische Anisotropie der Metalle. Uhrentechnische Forschung - Skiflug (Straumann-Festschrift), S. 25. Stuttgart: Steinkopf. 1952.
21. Eberhardt, O.: Diplomarbeit FB. Physik, Stuttgart 1973.
22. Kröner, E.: Statistical Continuum Mechanics. (Vorlesungsreihe gehalten am Centre Intern. des Sci. Méc., Udine, Italien, 1971. Erscheint demnächst.
23. Hashin, Z. und S.Shtrikman: J. Mech. Phys. Solids 10, 343 (1962).
24. Hershey, A.V.: J. Appl. Mech. 21, 236 (1954).
25. Kröner, E.: Z. Phys. 151, 504 (1958).
26. Eshelby, J.D.: Proc.Roy.Soc. A241, 376 (1957).
27. Kröner, E., B.K. Datta und D. Kessel: J. Mech. Phys. Solids 14, 21 (1966).
28. Thomsen, L.: J. Geophys. Res. 77, 315 (1972).
29. Kröner, E.: Erg. Angew. Math. 5, 1 (1958).
30. Lin, T.H.: Adv. Appl. Mech. 11, 255 (1971).
31. Kröner, E.: Acta Met. 9, 155 (1961).
32. Hill, R.: J. Mech. Phys. Solids 13, 89 (1965).
33. Hutchinson, J.W.: Proc. Roy. Soc. A319, 247 (1970).
34. Budiansky, B. und T.T. Wu: Proc. 4th. Nat. Congr. Appl. Mech. 1962, S. 1175.
35. Hutchinson, J.W.: J. Mech. Phys. Solids 12, 11, 25 (1964).
36. Bui, H.D., A. Zaoui und J. Zarka: Proc. Int. Symp. Found. Plasticity (Warsaw 1972). Groningen: Noordhoff. Erscheint demnächst.
37. Zarka, J.: Mém. de l'Artill. Franc., Sci. Techn. Heft 2, 223 (1970).

38. Lambermont, J.: Eingereicht zur Veröffentl. in Int. J. Eng. Sci.
39. Morris, P.R.: Int. J. Eng. Sci. 8, 49 (1970).
40. Maysel, W.M.: Dokl. Akad. Nauk UdSSR 30, 115 (1941).
41. Indenbom, W.L.: Dokl. Akad. Nauk UdSSR 128, 906 (1959).

Anschrift des Verfassers: Professor Dr. E. Kröner, Universität Stuttgart, Institut für theoretische und angewandte Physik, Azenbergstraße 12, D-7000 Stuttgart, Bundesrepublik Deutschland.

MITTELUNGSVERFAHREN BEI DREIDIMENSIONALEN TEXTUREN

H.-J. BUNGE, Dresden

1. Die quasihomogene, anisotrope Näherung

In verschiedenen Beiträgen dieses Bandes wird gezeigt, wie sich die elastischen und plastischen Eigenschaften eines kristallinen festen Stoffes auf Grund seines atomaren Aufbaues verstehen lassen. Die dabei auftretenden Kräfte und Verrückungen sind im atomaren Bereich sehr stark orts- und richtungsabhängig. Interessiert man sich jedoch für die Eigenschaften des Stoffes vom makroskopischen Standpunkt, so ist es völlig ausreichend, gemittelte Kräfte und Verrückungen zu betrachten. Der Bereich, über den gemittelt wird, muß dabei groß sein verglichen mit dem Atomabstand. In dieser Näherung ist der Zusammenhang zwischen Spannungen und Formänderungen im Stoff, also die elastische oder plastische "Eigenschaft" des Stoffes ortsunabhängig. Die Abhängigkeit von der Orientierung der Spannung relativ zu den kristallographischen Achsen, also die Anisotropie der Eigenschaft bleibt jedoch bestehen. Man kommt so zu der Näherung des homogenen, anisotropen Kontinuums.

Viele reale Werkstoffe besitzen nun zwar kristallinen Aufbau, sie sind jedoch keine Einkristalle, sondern sie bestehen aus vielen Kristalliten mit unterschiedlicher Orientierung ihrer individuellen Kristallachsen. Wegen der Anisotropie der Eigenschaften besitzt daher jeder Kristallit, bezogen auf ein gemeinsames, makroskopisches Bezugssystem, andere Eigenschaften. Ein solcher Stoff ist also in seinen

Eigenschaften inhomogen, selbst wenn wir uns auf einphasige Werkstoffe beschränken, die nur aus einer Kristallart bestehen. In vielen Fällen sind nun die Kristallite so klein, daß ihre Abmessungen, verglichen mit den makroskopischen Dimensionen des Werkstoffes keine Rolle spielen. In diesen Fällen kann man eine zweite Mittelung über die Gefügeinhomogenitäten durchführen, ähnlich derjenigen über die atomaren Inhomogenitäten. Wir haben dann Mittelwerte von Spannungen und Formänderungen zu betrachten, wobei sich die Mittelung über Bereiche erstrecken muß, die groß sind verglichen mit der Kristallitgröße des Werkstoffes. Da nicht alle Kristallorientierungen gleichhäufig im Werkstoff vorzukommen brauchen, kann auch bei dieser Mittelung im allgemeinen eine gewisse makroskopische Anisotropie übrigbleiben. Wir kommen so zu einer Näherung für die makroskopischen Eigenschaften eines Stoffes, die wir zum Unterschied gegenüber der obengenannten als das quasihomogene, anisotrope Modell bezeichnen wollen. Die mittleren Eigenschaften eines Stoffes in diesem Modell müssen im Prinzip aus denen des homogenen, anisotropen Modells der Einkristalle herleitbar sein, wenn man den Gefügeaufbau des Stoffes kennt. Im Gegensatz zum atomaren Aufbau der Stoffe ist jedoch der Gefügeaufbau im allgemeinen nicht periodisch, sondern besitzt statistischen Charakter. Die quasihomogene Mittelung hängt daher von einer größeren Anzahl variabler Parameter ab, und sie ist in viel stärkerem Maße auf Näherungsannahmen angewiesen, als die atomare Mittelung. Gegenstand dieses Beitrages soll es sein, einige Näherungsmethoden zur Berechnung der quasihomogenen, anisotropen Eigenschaften aus den homogen-anisotropen der Einkristalle und den Charakteristika des Gefügeaufbaues, insbesondere der Textur, zu diskutieren.

2. Beschreibung des vielkristallinen Gefüges

Bei der Durchführung der Gefügemittelung wollen wir, entsprechend der homogenen Näherung, die Kristallite als Volumenbereiche ansehen, die mit einem homogenen, anisotropen Stoff erfüllt sind. Ferner wollen wir uns auf einphasige Stoffe beschränken. Das Gefüge eines solchen Werkstoffes ist dann vollständig beschrieben, wenn man für jeden Punkt mit den Koordinaten X, Y, Z angibt, welche Orientierung g der Kristallachsen relativ zu einem gemeinsamen makroskopischen Bezugssystem in diesem Punkt besteht.

$$g = g(X,Y,Z) \qquad (1)$$

Zur eindeutigen Beschreibung der Orientierung g wiederum benötigt man mindestens drei Parameter. Greift man z. B. eine bestimmte Kristallrichtung heraus, so kann man deren Orientierung durch zwei Winkelkoordinaten α, β festlegen. Der Kristall besitzt dann jedoch noch einen Freiheitsgrad einer Drehung um diese Richtung herum, der durch Angabe einer dritten Winkelkoordinate γ festgelegt werden muß, Abb. 1.

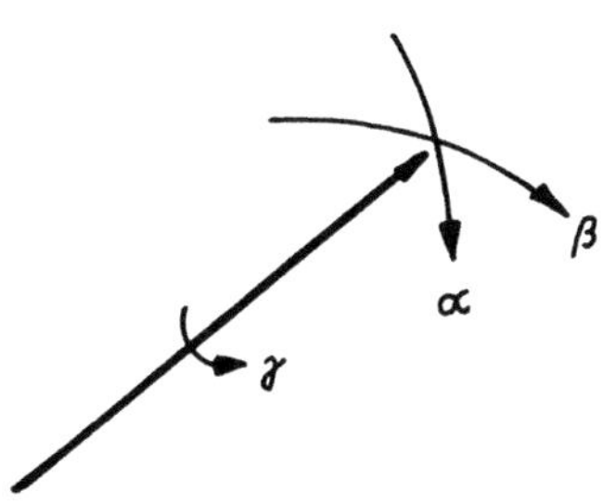

Abb. 1. Beschreibung der Orientierung durch drei Winkelkoordinaten

Die vollständige Beschreibung des Gefüges erfordert also die Angabe von drei Funktionen von je drei Variablen.

$$\alpha = \alpha\ (X,Y,Z), \quad \beta = \beta(X,Y,Z), \quad \gamma = \gamma(X,Y,Z) \qquad (2)$$

Diese Funktionen sind an den Korngrenzen im allgemeinen unstetig. Man sieht, daß das eine äußerst schwierig zu handhabende Beschreibung ist, ganz abgesehen davon, daß es kaum möglich sein dürfte, sie experimentell vollständig zu bestimmen. Man muß daher auf einfachere, wenn auch unvollständige Beschreibungen des Gefüges zurückgreifen, die jedoch experimentell bestimmbar sind.

Eine solche Kenngröße erhält man, wenn man von den räumlichen Nebeneinander der verschiedenen Kristallorientierungen absieht und nur nach ihrem relativen Volumenanteil in dem betrachteten Stoff fragt. Man erhält dann die sogenannte Orientierungsverteilungsfunktion oder auch Textur.

$$\frac{dV(\alpha, \beta, \gamma)}{V} = f(\alpha, \beta, \gamma)\, d\alpha\, d\beta\, d\gamma = f(g)dg \qquad (3)$$

Sie ist eine Funktion von drei Winkelparametern. Auch diese Funktion ist im allgemeinen nicht der direkten Messung zugänglich. Sie kann jedoch aus den Richtungsverteilungen verschiedener Kristallrichtungen, den sogenannten Polfiguren berechnet werden /1/. Die Polfiguren sind mit Hilfe der Röntgenbeugung, oder besser noch der Neutronenbeugung, experimentell bestimmbar /2/, /3/, /4/. Somit kann auch die Orientierungsverteilungsfunktion als experimentell bestimmbare Größe angesehen werden.

Genügt diese Beschreibung nicht, und will man doch etwas über das räumliche Nebeneinander der verschiedenen Orientierungen aussagen, so kann man dazu Orientierungskorrelationsfunktionen verwenden. Man kann z. B. die Wahrscheinlichkeit für das Vorkommen einer bestimmten Orientierung g_1 in einem Punkt P_1 und des gleichzeitigen Auftretens der Orientierung g_2 in dem um $\vec{r}$ entfernten Punkt P_2 angeben, Abb. 2.

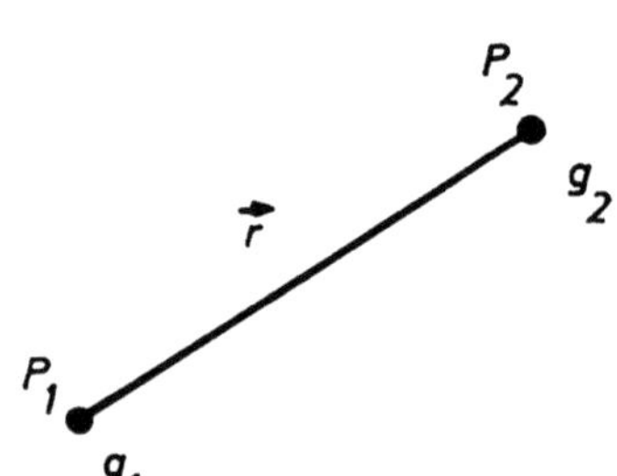

Abb. 2. Korrelation der Orientierungen an Punkten des vektoriellen Abstandes $\vec{r}$

Man erhält so eine Orientierungskorrelationsfunktion, die

von den Orientierungen g_1 g_2 und dem Abstand $\vec{r}$ der betrachteten Punkte abhängt (dabei ist über alle möglichen Punktpaare dieses Abstandes gemittelt).

$$f_2(g_1, g_2 \vec{r}) \tag{4}$$

In ähnlicher Weise kann man auch die Korrelation der Orientierungen an mehreren - im allgemeinen n - Punkten betrachten. Man erhält so höhere Orientierungskorrelationsfunktionen. Die Gesamtheit aller dieser Korrelationsfunktionen beschreibt, wie E. Kröner /5/ gezeigt hat, das vielkristalline Gefüge im statistischen Sinne vollständig. Die Handhabung dieser Funktionen ist jedoch sehr kompliziert, schon die Zweipunktkorrelation f_2 ist ja eine Funktion von neun Variablen. Außerdem können Orientierungskorrelationsfunktionen bisher nicht experimentell bestimmt werden.

In der quantitativen Metallographie werden zur Kennzeichnung eines vielkristallinen Gefüges die mittlere Korngröße und -form bzw. deren Häufigkeitsverteilungen angegeben, wobei im allgemeinen die kristallographische Orientierung der Kristallite völlig außer acht gelassen wird. Das ist gleichbedeutend mit der Annahme, daß Größe und Form der Kristallite von der Orientierung unabhängig sind, und daß die Orientierungen benachbarter Körner ebenfalls voneinander unabhängig sind. Diese Annahmen sind sicher nicht allgemein erfüllt. Außerdem ist die Definition dieser Größen an das Vorhandensein wohldefinierter Korngrenzen gebunden, was z.B. in stark verformtem Material nicht der Fall ist. Wegen dieser Einschränkungen sind Korngröße und Form für die Berechnung von Eigenschaftsmittelwerten nur sehr bedingt verwendbar.

3. Eigenschaftsmittelwerte

Treten Kristallite verschiedener Orientierung zu einem polykristallinen Gefüge zusammen, so tritt im allgemeinen eine komplizierte Wechselwirkung zwischen ihnen auf, die von räumlichen Nebeneinander der verschiedenen Orientierungen, also den Orientierungskorrelationen abhängt. Wie bereits bei der Beschreibung des Gefüges getan, kann man nun in erster Näherung die Orientierungskorrelationen und dementsprechend die wechselseitige Beeinflussung der Eigenschaften vernachlässigen. Man tut dann so, als ob die einzelnen Kristallite frei und voneinander unabhängig wären und berechnet die mittlere Eigenschaft lediglich gemäß der relativen Häufigkeit der verschiedenen Orientierungen. Es sei $E(\alpha\ \beta\ \gamma)$ irgend eine "Eigenschaft" der Kristalle, z. B. eine Komponente des Tensors der elastischen Konstanten oder der elastischen Moduln, die natürlich von der Orientierung der Kristallachsen relativ zu einem makroskopischen Bezugssystem abhängt. Dann erhält man unter den genannten Annahmen die mittlere Eigenschaft als gewichteten Mittelwert über alle Orientierungen

$$\bar{E} = \int E(\alpha\ \beta\ \gamma)\ f(\alpha\ \beta\ \gamma)\, d\alpha\ d\beta\ d\gamma \qquad (5)$$

Wie bereits erwähnt, kann die Texturfunktion f nicht unmittelbar gemessen werden. Sie wird aus experimentellen Daten berechnet, wobei es zweckmäßig ist, eine Reihenentwicklung nach verallgemeinerten Kugelfunktionen zu verwenden, und andere Orientierungsparameter, die Eulerschen Winkel $\phi_1\ \Phi\ \phi_2$, einzuführen /1/

$$f(\phi_1\ \Phi\ \phi_2) = \sum_{l=0}^{\infty} \sum_{\mu=1}^{M(l)} \sum_{\nu=1}^{N(l)} C_l^{\mu\nu} T_l^{\mu\nu}(\phi_1\ \Phi\ \phi_2) \qquad (6)$$

Es ist dann zweckmäßig, auch die Eigenschaftsfunktion in diesen Orientierungskoordinaten zu schreiben und sie ebenfalls in eine Reihe zu entwickeln.

$$E(\phi_1\ \Phi\ \phi_2) = \sum_{l=0}^{L} \sum_{\mu=1}^{M(l)} \sum_{\nu=1}^{N(l)} e_l^{\mu\nu} T_l^{\mu\nu}(\phi_1\ \Phi\ \phi_2) \qquad (7)$$

Setzt man die Reihenentwicklungen Gl.(6) und (7) in Gl.(5) ein und führt die Integration aus, so erhält man

$$\bar{E} = \sum_{l=0}^{L} \sum_{\mu=1}^{M(l)} \sum_{\nu=1}^{N(l)} \frac{e_l^{\mu\nu} C_l^{\mu\nu}}{2l + 1} \qquad (8)$$

In vielen Fällen ist die Eigenschaftsfunktion eine Funktion niedriger Ordnung, d. h. die Reihe Gl.(7) enthält nur wenige

Glieder niedriger Ordnung. Im Fall der elastischen Eigenschaften, die durch Tensoren 4. Stufe beschrieben werden, ist L = 4. Berücksichtigt man dann noch die Symmetriebedingungen, so reduziert sich die Anzahl der Glieder weiter. Wie wir weiter unten sehen werden, enthält der Ausdruck Gl.(8) im Falle der elastischen Eigenschaften für Bleche und kubische Kristallsymmetrie nur drei variable Glieder.

Die Mittelwertsgleichung Gl.(5) ist eine Näherung, die die Wechselwirkung der Kristallite im Gefüge außer acht läßt. Sollen die Wechselwirkungen berücksichtigt werden, so müssen die Orientierungskorrelationen berücksichtigt werden. Die Eigenschaftsmittelwerte lassen sich dann in einer Form ausdrücken, die eine Erweiterung von G.(5) darstellt.

$$\bar{E} = \int E(g)f(g)dg + \int E_2(g_1 g_2 \vec{r}) f_2(g_1 g_2 \vec{r}) dg_1 d\vec{r} + \ldots \qquad (9)$$

In dieser Reihe stellt der von der Textur f(g) abhängige Anteil das erste Glied dar, die höheren Glieder enthalten die Orientierungskorrelationen. Vernachlässigt man diese Glieder, so bedeutet das, daß man implizit irgendwelche Annahmen über die Korrelationen macht. Wie wir weiter unten sehen werden, ergibt die Durchrechnung mit verschiedenen Grenzannahmen für den Elastizitätsmodul von Kupfer einen Anteil von ca. 1o % dieser Korrelationsglieder. Als Beitrag zum Absolutwert des Elastizitätsmoduls erscheint das nicht allzugroß. Der relative Beitrag kann jedoch wesentlich größer sein, wenn man die Anisotropie, also den richtungsabhängigen Anteil des Elastizitätsmoduls betrachtet. Auf jeden Fall muß man jedoch im Auge behalten, daß die Orientierungskorrelationen im allgemeinen nicht bekannt sind. Versuche, die Mittelwerte in einer besseren Näherung als Gl.(5) zu berechnen, also die Wechselwirkungen der Kristallite zu berücksichtigen, enthalten daher praktisch immer ungeprüfte Annahmen über die Orientierungskorrelationen. Andererseits kann man natürlich auch versuchen durch Berechnung unter bestimmten Annahmen und Überprüfung am Experiment indirekt Auskünfte über die Korrelationen zu erhalten /6/.

4. Elastische Anisotropie

4.1. Voigt-Reuss-Hill-Näherung

Wir wollen die Gleichungen Gl.(5) bis (8) nun auf den Fall der elastischen Eigenschaften anwenden, d. h. wir wollen einfache Mittelwerte ohne Berücksichtigung der elastischen Wechselwirkungen der Kristallite berechnen. Dabei wollen wir uns der Einfachheit halber auf kubische Kristallsymmetrie beschränken sowie auf orthorhombische Symmetrie der Orientierungsverteilung, wie sie der Symmetrie in Blechen entspricht. (Für andere Kristallsymmetrien siehe /7/.)

Der Zusammenhang zwischen den elastischen Verzerrungen ε_{ij} und den elastischen Spannungen σ_{kl} möge durch das verallgemeinerte Hookesche Gesetz in der Form

$$\varepsilon_{ij} = S_{ijkl}\,\sigma_{kl} \tag{1o}$$

beschrieben werden. Die elastischen Konstanten S_{ijkl} sind dann als "Eigenschaften" der Kristallite im Sinne von Gl.(8) anzusehen. Sie hängen natürlich von der Orientierung des jeweiligen Kristalliten relativ zu dem in Gl.(1o) vorausgesetzten probenfesten Koordinatensystemen ab, $S_{ijkl}(\alpha\ \beta\ \gamma)$. Normalerweise sind diese Konstanten gegeben in Bezug auf ein mit den Kristallachsen fest verbundenes Koordinatensystem, wir wollen sie dann mit S^{o}_{ijkl} bezeichnen. Im Falle kubischer Kristallsymmetrie sind von diesen 81 Größen nur 3 linear unabhängig, also eine Größe mehr als im Falle eines isotropen Stoffes, bei dem es zwei unabhängige Konstanten gibt (siehe z. B. /8/). Man kann sie daher in der folgenden Form schreiben

$$S^{o}_{ijkl} = S^{I}_{ijkl} + S_a\, t^{o}_{ijkl} \tag{11}$$

mit

$$S_a = S^{o}_{1111} - S^{o}_{1122} - 2S^{o}_{1212} \tag{12}$$

Dabei ist $t^{o}_{ijkl} = 1$ für $i = j = k = l$, sonst 0. Ferner bedeutet S^{I}_{ijkl} den isotropen Anteil, der natürlich keiner Orientierungsmittelung bedarf, und S_a ist eine Konstante, die die elastische Anisotropie beschreibt. Es ist dann lediglich noch der Tensor t zu mitteln, der jedoch eine rein geometrische Größe ist und keine Materialkonstanten mehr enthält.

$$\bar{S}_{ijkl} = S^{I}_{ijkl} + S_a \bar{t}_{ijkl} = S^{o}_{ijkl} + S_a(\bar{t}_{ijkl} - t^{o}_{ijkl}) \qquad (13)$$

Drückt man $\bar{t}$ gemäß Gl.(8) aus, so erhält man

$$\bar{t}_{ijkl} = \bar{a}^{11}_{o}(ijkl) + \bar{a}^{11}_{4}(ijkl)C^{11}_{4} + \bar{a}^{12}_{4}(ijkl)C^{12}_{4} + \bar{a}^{13}_{4}(ijkl)C^{13}_{4} \qquad (14)$$

Größen höherer als 4. Ordnung treten nicht auf. Damit ergibt sich schließlich

$$\bar{S}_{ijkl} = S^{o}_{ijkl} + S_a\left[\bar{a}^{11}_{o}(ijkl) - t^{o}_{ijkl} + \sum_{\nu=1}^{3} \bar{a}^{1\nu}_{4}(ijkl)C^{1\nu}_{4}\right] \qquad (15)$$

Die Größen $\bar{a}^{11}_{o}(ijkl)-t^{o}_{ijkl}$ und $\bar{a}^{1\nu}_{4}(ijkl)$ sind reine Zahlen, sie sind in Tab. 1 /9/ angegeben. Die Texturkoeffizienten C^{1}_{4} erhält man mit den Methoden der Texturanalyse /1/, und die Größen S^{o}_{ijkl} und S_a sind die elastischen Konstanten der Einkristalle.

Tabelle 1. Mittelungskoeffizienten für die elastischen Konstanten /1/, /9/

ijkl	$\bar{a}^{11}_{o}(ijkl)-t^{o}_{ijkl}$	$\bar{a}^{11}_{4}(ijkl)$	$\bar{a}^{12}_{4}(ijkl)$	$\bar{a}^{13}_{4}(ijkl)$
1111	-0.4	+0.021818	-0.032530	+0.043032
2222	-0.4	+0.021818	+0.032530	+0.043032
3333	-0.4	+0.058182	0	0
1122	+0.2	+0.007273	0	-0.043032
1133	+0.2	-0.029091	+0.032530	0
2233	+0.2	-0.029091	-0.032530	0
1212	+0.2	+0.007273	0	-0.043032
1313	+0.2	-0.029091	+0.032530	0
2323	+0.2	-0.029091	-0.032530	0

Wie man aus Gl.(1o) erkennt, bedeutet die Mittelung der Konstanten S_{ijkl} die Annahme konstanter Spannungen σ_{kl} in allen Kristalliten. Mit S_{ijkl} sind dann natürlich auch die Verzerrungen ε_{ij} von Kristallit zu Kristallit unterschiedlich. Diese auf A. Reuss/1o/ zurückgehende Annahme ist jedoch wegen der Wechselwirkung der Kristallite ganz sicher nicht erfüllt. Man kann daher, wie es W. Voigt /11/ getan hat, auch von der entgegengesetzten Annahme konstanter Verzerrungen (und variabler Spannungen) ausgehen. Dazu kehrt man Gl.(1o) um

$$\sigma_{ij} = C_{ijkl} \; \varepsilon_{kl} \tag{16}$$

und mittelt die Größen C_{ijkl} in genau der gleichen Weise wie die S_{ijkl}. Man erhält dann

$$\bar{C}_{ijkl} = C^{o}_{ijkl} + C_a \left\{ \bar{a}^{11}_{o}(ijkl) - t^{o}_{ijkl} + \sum_{\nu=1}^{3} \bar{a}^{1\nu}_{4}(ijkl) C^{1\nu}_{4} \right\} \tag{17}$$

Dabei ist der Klammerausdruck der gleiche wie in Gl.(15). Berechnet man gemäß dieser beiden Grenzannahmen die Größen $\bar{S}_{ijkl}$ und $\bar{C}_{ijkl}$ nach Gl.(15) und (17) und daraus dann den Elastizitätsmodul für verschiedene Richtungen eines gewalzten Kupferbleches, so erhält man die in Abb. 3 dargestellten Ergebnisse. Man sieht, daß beide Berechnungsarten um ca. 20% voneinander abweichen. Es ist dann üblich, den Mittelwert aus beiden Berechnungsarten zu nehmen, der in Abb. 3 ebenfalls angegeben ist. Man sieht, daß diese als Voigt-Reuss-Hill (VRH) Approximation bezeichnete Näherung verhältnismäßig gut mit experimentellen Messungen übereinstimmt.

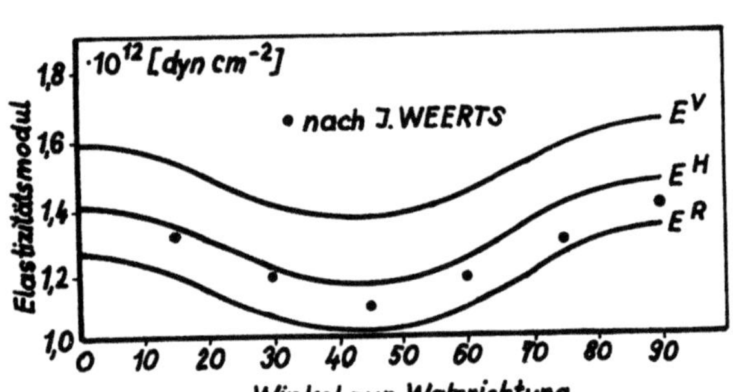

Abb. 3. Der Elastizitätsmodul eines Kupferbleches in den Näherungen nach Voigt, Reuss und Hill sowie experimentelle Werte nach Weerts /9/

Wie von D. H. Chung und W. R. Buessem /12/ gezeigt wurde, scheint das, zumindest für Stoffe mit regelloser Orientierungsverteilung, sehr allgemein der Fall zu sein, wobei die Abweichungen von 2 - 3 % die experimentelle Unsicherheit in den meisten Fällen kaum übersteigen. Damit scheint die verhältnismäßig leicht zu berechnende VRH-Approximation für alle praktischen Zwecke zur Zeit völlig ausreichend zu sein. Natürlich ist sie vom theoretischen Standpunkt unbefriedigend, da sie ohne weitere Begründung lediglich als Mittelwert aus zwei nicht realen Grenzannahmen berechnet wird.

4.2. Näherungen minimaler Energie

Die Voigt- und Reuss-Grenzen für die mittleren elastischen Eigenschaften sind nicht die engstmöglichen, die man ohne Berücksichtigung der Orientierungskorrelationen, nur mit der Textur, erhalten kann. Man gelangt zu einer besseren Näherung, wenn man zuläßt, daß sowohl die Spannungen als auch die Deformationen orientierungsabhängig sind.

$$\sigma_{ij} = \bar{\sigma}_{ij} + \Delta\sigma_{ij}(g) \tag{18}$$

$$\varepsilon_{kl} = \bar{\varepsilon}_{kl} + \Delta\varepsilon_{kl}(g) \tag{19}$$

$$C_{ijkl} = \bar{C}_{ijkl} + \Delta C_{ijkl}(g) \tag{2o}$$

Der orientierungsabhängige Anteil der Deformationen $\Delta\varepsilon_{kl}(g)$ wird dann so bestimmt, daß die mittlere elastische Energie (bei konstanter mittlerer Verzerrung $\bar{\varepsilon}_{kl}$) minimal wird

$$\bar{E} = \frac{1}{2}\int C_{ijkl}(g)\ \varepsilon_{ij}(g)\ \varepsilon_{kl}(g) f(g) dg = \text{Min} \tag{21}$$

Dieser Ansatz ist zwar wirklichkeitsnäher als die Annahme nach Voigt bzw. Reuss, aber er ist ebenfalls noch nicht exakt, da auch er die Grenzbedingungen für die Spannungen und Verzerrungen an den Korngrenzen nicht berücksichtigt. Mit der Bedingung Gl.(21) erhält man für die effektiven Elastizitätsmoduln

$$C_{ijkl} = \bar{C}_{ijkl} - S^{V}_{mnop} \int \Delta C_{ijmn}(g)\ \Delta C_{opkl}(g) f(g) dg \tag{22}$$

Dabei ist $\bar{C}_{ijkl}$ der einfache Mittelwert gemäß der Voigtschen Näherung und S^{V}_{mnop} ist der dem Modultensor $\bar{C}_{ijkl}$ entsprechende Konstantentensor, also ebenfalls in der Voigtschen Näherung (er ist nicht identisch mit $\bar{S}_{ijkl}$ nach Gl.(15)). Die Orientierungsabhängigkeit der elastischen Größen $\Delta C_{ijmn}(g)$ ist bekannt. Sie erhält weiter nichts als die bekannte Transformation von Tensorkomponenten auf ein anderes, durch g gegebenes Koordinatensystem und f(g) ist wieder die Orientierungsverteilungsfunktion der Kristallite. Die Ausrechnung des Integrals ist etwas komplizierter als im Fall einfacher Mittelwerte, gemäß Gl.(5), da jetzt über das Produkt von drei Funktionen zu integrieren ist. Führt man die Integration aus, so erhält man für den Fall kubischer Kristallsymmetrie und orthorhombischer Blechsymmetrie

$$\tilde{C}_{ijkl}=\bar{C}_{ijkl}-C_a^2\, S^{V}_{mnop} \sum_{\nu,\nu'=1}^{3} \bar{a}_4^{1\nu}(ijmn)\, \bar{a}_4^{1\nu'}(opkl) B^{\nu\nu'} \qquad (23)$$

Dabei ist C_a die gleiche Anisotropiegröße wie in Gl.(17) und auch die Mittelungskoeffizienten $\bar{a}_4^{1\nu}(ijkl)$ sind die gleichen, wie sie bei der Berechnung der einfachen Orientierungsmittelwerte auftreten. Die Größen $B^{\nu\nu'}$ repräsentieren in diesem Ausdruck die Orientierungsverteilungsfunktion. Sie setzt sich aus den Koeffizienten $C_\lambda^{\mu\nu}$ ihrer Reihenentwicklung gemäß Gl.(6) folgendermaßen zusammen

$$B^{\nu\nu'}= 81 \sum_{\lambda=0}^{8} \sum_{n=1}^{N(\lambda)} \{4,4,1,1|\lambda,1\}(4,4,\nu,\nu'|\lambda,n)\, \frac{C_\lambda^{1n}}{2\lambda+1} - C_4^{1\nu} C_4^{1\nu'} \qquad (24)$$

Dabei sind die in Klammern stehenden Symbole verallgemeinerte Clebsch-Gordan-Koeffizienten für kubische bzw. orthorhombische Symmetrie (siehe /1/). Im Gegensatz zu den einfachen Mittelwerten der Voigt- bzw. Reuss-Näherung gehen in diese Näherung also Texturkoeffizienten bis zum Grad 8 ein.

Wie bereits erwähnt wurde, sind die Ansätze Gl.(18) und (19) nicht exakt. Es ist daher nicht gleichgültig, ob man die Mittelungen mit dem Modultensor C_{ijkl} oder dem Konstantentensor S_{ijkl} durchführt. Man kann daher eine andere zu Gl.(23) analoge Näherung für die Größe S_{ijkl} erhalten

$$s_{ijkl} = \bar{s}_{ijkl} - s_a^2 \, C^R_{mnop} \sum_{\nu,\nu'=1}^{3} \bar{a}_4^{-1\nu}(ijmn) \, \bar{a}_4^{-1\nu'}(opkl) B^{\nu\nu'} \quad (25)$$

Dabei sind die C^R_{mnop} die dem Mittelwert nach Reuss Gl.(15) entsprechenden Moduln.

In Abb. 4 ist der Elastizitätsmodul für ein Kupferblech in verschiedenen Richtungen zur Walzrichtung in den beiden Näherungen Gl.(23) und (25) angegeben zusammen mit den entsprechenden Näherungen nach Voigt und Reuss sowie der experimentellen Kurve für dieses Kupferblech. Man sieht, daß die beiden Kurven enger liegen als die entsprechenden der Voigt-Reuss-Näherung. Die experimentellen Werte sollten zwischen beiden Kurven liegen. Wie man sieht, ist das nicht genau der Fall. Die Abweichungen liegen jedoch innerhalb der Grenzen der experimentellen Genauigkeit von ca. 3 %, die in der Abbildung ebenfalls angegeben sind. Da die relative Grnauigkeit der einzelnen Meßwerte untereinander höher ist als die absolute, scheint es gerechtfertigt, die um ca. 3 % verschobene gestrichelte Kurve mit den beiden berechneten Näherungen zu vergleichen (siehe auch den letzten Abschnitt).

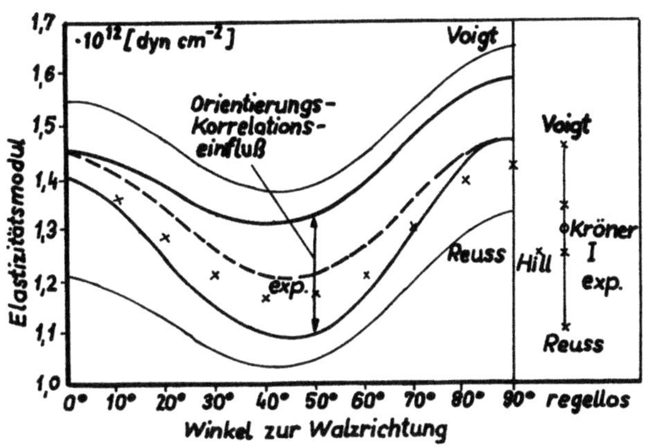

Abb. 4. Der Elastizitätsmodul in den beiden Näherungen minimaler Energie sowie zugehörige experimentelle Werte

Sie liegt innerhalb beider Näherungen und fällt in Walzrichtung mit der einen und in Querrichtung mit der anderen zusammen. Das ist nicht verwunderlich, da beide Näherungen die

Orientierungskorrelationen unberücksichtigt lassen bzw. implizit gewisse Grenzannahmen für die Korrelationen machen. In einem gewalzten Blech ist aber ganz sicher mit Orientierungskorrelationen zu rechnen, und es ist auch plausibel, daß diese in Bezug auf die Querrichtung anders sind als in Bezug auf die Walzrichtung. Der Spielraum zwischen diesen beiden Näherungen wird also offensichtlich durch die bisher unberücksichtigten Orientierungskorrelationen ausgefüllt. In Abb. 4 sind auch die entsprechenden Näherungswerte für regellos orientiertes Material angegeben zusammen mit dem (ohne Korrelationen) exakt berechneten Wert nach Kröner /5/ sowie experimentellen Werte für regelloses Material gemäß einer Aufstellung von Coulomb /13/.

4.3. Krönersche Näherung

Wie bereits mehrfach betont, berücksichtigen die vier bisher besprochenen Näherungen die Grenzbedingungen für das Spannungs- und Verzerrungsfeld an den Korngrenzen nicht. Von Kröner /5/, /14/, /15/ wurde für den Fall regelloser Orientierung eine Lösung angegeben, die die Grenzbedingungen im statistischen Sinne exakt berücksichtigt. Rechnungen nach dieser Methode wurden später von Kneer /16/ für rotationssymmetrische Texturen hexagonaler Kristalle durchgeführt. Der Fall allgemeiner Texturen (dreidimensionale Texturen) und kubischer Kristallsymmetrie wurde von Morris /17/ behandelt. Die Ergebnisse weichen weniger als 3 % von der Hillschen Näherung ab, sind also im Rahmen der gegenwärtigen experimentellen Genauigkeit nicht von der letzteren zu unterscheiden. Hinzu kommt, daß auch bei dieser Berechnung Orientierungskorrelationen bisher unberücksichtigt blieben und daß daher ihre Übereinstimmung mit dem Experiment auch nicht besser erwartet werden kann als dem Einfluß dieser Korrelationen entspricht.

Eine exakte Lösung des Mittelwertproblems, die die Textur und die Orientierungskorrelationen gleichermaßen berücksichtigt, ist unseres Wissens bisher noch nicht berechnet worden.

5. Plastische Anisotropie

Will man die plastische Anisotropie eines vielkristallinen Aggregates in ähnlicher Weise aus den Eigenschaften der Einkristalle herleiten, wie die elastische Anisotropie, so stößt man sofort auf die Schwierigkeit, daß der Zusammenhang zwischen Spannungen und plastischen Verformungen nicht in so allgemeiner Form beschreibbar ist wie im elastischen Fall, z. B. durch Gl.(1o). Selbst wenn man von der Verfestigung absieht und nur kleine Verformungsschritte betrachtet, ist der Zusammenhang wesentlich komplizierter. Das ist eine Folge des nichtlinearen Zusammenhanges zwischen Schubspannung und Abgleitung, der in dem bekannten Schmidschen Schubspannungsgesetz /18/ formuliert ist. Daraus folgt, wie von Bishop und Hill /19/ gezeigt wurde, daß bei beliebig variablem Verformungstensor nur endlich viele, diskrete Spannungszustände in einem Kristall möglich sind, die das Schmidsche Schubspannungsgesetz für alle Gleitsysteme gleichzeitig erfüllen. Der Zusammenhang zwischen Spannungen und Deformationen kann daher nicht in der einfachen Tensorform wie Gl.(1o) geschrieben werden. Er kann jedoch numerisch berechnet werden. Diese Berechnung wurde erstmalig von G.I. Taylor /2o/ durchgeführt unter der Annahme, daß die dazu erforderliche Verformungsarbeit ein Minimum sein soll. Wie von Chin und Mammel /21/ gezeigt wurde, ist diese Annahme äquivalent mit der von Bishop und Hill, die zur Berechnung der diskreten möglichen Spannungszustände führt. Für kubisch-flächenzentrierte und kubisch-raumzentrierte Kristalle, für die die Gleitung auf $\{111\}\langle 11o\rangle$ bzw. auf $\{11o\}\langle 111\rangle$ Gleitsystemen erfolgt, wurde von Bunge /22/ die Berechnung für beliebige Verformungstensoren durchgeführt. Als Ergebnis erhält man den sogenannten Taylorfaktor. Er ist der geometrische Faktor im Ausdruck der Verformungsarbeit

$$dA = \sigma_{ij}\, d\varepsilon_{ij} = \tau_o\, d\varepsilon_{11}\, T(\phi_1 \Phi\, \phi_2 q) \qquad (26)$$

Er hängt vom Achsenverhältnis q des Verformungstensors sowie von der Orientierung $\phi_1 \Phi\, \phi_2$ seiner Hauptachsen relativ zu den Kristallachsen ab. Die kritische Schubspannung τ_o

wird dabei für alle Gleitsysteme als konstant angenommen. Die Funktion T ist zwar eine stetige Funktion der Variablen, sie besitzt jedoch, ähnlich wie das Schmidsche Schubspannungsgesetz selbst, unstetige Ableitungen, also anschaulich gesprochen "Knickstellen". Entwickelt man daher die Funktion Gl.(26) in eine Reihe gemäß Gl.(7), so enthält diese nicht nur endlich viele Glieder wie im Falle der elastischen Eigenschaften, sondern unendlich viele. (Es zeigt sich jedoch, daß es für alle praktischen Fälle genügt mit $l \leq 10$ zu rechnen, erste Näherungen wurden auch schon mit $l \leq 4$ berechnet.) Die entsprechenden Koeffizienten $e_l^{\mu\nu}$ (q) hängen natürlich auch noch vom Achsenverhältnis q des Verformungstensors ab. Sie sind in Tab. 2 numerisch angegeben /22/.

Mit diesem Modell für den Spannungs-Verformungszusammenhang der Einkristalle (im Vielkristallverband) kann man nun gemäß Gl.(5) die Mittelung über alle Orientierungen durchführen. Da bei der Berechnung des Taylorfaktors Gl.(26) der Verformungstensor als unabhängige Variable angenommen wurde, entspricht die Näherung Gl.(5) in diesem Falle also der Annahme konstanter Verformung in allen Kristalliten. (Die Annahme konstanter Spannungen ist gemäß dem oben Gesagten im Rahmen des Bishop-Hill-Taylor-Modelles nicht möglich.) Bei bekannter Textur, d. h. bekannten Koeffizienten $C_l^{\mu\nu}$ kann nach Gl.(8) die mittlere Verformungsarbeit berechnet werden. Sie hängt jedoch noch vom Achsenverhältnis q des Verformungstensors ab. Das entspricht der Durchführung eines Dehnungsexperimentes, bei dem das Verhältnis der Breiten- zur Dickenabnahme der Probe vorgegeben ist, Abb. 5.

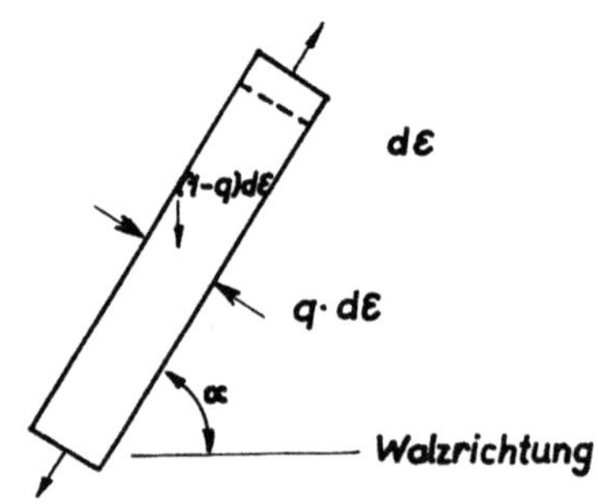

Abb. 5. Dicken- und Breitenabnahme einer Zugprobe

Tabelle 2

Koeffizienten der Reihenentwicklung des Taylorfaktors $T(\phi_1\ \Phi\ \phi_2 q)$ für verschiedene Achsenverhältnisse q des Deformationstensors /22/

			Ebene Verformung							Radialsymmetrische Verformung	
										Walzrichtung	Normalrichtung
λ	μ	ν	q = 0	q = 0.1	q = 0.2	q = 0.3	q = 0.35	q = 0.4	q = 0.45	q = 0.5	q = 0.5
0	1	1	3.3198	3.2079	3.1415	3.1016	3.0873	3.0766	3.0690	3.0766	3.0766
4	1	1	-1.0861	-1.0026	-0.8899	-0.7461	-0.6694	-0.5913	-0.5105	-0.5489	-1.1167
4	1	2	1.4435	1.3083	1.1282	0.9511	0.8617	0.7726	0.6873	0.6244	
4	1	3	0.1771	0.0394	-0.1563	-0.3701	-0.4843	-0.5979	-0.7099	-0.8257	
6	1	1	-0.0874	-0.0037	0.0431	0.0703	0.0825	0.0911	0.0963	0.0938	-0.3006
6	1	2	-0.0767	-0.1112	-0.1234	-0.1350	-0.1404	-0.1404	-0.1528	-0.1359	
6	1	3	-0.0265	0.0321	0.0963	0.1325	0.1497	0.1641	0.1766	0.1492	
6	1	4	-0.1112	-0.1602	-0.2026	-0.2224	-0.2280	-0.2327	-0.2349	-0.2018	
8	1	1	0.0475	0.0042	0.0191	0.0566	0.0767	0.0946	0.1085	0.1014	0.3802
8	1	2	0.0465	0.0049	-0.0186	-0.0627	-0.0879	-0.1115	-0.1293	-0.1492	
8	1	3	-0.0737	-0.0108	0.0487	0.0950	0.1141	0.1301	0.1438	0.1565	
8	1	4	-0.1413	-0.1528	-0.1587	-0.1729	-0.1729	-0.1683	-0.1661	-0.1742	
8	1	5	-0.0269	0.2146	0.3182	0.3243	0.3160	0.3018	0.2814	0.2383	
10	1	1	0.0130	-0.0029	0.0255	0.0421	0.0421	0.0419	0.0382	0.0348	-0.1418
10	1	2	0.0147	-0.0132	-0.0328	-0.0436	-0.0424	-0.0407	-0.0426	-0.0497	
10	1	3	0.0304	0.4083	0.0642	0.0703	0.0659	0.0637	0.0622	0.0512	
10	1	4	0.0181	0.0105	0.0100	-0.0108	-0.0167	-0.0211	-0.0243	-0.0544	
10	1	5	0.0091	-0.0311	-0.0443	-0.0171	-0.0017	0.0093	0.0147	0.0610	
10	1	6	0.0316	0.1019	0.0801	0.0171	-0.0152	-0.0407	-0.0585	-0.0840	

Ein solcher Versuch ist jedoch praktisch nicht durchführbar. Vielmehr wird sich das tatsächlich beobachtete Verhältnis aus der Breiten- zur Dickenabnahme so einstellen, daß die erforderliche Verformungsarbeit minimal wird. Daher ist in Abb. 6 die berechnete Verformungsarbeit als Funktion des Achsenverhältnisses q aufgetragen und das Minimum bestimmt worden. Es stimmt recht gut mit dem experimentellen Wert überein. Alle diese Kurven verlaufen in der Umgebung des Minimums sehr flach. Eine sehr geringfügige Verschiebung der Kurve durch eine kleine Texturänderung kann daher eine relativ große Verschiebung der Lage des Minimums zur Folge haben. Aus diesem Grunde ist die experimentelle Bestimmung des Verhältnisses der Breiten- zur Dickenabnahme einer Zugprobe in vielen Fällen ein empfindlicherer Indikator für kleine Texturunterschiede als die röntgenographische Texturmessung.

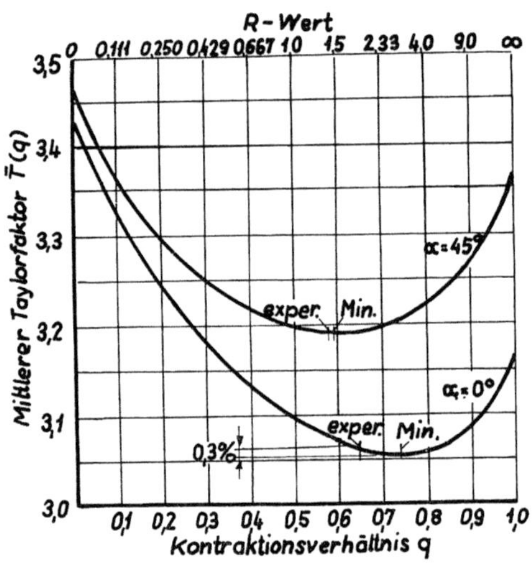

Abb. 6. Die mittlere Verformungsarbeit für eine texturierte Stahlprobe in Abhängigkeit von Achsenverhältnis q des Verformungstensors /22/

Unter diesem Gesichtspunkt ist auch Abb. 7 zu betrachten, die das dem Minimum entsprechende Achsenverhältnis q bzw. den damit äquivalenten, häufiger benutzten R-Wert als Funktion des Winkels der Zugprobe relativ zur Walzrichtung des untersuchten Stahlbleches angibt. Die Übereinstimmung ist im Rahmen der experimentellen Genauigkeit der Texturmessung als recht gut anzusehen.

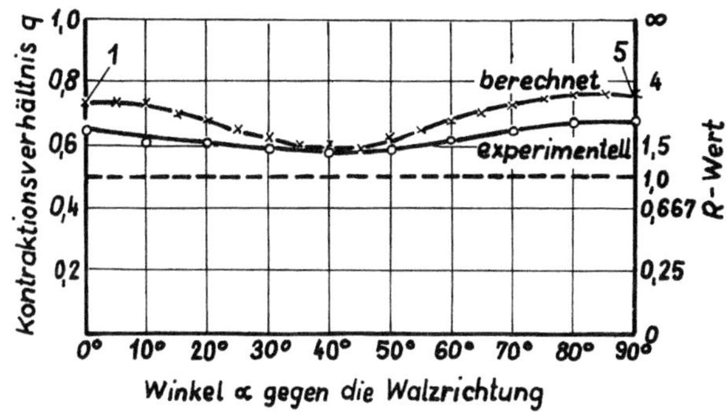

Abb. 7. Das Achsenverhältnis q bzw. der R-Faktor als Funktion des Winkels zur Walzrichtung für ein texturiertes Stahlblech /22/

Nach Gl.(26) kann der Taylorfaktor auch als Maß für die Spannungen σ_{ij} angesehen werden, die bei vorgegebener Verformung $d\varepsilon_{ij}$ auftreten. In der Plastizitätstheorie ist es nun üblich, ein Material durch die Fließortkurve zu charakterisieren, d. h. diejenige Kurve in der Ebene der Hauptspannungskomponenten σ_1, σ_2 innerhalb derer kein Fließen erfolgt. Diese Kurve kann nach Gl.(26) bei Kenntnis der Funktion T im Rahmen des hier verwendeten Modells des plastischen Fließens abgeleitet werden (natürlich nur bis auf den Faktor τ_o, der den Verfestigungszustand des Materials enthält). In Abb. 8 ist eine solche Kurve für ein texturiertes Stahlblech angegeben. Sie wurde berechnet aus der über alle Kristallorientierungen ϕ_1 Φ ϕ_2 gemittelten Funktion $T(\phi_2\ \Phi\ \phi_2\ q)$. Ein Vergleich mit experimentellen Werten wurde in diesem Falle allerdings noch nicht vorgenommen.

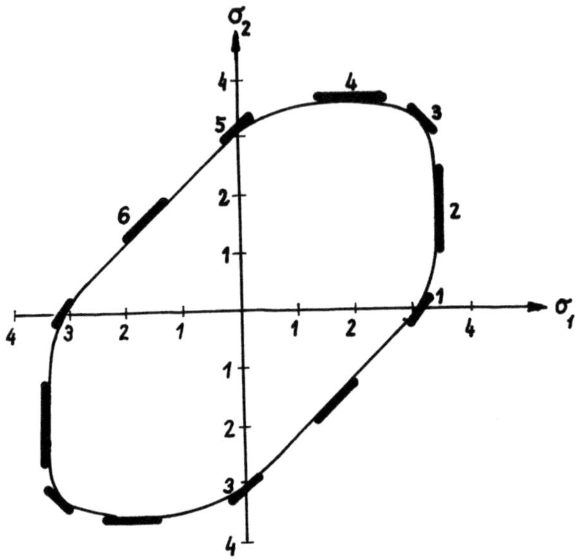

Abb. 8. Die Fließortkurve für ein texturiertes Stahlblech, berechnet nach dem Taylor-Modell, in Vielfachen der kritischen Schubspannung τ_o /22/

6. Grenzen der Genauigkeit

Die im Vorangehenden dargestellten Methoden zur Berechnung von Orientierungsmittelwerten anisotroper Kristalleigenschaften waren keine exakten Lösungen des Problems, sondern Näherungen. Die grundlegende Schwierigkeit bestand, wie wir gesehen hatten, in der Berücksichtigung des räumlichen Nebeneinanders der verschieden orientierten Kristallite, also der Orientierungskorrelationen. Das gilt sowohl für die rechnerische Behandlung der Korrelationen als auch bereits für deren experimentelle Bestimmung. Bei Kenntnis der Textur allein ist eine exakte Berechnung prinzipiell nicht möglich. Es bleibt vielmehr immer ein gewisser Spielraum offen (in dem behandelten Beispiel von ca. 10 %), der durch die Korrelationen bestimmt ist. In diesem Sinne ist die einfach zu berechnende, empirische Voigt-Reuss-Hill-Approximation als eine recht brauchbare Lösung anzusehen, die für die meisten praktischen Belange derzeitig völlig ausreichend ist.

Alle Mittelungsverfahren gehen von Einkristalleigenschaften aus, wobei unter "Einkristalleigenschaft" natürlich die Eigenschaft der einzelnen Kristallite im Vielkristallverband zu verstehen ist. Viele Eigenschaften sind nun stark von der Realstruktur der Kristalle, also von den vorhandenen Kristallbaufehlern abhängig, und diese wiederum sind oftmals im Vielkristallverband wesentlich anders als bei großen freien Einkristallen, an denen Einkristalleigenschaften gewöhnlich gemessen werden. Dies trifft in ganz besonderem Maße für die plastischen Eigenschaften zu, die extrem stark von der Realstruktur abhängig sind. Im obigen Beispiel wurde dieser Einfluß als isotrop und für alle Kristallite gleich angesehen. Er läßt sich dann in dem empirischen Faktor τ_o, der kritischen Schubspannung für den betreffenden Verfestigungszustand, zusammenfassen. Das sind sicherlich Näherungsannahmen, die von der Wirklichkeit mehr oder weniger abweichen und die bei zukünftigen Berechnungen der Verbesserung bedürfen /23/. Aber auch die elastischen Eigenschaften sind nicht ganz störunempfindlich /24/. Man muß daher mit einer Veränderung der "Einkristalleigenschaften" im Vielkristallverband je nach Verfestigungszustand von einigen Prozent rechnen, und es ist klar, daß es recht schwierig ist, diese veränderten "Einkristallkonstanten" zu bestimmen. Auch das ist ein begrenzender Faktor für die Genauigkeit bei der Berechnung von Orientierungsmittelwerten physikalischer Eigenschaften.

Schließlich sei noch einmal daran erinnert, daß sich die geschilderten Mittelwertsberechnungen auf einphasige Werkstoffe bezogen, daß jedoch viele, gerade technisch wichtige Werkstoffe, wie z. B. Stähle, mehrphasig sind. In diesem Falle werden die Berechnungen noch komplizierter, da nicht nur die Mengenanteile der verschiedenen Phasen, sondern auch ihre Texturen und ihre Orientierungskorrelationen von Einfluß auf die mittleren Eigenschaften sind. Derart komplizierte Werkstoffe sind heute erst mit sehr vereinfachenden Näherungen zu behandeln.

Literatur

1. Bunge, H.J.: Mathematische Methoden der Texturanalyse. Berlin: Akademie-Verlag. 1969.
2. Wassermann, G. und Grewen, J.: Texturen metallischer Werkstoffe. Berlin-Göttingen-Heidelberg: Springer-Verlag. 1962
3. Tobisch, J.: Texture Investigations by Neutron Diffraction Using a Fully Automatic Programmable Goniometer. In: Quantitative Analysis of Textures, S. 269-277. Proceedings of the International Seminar, Cracow. 1971.
4. Tobisch, J. und Bunge, H.J.: The Spherical Sample Method in Neutron Diffraction Texture Determination. Texture 1, 125-127 (1973).
5. Kröner, E.: Zur statistischen Begründung der Kontinuumsphysik. Phys. Stat. Sol. 41, 499-5o8 (1970).
6. Bunge, H.J., Öhme, K. und Günther, F.: On the Influence of the Grain Form or the Orientation Correlation on the Young's Modulus. Phys. Stat. Sol. (a) 1, K 135-137 (1970).
7. Morris, P.R.: Averaging Fourth-Rank Tensors with Weight Functions. J. Appl. Phys. 40, 447-448 (1969).
8. Nye, J.F.: Physical Properties of Crystals. Oxford: Clarendon Press. 196o.
9. Bunge, H.J.: Über die elastischen Konstanten kubischer Materialien mit beliebiger Textur. Kristall u. Technik, 3, 431-438 (1968).
1o. Reuss, A.: Z. angew. Math. Mech. (ZAMM) 9, 49 (1929).
11. Voigt, W.: Lehrbuch der Kristallphysik. Leipzig: B.G. Teubner Verlag. 1928.
12. Chung, D.H. und Buessem, W.R.: The Voigt-Reuss-Hill Approximation and Elastic Moduli of Polycrystalline MgO, CaF_2, β-ZnS, ZnSe, and CdTe. J. Appl. Phys. 38, 2535-2540 (1967).
13. Coulomb, P.: Les Textures dans les Métaux de Réseau Cubique. Paris: Dunod, 1972.
14. Kröner, E.: Berechnung der elastischen Konstanten des Vielkristalls aus den Konstanten des Einkristalls. Z. Physik 151, 504-518 (1958).

15. Kröner, E.: Eigenschaften vielkristalliner Aggregate mit und ohne Textur. In: Texturen in Forschung und Praxis, S. 406-413. Berlin-Heidelberg-New York: Springer-Verlag. 1969.
16. Kneer, G.: Über die Berechnung der Elastizitätsmoduln vielkristalliner Aggregate mit Textur. Phys. Stat. Sol. 9, 825-838 (1965).
17. Morris, P.R.: Elastic Constants of Polycrystals. Int.J. Engng. Sci. 8, 49-61 (1970).
18. Schmid, E.: Proc. Int. Cong. Appl. Mech. Delft. 342 (1924).
19. Bishop, J.F.W. und Hill, R.: A Theory of the Plastic Distortion of a Polycrystalline Aggregate under Combined Stresses. Phil. Mag. 42, 414-427 (1951).
2o. Taylor, G.I.: Plastic Strain in Metals. J. Inst. Metals, 62, 307-324 (1938).
21. Chin, G.Y. und Mammel, W.L.: Generalization and Equivalence of the Minimum Work (Taylor) and Maximum Work (Bishop-Hill) Principles for Crystal Plasticity. Trans. Met. Soc. AIME. 245, 1211-1214 (1969).
22. Bunge, H.J.: Some Applications of the Taylor Theory of Polycrystal Plasticity. Kristall u. Technik 5, 145-175 (1970).
23. Chin, G.Y.: Tension and Compression Textures. In: Texturen in Forschung und Praxis, S. 51-80. Berlin-Heidelberg-New York: Springer-Verlag. 1969.
24. Brouwe, A.J. und Groenenboom-Eygelaar, C.: The Elastic Constants of Polycrystalline Cu after Plastic Deformation at 77 ^{o}K. Acta Met. 15, 1597-1602 (1967).

Anschrift des Verfassers: Dr.rer.nat.habil. Hans-Joachim Bunge, Akademie der Wissenschaften der DDR, Zentralinstitut für Festkörperphysik und Werkstofforschung, Helmholtzstr. 2o, DDR-8o27 Dresden, Deutsche Demokratische Republik.

EXPERIMENTELLE BESTIMMUNG VON FLIESSORTKURVEN

K.-H. MATUCHA UND P. WINCIERZ, Frankfurt a.M.

1. Einleitung

Für den Fließbeginn findet vielfach die Gestaltänderungshypothese von Huber-v.Mises-Hencky Anwendung, die von der Erschöpfung der elastischen Energiespeicherungsfähigkeit homogener und isotroper Werkstoffe ausgeht /1/:

$$2\sigma_v^2 = (\sigma_x-\sigma_y)^2 + (\sigma_y-\sigma_z)^2 + (\sigma_z-\sigma_x)^2 + 6(\tau_{xy}^2+\tau_{yz}^2+\tau_{zy}^2) \quad (1)$$

Hierbei sind σ_v die Vergleichsspannung, σ_x, σ_y und σ_z die an den Seitenflächen eines nach Achsen x, y, z ausgerichteten Volumenelementes angreifenden Normalspannungen; τ_{xy}, τ_{yz} und τ_{zy} sind die auf das Volumenelement wirkenden Schubspannungen.

Da sich innerhalb weiter Grenzen jeder dreiachsige Spannungszustand durch Überlagerung eines hydrostatischen Druckes in einen äquivalenten, ebenen Spannungszustand überführen läßt, genügt oft die aus Gl. (1) mit $\tau_z = \tau_{yz} = \tau_{zx} = 0$ hervorgehende Beziehung

$$\sigma_v^2 = \sigma_x^2 + \sigma_y^2 - \sigma_x\sigma_y + 3\tau_{xy}^2 \quad (2)$$

für den Fließbeginn bei zweiachsigem Spannungszustand. Liegt ein ebener Hauptspannungszustand (σ_1, σ_2) vor, so geht Gl. (2) über in

$$\sigma_v^2 = \sigma_1^2 + \sigma_2^2 - \sigma_1\sigma_2 \quad (3)$$

Durch Gl. (3) wird eine Ellipse, die Fließortkurve

(Abb. 1), beschrieben. Zur Konstruktion dieser Fließortkurve ist nach Gl. (3) genau eine Werkstoffkenngröße erforderlich, nämlich die anstelle der Vergleichsspannung σ_v einzusetzende, leicht meßbare Fließspannung aus einem einachsigen Zug- oder Druckversuch. Danach erscheint zunächst eine Vorhersage des Fließbeginns unter verschiedenen mechanischen Beanspruchungen problemlos und die experimentelle Bestimmung von Fließortkurven wenig reizvoll. Daß dies nicht der Fall ist, sei am Beispiel eines aus einem Zirkoniumwerkstoff bestehenden Brennstabhüllrohres aufgezeigt, wie es z.B. in mit Druckwasser gekühlten Kernreaktoren verwendet wird. Die Beanspruchung eines solchen

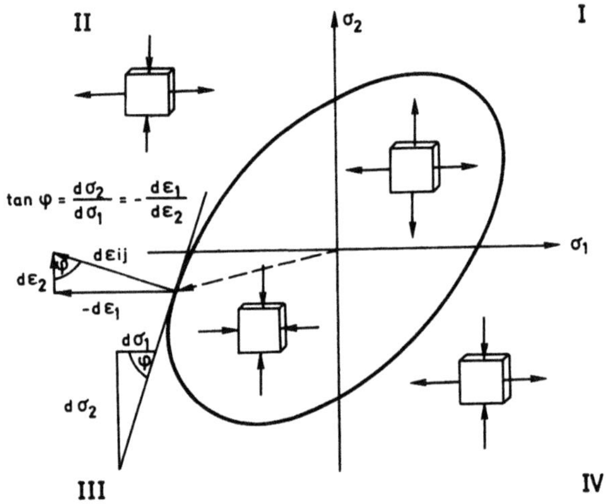

Abb. 1. Fließortkurve nach Gl. (3)

Rohres ändert sich während seiner Lebensdauer in folgender Weise. Anfangs steht es unter Außendruck. Dadurch werden Druckspannungen in tangentialer (σ_t) und axialer Richtung (σ_a) im Verhältnis σ_a/σ_t = 1/2 hervorgerufen (Quadrant III in Abb. 1). Mit zunehmender Betriebsdauer schwillt unter dem Einfluß der Kernreaktionen die Brennstoffsäule, bis es zum Festkörperschluß zwischen ihr und dem Hüllrohr kommt. Gleichzeitig baut sich als Folge der Bildung von Spaltgasen ein zunehmender Gasdruck im Inneren der Hülle auf. Dem äußeren Wasserdruck überlagert sich daher ein steigender Innendruck, der zeitabhängig sich ändernde Verhältnisse von

σ_a/σ_t bewirkt, so daß das Hüllrohr eine Abfolge von ebenen Spannungszuständen in den Quadranten III, II und I der Fließortkurve durchläuft. Abb. 2 zeigt anhand der experimen-

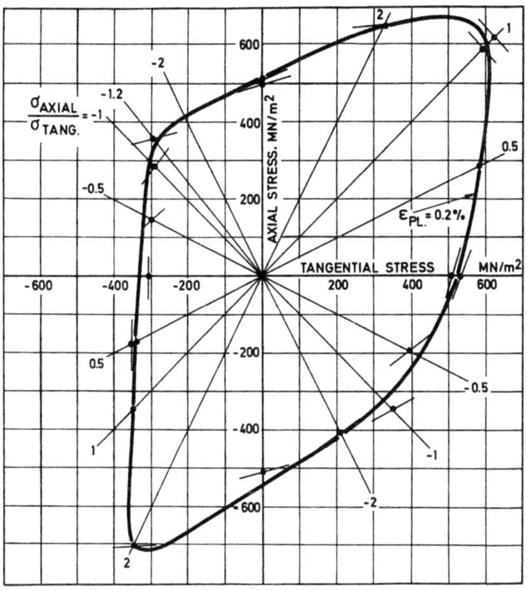

Abb. 2. Fließortkurve eines Zircaloy-4-Hüllrohres (nach /2/)

tellen Werte für ein derartiges Zirkonium-Hüllrohr wie sehr sie sich von der nach Gl. (3) berechneten Fließortkurve (Abb. 1) unterscheidet. Da ähnliche Abweichungen wiederholt auch bei anderen metallischen Werkstoffen beobachtet wurden und andererseits die konstruktive Auslegung besonders kritischer Bauteile sich immer enger an die wirklichen Beanspruchungen anpassen muß, kommt der experimentellen Bestimmung von Fließortkurven zunehmende praktische Bedeutung zu. Dies gilt auch im Hinblick auf die Ermittlung des Kraftbedarfs von Umformprozessen, die durch verschiedenartige ebene Spannungszustände gekennzeichnet sind.

Als Ursache für die auftretenden Diskrepanzen zwischen Experiment und theoretischer Voraussage gemäß Gl. (3) ist die ausgeprägte Textur des in Abb. 2 untersuchten Materials anzusehen. Diese zeichnet sich durch eine Vorzugsorientierung der hexagonalen Basispole in einem schmalen, zu der aus Radial- und Tangentialrichtung aufgespannten Ebene symmetrischen Belegungsband aus, in dem die maximale Poldichte zwischen 0 und 30° liegt (Abb. 3). Außerdem (aus Abb. 3 nicht ersichtlich) ist die [10$\bar{1}$0]-Richtung parallel zur Rohrachse orientiert.

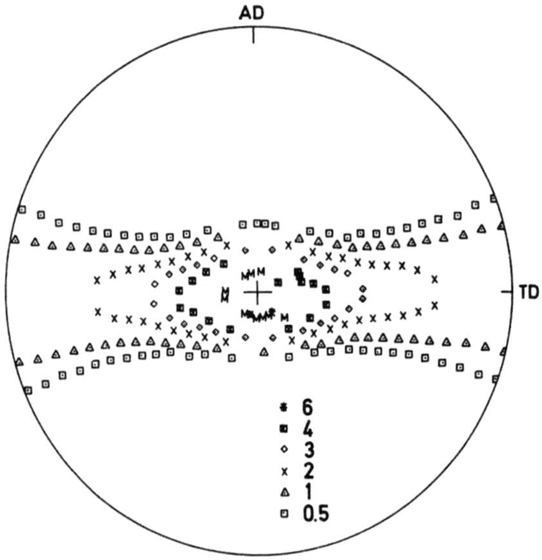

Abb. 3. (0002)-Polfigur des Zircaloy-4-Hüllrohres. Zahlen: Einheiten der regellosen Orientierung; M: relative Maxima (nach /2/)

Zur experimentellen Bestimmung von Fließortkurven ist es im allgemeinen erforderlich, den Fließbeginn für zweiachsige Spannungszustände zu messen. Die Verfahren unterteilen sich in zwei Hauptgruppen, bei denen entweder

- ein definierter Spannungszustand oder
- ein definierter Formänderungszustand

eingestellt wird.

2. Experimentelle Methoden

2.1. Definierte Spannungszustände

2.1.1. Vorbetrachtung

Bei blechförmigen Proben, z.B. bei einem gewalzten Blech, sind die Schnittpunkte der Fließortkurve mit den Hauptspannungsachsen leicht zu messen. Dazu werden an Proben, die parallel der Walzrichtung bzw. parallel der Querrichtung entnommen worden sind, die Streckgrenzen im einachsigen Zug- bzw. Druckversuch bestimmt. Zur Messung anderer Punkte der Fließortkurve müßten die in Abb. 1 schematisch dargestellten, zweiachsigen Beanspruchungen eingestellt werden. Dies stößt bei blechförmigen Proben insbesondere in den Quadranten II, III und IV auf erhebliche experimentelle Schwierigkeiten. Diese lassen sich überwinden, wenn aus den blechförmigen Proben dünne Rohre mit kreisförmigem Querschnitt z.B. durch Längsnahtschweißen hergestellt werden. Zur Verwirklichung ebener Spannungszustände können die Rohre kombinierten Belastungen, wie z.B. in Torsionsversuchen mit überlagerten axialen Spannungen oder in Innendruckversuchen mit überlagerten axialen Spannungen, unterworfen werden. Charakterisiert man die ebenen Spannungszustände durch die Normalspannungen σ_x und σ_y und die Schubspannung τ_{xy}, so führt eine graphische Darstellung der Gl. (2) zu dem in Abb. 4 gezeichneten Ellipsoid. In diesem sind die mit kombinierten Belastungen erfaßbaren Bereiche durch auf der Oberfläche des Ellipsoids liegende Ellipsen festgelegt.

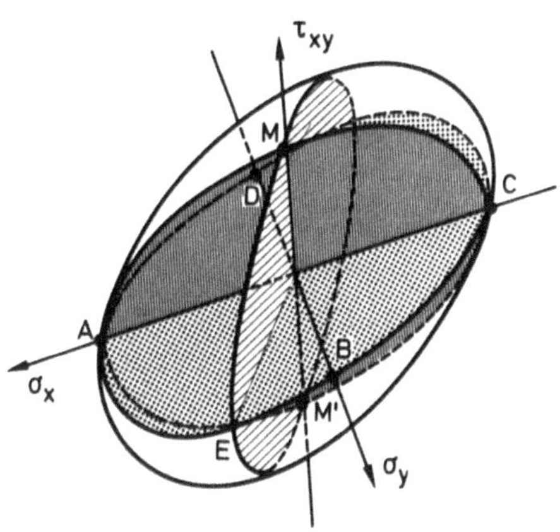

Abb. 4. Graphische Darstellung der Fließbedingung gemäß Gl. (2)

2.1.2. Torsionsversuche an dünnwandigen Rohren mit gleichzeitiger axialer Belastung oder gleichzeitigem Innendruck

Durch Variation der axialen Belastung sowie der Drehmomente treten Spannungszustände auf, die durch die Ellipse MAM' gegeben sind (Abb. 4). Kombinierte Innendruck-Torsionsversuche führen zu Spannungszuständen, die in Abb. 4 durch den Ellipsenabschnitt MEM' charakterisiert sind. Daneben ist aus Tabelle 1 zu ersehen, daß überwiegend Torsionsversuche mit überlagerten axialen Belastungen ausgeführt wurden. Häufig wählte man isotrope Werkstoffe für die Untersuchungen aus, weil einerseits Fließkriterien für isotrope Werkstoffe experimentell überprüft und andererseits der Einfluß einer Vorverformung auf die Fließortkurven isotroper Werkstoffe untersucht wurden.

Die experimentelle Bestimmung von Fließortkurven mit kombinierten Torsions-Zugversuchen sei im folgenden anhand der von Taylor und Quinney /5/ benutzten Versuchsanordnung (Abb. 5) erläutert. Die Probe A wird von den Einspannungen B und B' gehalten. Die obere Einspannung B ist fest mit einem Rahmen D verbunden, der über einer Stahlkugel C an einem festen Träger aufgehängt ist. Die Halterungen E und E' verhindern eine Rotation des Rahmens und der oberen Probenhalterung B. Die untere Probenhalterung B' ist mit der zylindrischen Torsionsscheibe F verbunden. An dieser werden die gewünschten Drehmomente über die Rollen G und G' mittels der einander gleichen Gewichte p und p' erzeugt. Die axiale Belastung w greift an der Torsionsscheibe an, wobei ähnlich wie in Punkt C eine in Abb. 5 nicht gezeigte Aufhängung über Stahlkugeln erfolgt. Der Drehwinkel wird direkt an der Skala K bezüglich eines festen Zeigers H abgelesen. Zur Ermittlung der axialen Dehnungen werden mit geeigneten Fernrohren die ringförmigen Markierungen Q und Q' beobachtet.

Tabelle 1. Experimentelle Bestimmung von Fließortkurven mit definierten Spannungsversuchen*

Verfahren	Werkstoff	Fließort-kurve	Textur
a) Blechförmige Proben			
Zug - Zug	CuZn (rek., v.) /3/, /4/	v. (u.v.: isotrop)	n.b.

* Legende am Schluß der Tab.

Tabelle 1 (Fortsetzung)

Verfahren	Werkstoff	Fließortkurve	Textur
b) Rohrförmige Proben			
Zug + Torsion	Cu (rek.) /5/, Al99,7 (rek.) /5/, unleg. Stahl /6/	isotrop	n.b.
	unleg.Stahl (0,12-0,18 C; rek.) /5/, unleg.Stahl (entkohlt, rek.) /5/, PVC /7/	anisotrop	n.b.
	Cu (rek.) /8/; AlCuMg1 (v.) /9/; AlCu4Ni2Mg1 (v.) /10/; Al99,0 (rek.) /11/; Ni /12/	V. (u.v.: isotrop)	n.b.
Innendruck + Torsion	SM-Flußstahl (0,22 % C) /13/, leg.Rohrstahl (0,35 % C, 1,09 % Cr, 2,44 % Ni) /13/, Stahlguß /13/	isotrop	n.b.
	CuZn30 /14/	V. (u.v.: isotrop)	n.b.
Innendruck + axialer Zug bzw. Druck	SM-Flußstahl /13/, Stahlguß /13/, Rohrstahl /13/	isotrop	n.b.
	Al (rek.) /15/, Al (rek.) /16/, /17/, Cu (rek.) /16/, /17/, CuZn37 (rek.) /18/, /19/	V. (u.v.: isotrop)	n.b.
	PVC /20/, PC /20/, Zircaloy-2 (v.) /21/	anisotrop	n.b.
	AlMgSi1 (RT-A, W-A) /22/, Zircaloy-2 (v., rek.) /23/	anisotrop	b.
	E-Cu (rek.) /24/, Rein-Al (v., rek.) /24/, Zircaloy-4 (v., rek.) /26/, /27/	anisotrop	b.+R.
Innen- bzw. Außendruck + axialer Zug	Zircaloy-2 und -4 (v.) /28/	anisotrop	b.
Innen- bzw. Außendruck + axialer Zug bzw. Druck	Zircaloy-4 (v.) /2/	anisotrop	b.

<u>Legende zu Tabelle 1:</u>
rek.: rekristallisiert, v.: verformt, V: Verformungseinfluß auf die Fließortkurve wurde untersucht, u.v.: unverformt, b: Textur bestimmt, n.b.: Textur nicht bestimmt, R: Vergleich mit kristallographisch begründeter Rechnung, RT-A: Raumtemperatur-Auslagerung, W-A: Warmauslagerung.

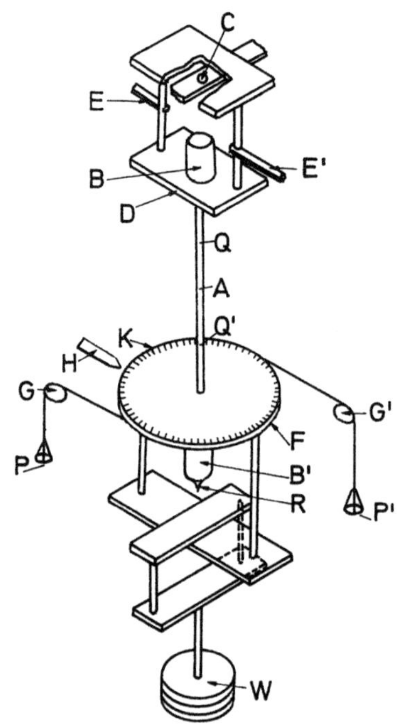

Abb. 5. Versuchsaufbau für Torsionsversuche mit überlagerter Zugbeanspruchung (nach /5/)

Die Abb. 6 und 7 beziehen sich auf geglühte Kupferrohrproben, die zunächst mit einachsigen Belastungen mit der Axialspannung σ_0 durch Messung der Volumenänderung auf Isotropie überprüft werden. Danach werden für konstante axiale Belastungen m . σ_0 $(0 < m < 1)$ die Proben tordiert. In Abb. 6 sind die dabei sich ergebenden axialen Dehnungen für konstante, durch m charakterisierte axiale Belastungen in Abhängigkeit der Scherspannungen τ_{xy} dargestellt. Man erkennt, daß für große axiale Belastungen, d.h. für große m,

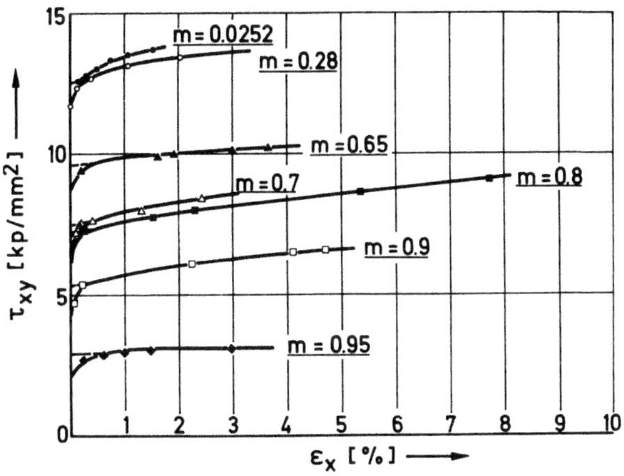

Abb. 6. Scherspannung-Dehnung-Diagramme von Cu-Rohrproben unter gleichzeitiger Torsions-Zugbeanspruchung (nach /5/)

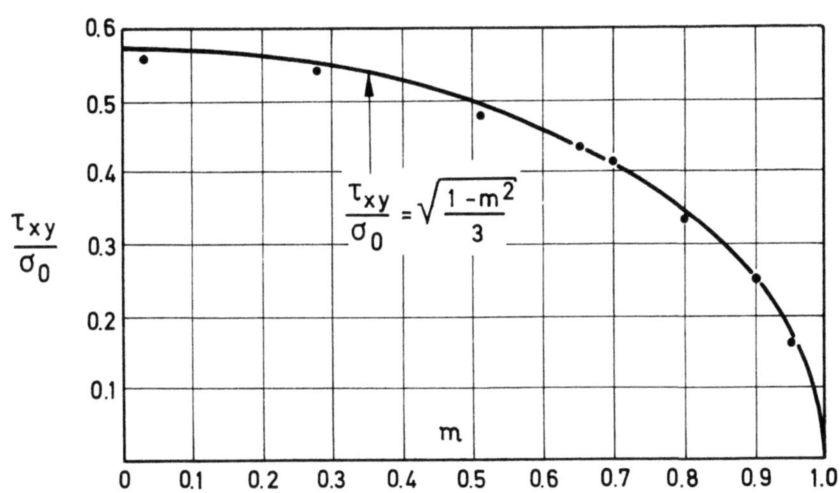

Abb. 7. Fließortkurve für geglühte Kupferrohrproben (nach /5/)

kleine Scherspannungen und für kleine axiale Belastungen (kleine m) große Scherspannungen zu den gemessenen axialen Dehnungen führen.

Zur Ermittlung der Fließortkurve werden (Abb. 6) die Schnittpunkte des linear verlaufenden Teiles der $\tau_{xy} - \varepsilon_x$-Kurven mit der τ_{xy}-Achse bestimmt. Damit ist zu jedem m, d.h. zu jeder vorgegebenen Axialspannung $m \cdot \sigma_o$, diejenige Scherspannung bestimmbar, für die plastisches Fließen einsetzt. In Abb. 7 sind die so erhaltenen, auf σ_o bezogenen Scherspannungen τ_{xy} in Abhängigkeit von m dargestellt. In dieser normierten Darstellung der Fließortkurve entspricht m = 1 dem einachsigen Zugversuch, m = 0 dem Torsionsversuch ohne zusätzliche axiale Belastung. Man erkennt, daß die aus Gl. (2) mit $\sigma_y = 0$, $\sigma_v = \sigma_o$ und $\sigma_x = m\,\sigma_o$ folgende Fließbedingung

$$\frac{\tau_{xy}}{\sigma_o} = \sqrt{\frac{1 - m^2}{3}} \qquad (4)$$

für den untersuchten, isotropen Werkstoff erfüllt ist.

2.1.3. Versuche an dünnwandigen Rohren unter Innen- oder Außendruck mit gleichzeitiger axialer Zug- oder Druckbeanspruchung

Die auftretenden Spannungszustände sind durch Variation des Verhältnisses α der beiden Hauptspannungen $\sigma_x = \sigma_1$ und $\sigma_y = \sigma_2$, d.h. durch die Ellipse A B C D in Abb. 4 gegeben. Hierbei wird der Abschnitt A B durch Innendruck- und der Abschnitt C D durch Außendruckversuche erfaßt.

Nach diesem Verfahren (Tab. 1) ist eine Reihe von Untersuchungen durchgeführt worden. Während sich die Mehrzahl der Arbeiten durch die Anwendung von Innendruck auf die Bestimmung der Quadranten I und IV der Fließortkurve beschränkt, ist nur im Fall von Zircaloy-Rohren durch zusätzliche Versuche mit Außendruck die Aufnahme vollständiger Fließortkurven (Abb. 2) gelungen. Bei den verschiedenen Werkstoffen wurden sowohl isotrope als im besonderen auch anisotrope Fließortkurven beobachtet.

Die Versuchsdurchführung zur Aufnahme einer Fließortkurve sei im folgenden für einseitig geschlossene Rohre skizziert. Der Innendruck p_i führt bei dünnwandigen Rohren zu axialen und tangentialen Zugspannungen σ_a bzw. σ_t, die sich nach der bekannten Kessel-Formel aus dem Innendurchmesser d_i und der Wanddicke S in Abhängigkeit von p_i berechnen lassen:

$$\sigma_a = \frac{1}{4} \cdot \frac{d_i}{S} \cdot p_i \qquad \sigma_t = \frac{1}{2} \cdot \frac{d_i}{S} \cdot p_i \qquad (5)$$

Die Radialspannung σ_r kann klein gehalten werden, wenn die Rohre dünnwandig sind. Für ein Verhältnis von d_i/S = 20, d.h. für ein Rohr mit einer Wanddicke S, die 1/20 des Innendurchmessers d_i beträgt, läßt sich die mittlere Radialspannung σ_r auf etwa 5 % der Tangentialspannung abschätzen.

In hinreichend dünnen Rohren unter Innendruck liegt daher näherungsweise ein zweiachsiger Spannungszustand vor, bei dem sich die axialen und tangentialen Zugspannungen σ_a und σ_t wie 1:2 verhalten. Bei einer kontinuierlichen Innendruckerhöhung werden daher nacheinander Spannungszustände eingestellt, die in der σ_a - σ_t-Darstellung im I. Quadranten auf der Ursprungsgeraden mit der Steigung 1/2 liegen. Charakterisiert man allgemein die zweiachsigen Spannungszustände durch das Verhältnis $\alpha = \sigma_a/\sigma_t$, so folgt für dünnwandige Rohre, daß der Fließbeginn unter Innendruck für $\alpha = 1/2$ bestimmt werden kann. Ferner ergeben Zug- bzw. Druckversuche in Axialrichtung den Fließbeginn für $\alpha = \infty$ bzw. $-\infty$. Den durch den Innendruck hervorgerufenen Spannungen können von außen Druck- bzw. Zugspannungen in axialer Richtung überlagert werden. Durch eine geeignete Wahl der zusätzlichen Axialkraft können alle Spannungsverhältnisse (d.h. alle α) im Quadranten I + IV gezielt eingestellt werden. Unter Berücksichtigung des tragenden Rohrquerschnittes läßt sich für jedes frei wählbare α die zu jedem Innendruck p_i gehörige Axialkraft ausrechnen, die von außen aufgebracht werden muß, damit $\sigma_a = \alpha \cdot \sigma_t$ ist. Aus der Gl. (5) folgt, daß zur Einstellung von Spannungsverhältnissen $\alpha > 1/2$ äußere Zugkräfte und für $\alpha < 1/2$ äußere Druckkräfte erforderlich sind.

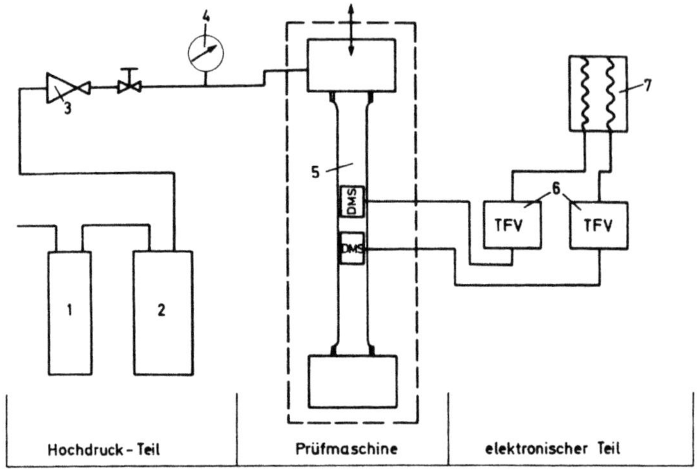

1 Hochdruck - Kompressor (max. 1100 kp/cm^2)
2 Druckbehälter (max. 1100 kp/cm^2)
3 Druckminderer
4 Prüfdruck - Manometer
5 Probe
6 Trägerfrequenzverstärker
7 Zweikanal - Schreiber

Abb. 8. Versuchsaufbau für Innendruckversuche mit überlagerten axialen Belastungen (aus /22/)

Der Versuchsaufbau ist in Abb. 8 schematisch dargestellt. Die unten abgeschlossene Rohrprobe 5 ist in eine Prüfmaschine eingebaut, in der sie axial auf Zug und Druck belastet werden kann. Der gewünschte Innendruck p_i wird durch entsprechend komprimiertes Gas aus einem Druckbehälter 2 über einen fein regulierbaren Druckminderer 3 aufgebracht. Etwa in Höhe der halben Meßlänge der Rohrprobe 5 sind Feindehnungsmeßstreifen DMS zur Messung der axialen und der tangentialen Dehnungen ε_a bzw. ε_t aufgeklebt. Die auf etwaige Temperaturschwankungen korrigierten Dehnungswerte werden über Trägerfrequenzverstärker 6 von einem Zweikanalschreiber 7 aufgezeichnet.

Für die Bestimmung der Quadranten II und III, die für hexagonale Metalle von besonderer Bedeutung ist /2/, gilt im Prinzip der gleiche Ablauf. Die Dehnungsmeßstreifen werden allerdings in diesem Fall auf der Rohrinnenseite aufgeklebt, um einerseits ihre Funktion unabhängig vom Außendruck und andererseits die problemlose Durchführung der Meßleitungen sicherzustellen /2/.

Die Bestimmung der einzelnen Punkte der Fließortkurve erfolgt im Prinzip so, daß unter Beibehaltung eines festen $\alpha = \sigma_a/\sigma_t$ die Tangential- und Axialspannungen gleichzeitig erhöht und die tangentialen bzw. axialen Dehnungen ε_a und ε_t gemessen werden.

In Abb. 9 sind die Spannung-Dehnung-Diagramme für Reinaluminiumrohre im kaltgewalzten (Abb. 9a) und rekristallisierten Zustand (Abb. 9c) für verschiedene Spannungsverhältnisse α dargestellt. Es handelt sich um texturbehaftetes Material, dessen unterschiedliche Ideallagen im rechten Teilbild (Abb. 9b und d) aufgrund von Polfiguren angegeben sind. Im allgemeinen unterscheiden sich die Kurvenzüge für axiale und tangentiale Verformung. Aus Abb. 9 entnimmt man für jedes α einen Punkt der Fließortkurve sowie die dazugehörige Tangente. Während diese mit

$$\frac{d\sigma_a}{d\sigma_t} = - \frac{d\varepsilon_t}{d\varepsilon_a} \tag{6}$$

aus den Steigungen der Spannung-Dehnung-Diagramme berechnet

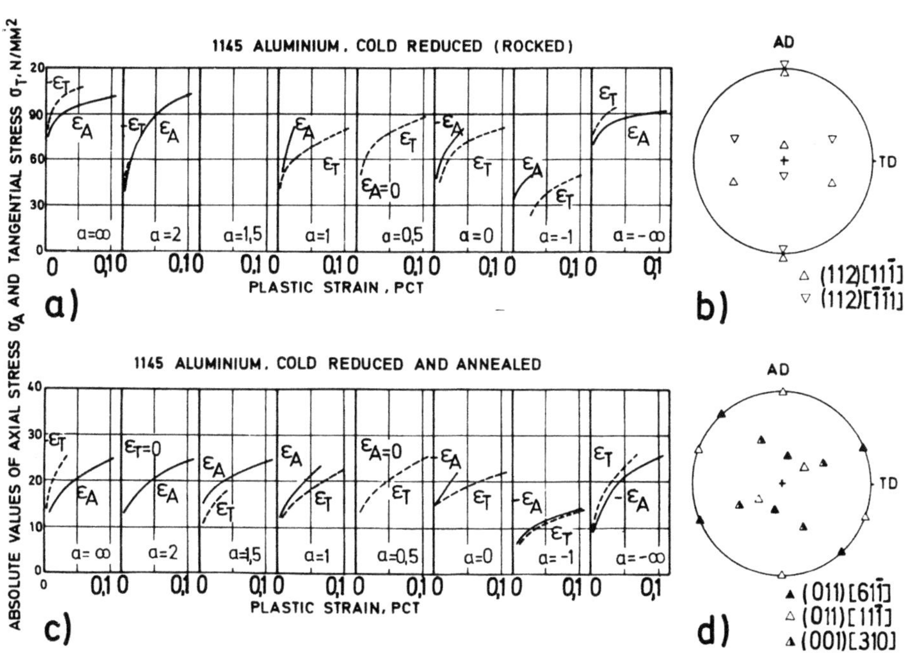

Abb. 9. Spannung-Dehnung-Diagramme für Reinaluminiumrohre (aus /24/)

wird, ist der Punkt der Fließortkurve durch das Wertepaar $\sigma_a - \sigma_t$ festgelegt, für das die betragsmäßig größte Dehnung einen bestimmten Wert, z.B. 0,1 %, erreicht.

Aus Abb. 9 folgt, daß für $\alpha = 2$ und $\alpha = 0{,}5$ ebene Formänderungszustände vorliegen. In diesen Fällen ist eine der beiden gemessenen Hauptdehnungen Null, d.h. $d\varepsilon_t/d\varepsilon_a$ nimmt den Wert Null bzw. Unendlich an, und die Tangente an die Fließortkurve verläuft bei diesen Spannungsverhältnissen parallel zu einer der beiden Achsen - wie bei isotropem Material.

In Abb. 10 sind die aus den Spannung-Dehnung-Diagrammen hervorgehenden Fließortkurven in den Quadranten I und IV dargestellt. Der innere Kurvenzug bezieht sich auf größte bleibende Dehnungsbeträge von 0,05 %, der äußere auf solche von 0,1 %. Aus den Meßpunkten und den zugehörigen Tangenten folgt der Kurvenverlauf. Im besonderen erkennt man die horizontale Tangente für $\alpha = 2$ und die vertikale Tangente für $\alpha = 0{,}5$. Außerdem wird die reduzierte Fließspannung im Quadranten IV für $\alpha = -1$ deutlich.

Das anisotrope Fließverhalten dieser texturbehafteten Aluminiumrohre kommt in der unterschiedlichen Fließspannung bei rein axialer bzw. tangentialer Zugbeanspruchung zum

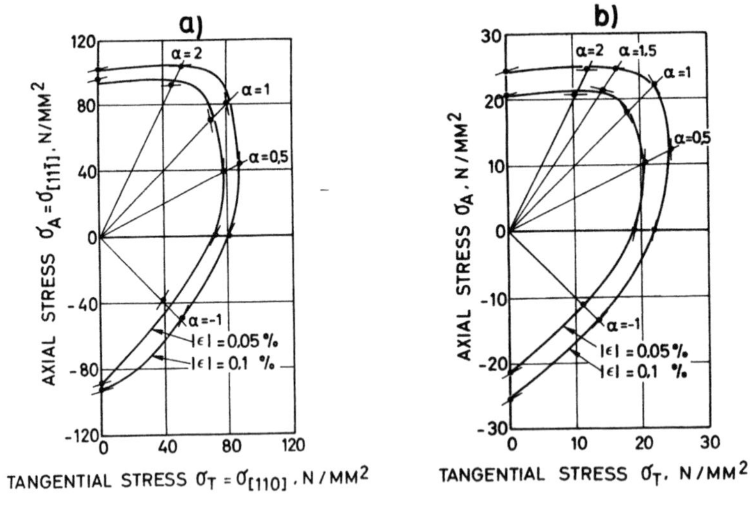

Abb. 10. Fließortkurven für Reinaluminium
a) kaltgewalzt, b) rekristallisiert (aus /24/)

Ausdruck. Andererseits wird besonders im I. Quadranten ein anderer Verlauf der Fließortkurven beobachtet als für isotrope Werkstoffe zu erwarten ist (vgl. Abb. 1). Diese Abweichung ist für das rekristallisierte Rohr mit seiner komplexen Textur (vgl. Abb. 9d) weniger ausgeprägt als für das kaltgewalzte Rohr, dessen Textur durch eine Ideallage beschreibbar ist (Abb. 9b).

Daß die Textur eine den Fließortkurvenverlauf bestimmende Kenngröße ist, zeigt Abb. 11: Aus Kupferblechen mit scharfer Würfellagentextur wurden unter 0, 22,5 und 45° zur Walzrichtung Streifen geschnitten, zu Rohren gebogen und längsnahtgeschweißt, so daß Rohrproben mit unterschiedlichen Texturen erhalten wurden. Aus Abb. 11 erkennt man, daß die Fließortkurven bei unverändertem Werkstoffzustand in eindeutiger Weise von der Textur bestimmt werden.

Wird andererseits unter Beibehaltung der Textur der Werkstoffzustand verändert, wie z.B. bei der Warmauslagerung von Al-Legierungen mit Preßeffekt, so können die in Abb. 12 für eine AlMgSi1-Legierung beobachteten Änderungen der Fließortkurven auftreten. Hier führt die mit der Warmauslagerung zunehmende grobere Ausscheidung von Mg_2Si zu einer Verringerung der texturbedingten plastischen Anisotropie /25/.

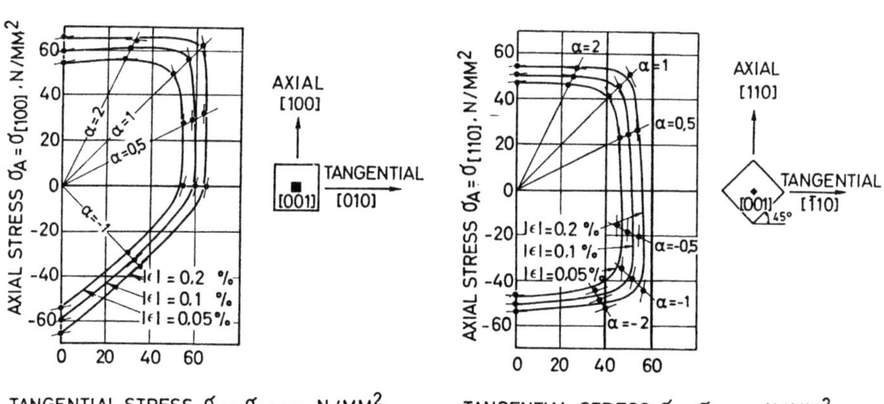

Abb. 11. Fließortkurven von Kupferrohrproben mit unterschiedlichen Rohrtexturen (aus /24/)

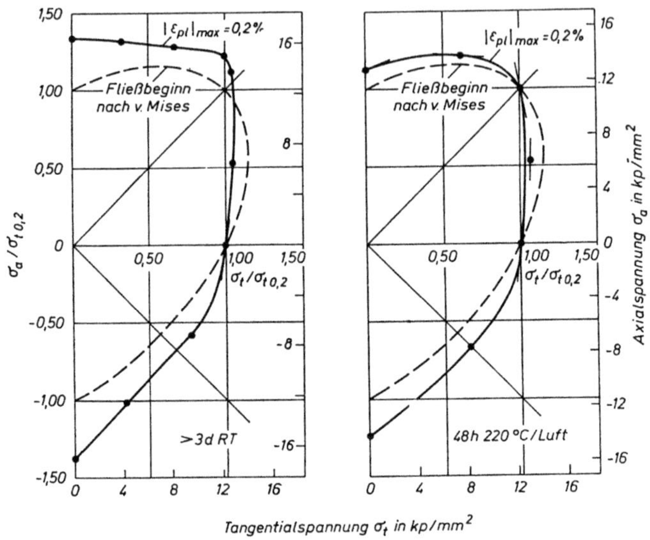

Abb. 12. Fließortkurve von AlMgSi1-Rohren mit gleicher Textur und unterschiedlichem Auslagerungszustand (aus /22/)

2.2. Definierte Formänderungszustände

Die theoretische Grundlage für die Fließortkurvenbestimmung über definierte Formänderungszustände ist die in Abb. 1 enthaltene Gleichung für die Steigung von Tangenten an die Fließortkurve

$$\tan \varphi = \frac{d\,\sigma_y}{d\,\sigma_x} = - \frac{d\,\varepsilon_x}{d\,\varepsilon_y} \tag{7}$$

Diese Gleichung wird ausgenutzt, um in ebenen Formänderungsversuchen Tangenten an die Fließortkurve zu bestimmen. Aus Gl. (7) folgt unmittelbar, daß in Versuchen, in denen ε_x bzw. $\varepsilon_y = 0$ gehalten werden kann, Formänderungszustände vorliegen, bei denen die Tangente an die Fließortkurve parallel zur σ_x-Achse (für $\varepsilon_y \equiv 0$) bzw. parallel zur σ_y-Achse ($\varepsilon_x \equiv 0$) verläuft. Wird andererseits $\varepsilon_z = 0$ eingehalten, so folgt aus der Volumenkonstanz $\varepsilon_x = - \varepsilon_y$ und damit nach Gl. (7) $\tan \varphi = 1$ (Tangenten H und I in Abb. 13).

Die ebenen Formänderungszustände können experimentell in ebenen Druck-Formänderungsversuchen, bei denen im ein-

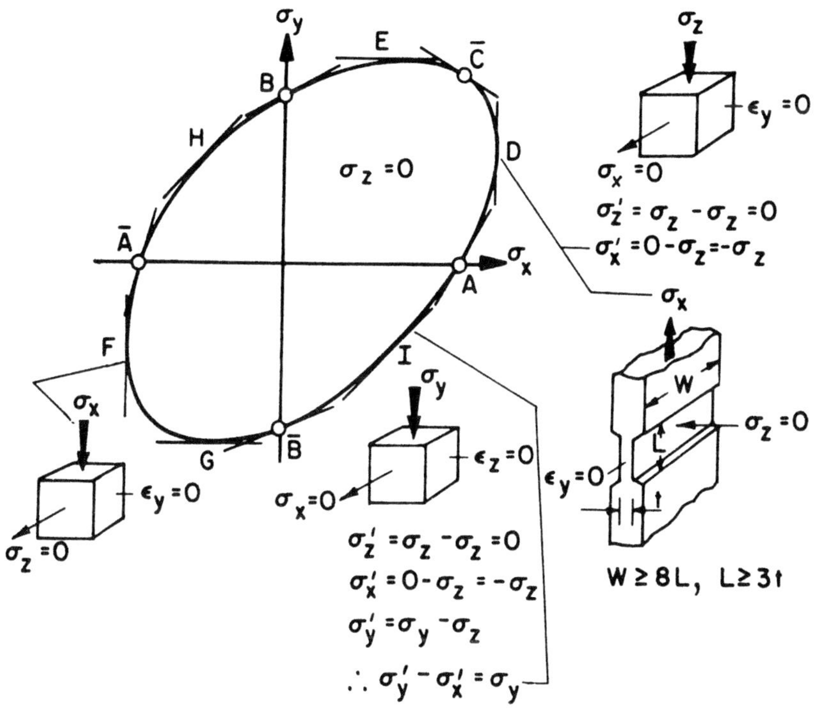

Abb. 13. Fließortkurvenbestimmung mit ebenen Formänderungsversuchen (aus /29/)

achsigen Druckversuch z.B. in z-Richtung das Fließen in y-Richtung verhindert wird, oder im Zugversuch an gekerbten Proben mit geeigneten Abmessungen realisiert werden (Abb. 13, Tangente D). In ähnlicher Weise erhält man Tangente E durch einen einachsigen Druckversuch in z-Richtung mit Fließverhinderung in x-Richtung ($\varepsilon_x = 0$). Die zu den ebenen Formänderungsversuchen gehörigen Spannungszustände - und damit die Berührungspunkte der Tangente mit der Fließortkurve - lassen sich nicht ermitteln. So ist z.B. in den beiden in Abb. 13 skizzierten ebenen Formänderungsversuchen mit $\varepsilon_y = 0$, die zur Tangente D führen, die Spannung σ_y nicht bekannt. Es lassen sich jedoch die Schnittpunkte der Tangenten mit der σ_x- bzw. σ_y-Achse ermitteln. Der Schnittpunkt der Tangente D mit der σ_x-Achse kann experimentell im ebenen Zug-Formänderungsversuch mit gekerbter Probe direkt als diejenige Spannung σ_x ermittelt werden, die zum Fließbeginn führt. Bei dem ebenen Druck-Formänderungsversuch ist es erforderlich - wie in Abb. 13 angeführt - , den Spannungszustand ($\sigma_x = 0$; σ_y = unbekannt; σ_z = gemessen) durch Überlagerung eines hydrostatischen Druckes σ_z in den äquivalenten Spannungszustand $\sigma_{x'} = -\sigma_z$; $\sigma_{y'} = \sigma_y - \sigma_z$; $\sigma_{z'} = 0$ überzuführen. Der Schnittpunkt der Tangente D mit der σ_x-Achse ist damit diejenige gemessene Spannung $-\sigma_z$, die zum Fließbeginn führt.

Wählt man anstelle von σ_z für die einachsige Druckbeanspruchung σ_x, so erhält man bei Fließverhinderung in y-Richtung ($\varepsilon_y = 0$) die Tangente F. Insgesamt folgen aus der Kombination von drei einachsigen Druckbeanspruchungen (σ_x, σ_y, σ_z) mit je zwei unabhängig wählbaren Richtungen der Fließverhinderung (z.B. $\varepsilon_x = 0$ oder $\varepsilon_z = 0$ bei σ_y-Beanspruchung) 6 Tangenten an die Fließortkurve (D, E; F, G; H, I), deren Steigungen durch die Versuchsführung festgelegt sind. Da sich die Berührungspunkte der Tangente mit der Fließortkurve nicht bestimmen lassen, ergeben ebene Formänderungsversuche ein die Fließortkurve umhüllendes Sechseck.

Die in Abb. 13 eingetragenen Punkte A, $\bar{A}$, B, $\bar{B}$ stammen aus einachsigen Druck- bzw. Zugversuchen in x- und y-Richtung. Der Punkt $\bar{C}$ wird durch freie Stauchung in z-Richtung ($\sigma_x = 0$, $\sigma_y = 0$, σ_z = gemessen) unter Berücksichtigung eines überlagerten hydrostatischen Druckes σ_z erhalten, weil aus $\sigma_z - \sigma_z = 0$, $\sigma_{x'} = -\sigma_z$ und $\sigma_{y'} = -\sigma_z$ weiter folgt $\sigma_x'/\sigma_y' = 1$.

In Tab. 2 sind Untersuchungen zusammengestellt, bei denen mittels definierter Formänderungszustände Fließortkurven von verschiedenen, besonders auch Werkstoffen mit hexagonaler Kristallstruktur bestimmt wurden.

Eine für Messungen im Stauchversuch benutzte Versuchsanordnung ist in Abb. 14 schematisch dargestellt: Sie besteht aus zwei fest verschraubbaren Teilen, deren seitliche Wände das Fließen verhindern. Die Probe wird mit einem Stempel belastet. Dieser wird durch zwei Distanzstücke geführt, um eine Parallelität der Druckflächen zu gewährleisten. Nach bestimmten Stauchungsbeträgen wird die Probe ausgemessen

Tabelle 2. Experimentelle Bestimmung von Fließortkurven mit definierten Formänderungsversuchen

Verfahren	Werkstoff	Fließort-kurve	Textur
Gekerbte Proben	Ti (a) /30/, /31/, TiAl5Sn2,5 (a) /30/, /31/, $TiAl4O_2O,25$ (a) /30/, /31/	anisotrop	b
Ebene Druck-Form-änderung	Mg (ww) /32/; MgThO,5 (ww) /32/, MgLi4 (ww) /32/	anisotrop	b
	Cu99,99 /33/	anisotrop	Einkri-stalle,R

a: angelassen, ww: warmgewalzt, b: Textur gemessen,
R: Vergleich mit kristallographisch begründeter Rechnung

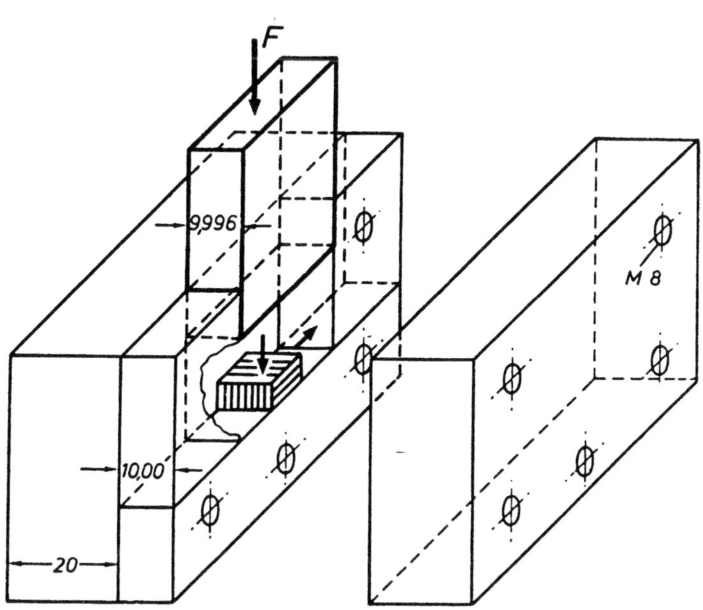

Abb. 14. Versuchsaufbau für ebene Druck-Formänderungsversuche (nach /33/)

und danach weiter verformt. Aus den so erhaltenen Kraft-Stauchung-Kurven werden Verfestigungskurven ermittelt, in denen die wahre Spannung gegen die logarithmische Formänderung aufgetragen ist.

Zur quantitativen Auswertung der Verfestigungskurven wird der Reibungseinfluß aus den bekannten, lastabhängigen Reibungskeoffizienten μ abgeschätzt. Für das benutzte Schmiermittel (Mineralöl mit ZnS-Pulver) müssen die mit Reibungseinfluß gemessenen Spannungen in ebenen Druck-Formänderungsversuchen je nach Last um 6 - 11 % korrigiert werden. Für freie Stauchungsversuche beträgt der Reibungsanteil 3 - 7 % /33/.

Zur Fließortbestimmung werden aus dem massiven Material auf Endmaß bearbeitete parallelepipedische Proben benutzt, deren Kanten parallel zu einem probenfesten Koordinatensystem (x, y, z) verlaufen. In jeder der drei Richtungen, z.B. in z-Richtung, werden Druckversuche ausgeführt, wobei jeweils in einer der beiden dazu senkrechten Richtungen, z.B. x- bzw. y-Richtung, die Formänderungen verhindert werden.

Als Beispiel für die unmittelbar erhaltenen Meßwerte zeigt Abb. 15 Verfestigungskurven von Kupfereinkristallen. Ein Vergleich mit den Spannung-Dehnung-Diagrammen aus den Versuchen mit definiertem Spannungszustand (Abb. 9) zeigt

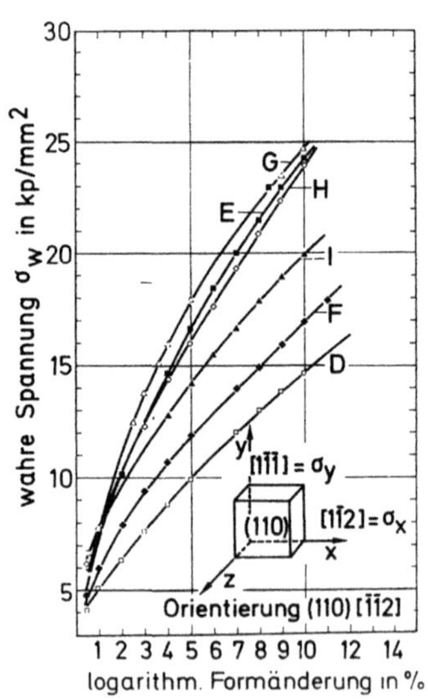

Abb. 15. Verfestigungskurven von Kupfer-Einkristallen (nach /33/)

den unterschiedlichen Bereich der erfaßten Dehnungen. Man erkennt außerdem die unterschiedliche Verfestigung bei den verschiedenen Beanspruchungsfällen. Die Bezeichnung der Kurven in Abb. 15 entspricht den durch gleiche Buchstaben anhand von Abb. 13 beschriebenen Versuchsdurchführungen. Die unterste, mit D bezeichnete Kurve gehört zu einem Versuch, bei dem in z-Richtung gestaucht wird und das Material sich in Richtung x frei dehnen kann, während die Dehnung in Richtung y verhindert ist. Entsprechend gehört z.B. die steilste Kurve G zu einem Versuch mit Stauchung in y-Richtung und freier Dehnung in z-Richtung, während die Verformung in x-Richtung verhindert ist. Aus Abb. 15 entnimmt man zur Konstruktion der Fließortkurve die zu einer bestimmten, den Fließbeginn charakterisierenden Formänderung φ_o benötigte Hauptspannung $\sigma_w(\varphi_o)$. Aus dieser folgt in der oben geschilderten Weise der Schnittpunkt einer Tangente an die Fließortkurve mit einer der beiden dargestellten Hauptspannungsachsen σ_x oder σ_y.

In Abb. 16 sind die sechs Tangenten an die Fließortkurve sowie die aus unabhängigen, am gleichen Probenmaterial ausgeführten Druckversuchen folgenden Punkte der Fließortkurve dargestellt. Die Anisotropie geht bereits aus der unterschiedlichen Streckgrenze in y- und x-Richtung hervor.

Die nach demselben Verfahren bestimmte Fließortkurve eines anders orientierten Kupfereinkristalles zeigt Abb. 17. Neben dem Einfluß der Kristallorientierung interessiert hier die durch die Versuchsführung bedingte Steigung tg φ = 1 der Tangenten H und I. Sie bewirkt die im II. und IV. Quadranten abgeschrägte Gestalt der im übrigen rechteckigen Fließortkurve (vgl. Abb. 11). Aus demselben Grund findet man in der nach dem gleichen Verfahren aufgenommenen stark anisotropen Fließortkurve eines vielkristallinen Magnesiumbleches /29/ im II. Quadranten eine mit dem gezeichneten Verlauf der Fließortkurve nicht verträgliche

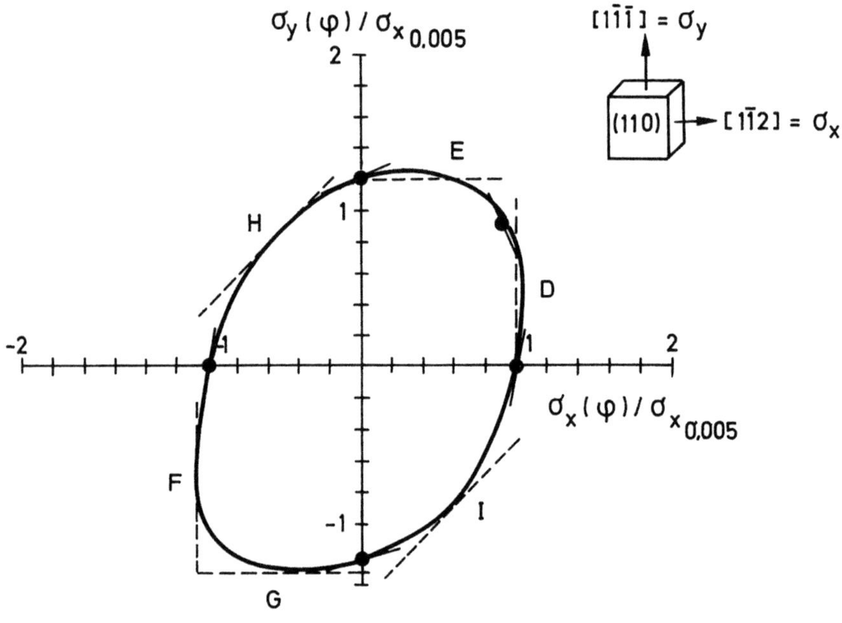

Abb. 16. Fließortkurve eines Kupfer-Einkristalles der angegebenen Orientierung (nach /33/)

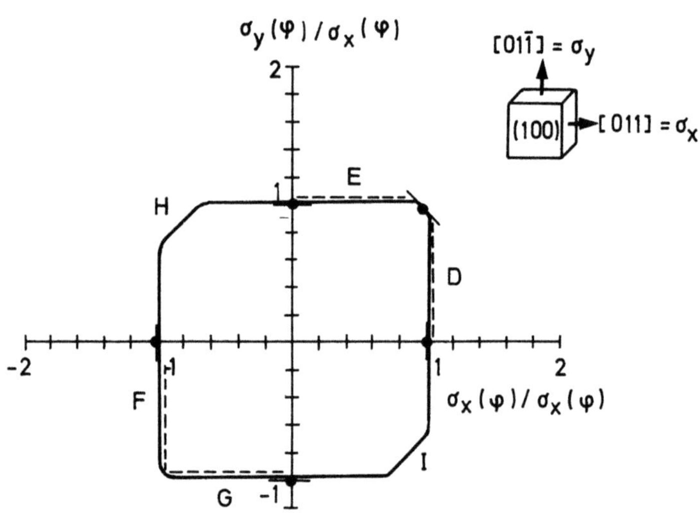

Abb. 17. Fließortkurve eines Kupfer-Einkristalles der angegebenen Orientierung (nach /33/)

Tangentenneigung. Die fehlende Symmetrie dieser Fließortkurve in Bezug auf das σ_x- σ_y-Koordinatensystem ist kennzeichnend für hexagonale Metalle, wenn die Verformung außer durch Gleitung auch durch mechanische Zwillingsbildung /27/ erfolgt (vgl. auch Abb. 2).

2.3. Knoop-Härte-Messungen

Im Gegensatz zu den bisher beschriebenen Verfahren sind Messungen der Knoop-Härte mit geringem Aufwand durchzuführen. Dabei wird eine Diamantpyramide mit rhombischer Projektionsfläche benutzt. Länge und Breite des Eindruckes verhalten sich wie 7:1. Die Last wird so gewählt, daß die Eindringtiefe 1/30 der langen Diagonalen beträgt. Die Messung erfolgt auf drei ausgezeichneten, senkrecht zueinander verlaufenden Ebenen des Materials (Abb. 18). In jeder Ebene werden zwei Härtemessungen ausgeführt, wobei die lange Diagonale des Härteeindruckes jeweils in Achsenrichtung des Koordinatensystems verläuft. Die lange Diagonale wird ausgemessen, weil von ihr angenommen wird, daß sie bei der gegebenen Geometrie keiner elastischen Rückfederung unterliegt. Im weiteren wird wie bei der Vickers-Härteprüfung aus Eindrucklänge und Prüfkraft eine Spannung, die Knoop-Härte, berechnet. Diese wird in der Auswertung so behandelt, als stammte sie aus einem einachsigen Druckversuch. In Wirklichkeit muß man einen unbekannten dreiachsigen Spannungszustand als Ursache für die gemessene Formänderung ansehen. Die Aufgabe besteht darin, aus der Knoop-Härte Punkte der Fließortkurve zu berechnen. Dazu wird dem unbekannten dreiachsigen Spannungszustand ein hydrostatischer Spannungszustand so überlagert, daß die Hauptachsen des resultierenden Spannungszustandes parallel zu den Diagonalen der Härteeindrücke verlaufen. Dann wird angenommen, daß diese Spannungen sich umgekehrt wie die Diagonalen, d.h. wie 1:7, verhalten. Durch erneute Überlagerung eines hydrostatischen Spannungszustandes wird der dreiachsige in einen ebenen Spannungszustand transformiert. Aus dem ursprünglichen Spannungsverhältnis 1:7 folgen hieraus die in Abb. 18 eingetragenen <u>ebenen</u> Spannungsverhältnisse α. Zu

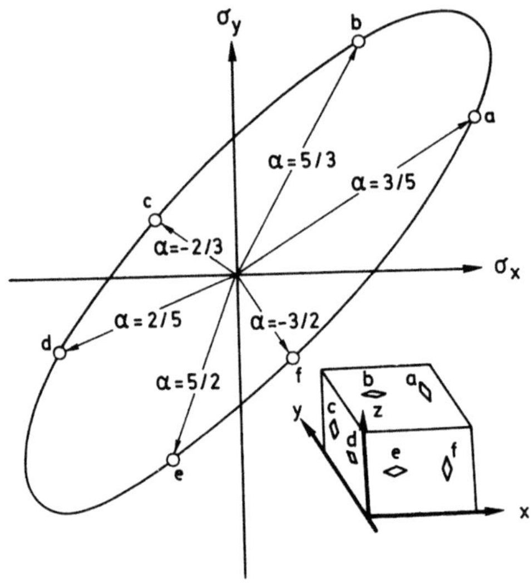

Abb. 18. Ermittlung der Fließortkurve aus Knoop-Härte-Messungen an einem Zircaloy-2-Blech (aus /29/)

diesen sind aus den Knoop-Härtewerten die zugehörigen Fließspannungen zu berechnen. Hierzu wird Gl. (3) benutzt, in die einerseits die Spannungsverhältnisse α und andererseits die Knoop-Härtewerte als Vergleichsspannung σ_v eingesetzt werden.

Aus Abb. 18 erkennt man, daß bei Prüfung von anisotropem Material, wie hier am Beispiel eines Zircaloy-Bleches, unsymmetrische Fließortkurven erhalten werden. Wie bei den ebenen Formänderungsversuchen (Tab. 2) sind Knoop-Härte-Messungen zur Fließortkurvenermittlung überwiegend an Werkstoffen mit hexagonaler Kristallstruktur ausgeführt worden (Tab. 3).

3. Vergleich der experimentellen Verfahren

Da keine Untersuchung bekannt ist, in der Fließortkurven desselben Werkstoffes mit den drei beschriebenen Verfahren ermittelt wurden, können sie nur indirekt verglichen werden. Sowohl der apparative als auch der zeitliche Aufwand ist sehr unterschiedlich, mit Abstand am größten für definierte

Tabelle 3. Fließortkurvenbestimmung mittels Knoop-Härte-Messungen

Werkstoff	Fließort-kurve	Textur	Vergleich mit
ZrNb2,5(v.)/34/, Zircaloy-2(v.)/34/	anisotrop	n.b.	-
Zircaloy-2 (v.) /35/	anisotrop	b.	-
TiAl5Sn2,5 (a) /36/, TiAl4O$_2$0,25 (a) /36/, Mg (Ekr.) /37/, Mg (k.v.) /37/, MgThO,5 (v.), MgLi4 (v.) /37/, MgAl3Zn1 (v.) /37/, Mg (EK 00) (v.) /37/	anisotrop	n.b.	ebene Formänderungsversuche
Zircaloy-4 (v., rek.) /26/, /27/	anisotrop	b.	ebene Spannungsvers.
Cu99,99 /38/, Al99,5 /38/	anisotrop	EKr.	mit Rechnung

v.: verformt, a: angelassen, rek.: rekristallisiert, Ekr.: Einkristall, b: Textur bestimmt, n.b.: Textur nicht bestimmt

Spannungsversuche, wesentlich geringer für ebene Formänderungsversuche und ganz gering für die Knoop-Härte-Methode. Der Aufwand für die Probenherstellung ist in etwa gleich groß. Mit zunehmendem Aufwand steigt die Informationsdichte an. Die Messung der Knoop-Härte liefert sechs Härtewerte,aus denen sechs Punkte der Fließortkurve hervorgehen. Wie für Cu- und Al-Einkristalle gezeigt wurde /38/, liegen bei einer normierten Darstellung die Knoop-Härtewerte zwar auf den nach dem ebenen Formänderungs-Druck-Versuch gemessenen bzw. nach kristallographischen Ansätzen berechneten Fließortkurven. Der genaue Verlauf der Fließortkurve kann jedoch aus Knoop-Härtemessungen nicht angegeben werden. Bei hexagonalen Metallen und Legierungen scheint die Knoop-Härte in geringerem Maße zur Fließortkurvenbestimmung geeignet zu sein /2/, /26/, /37/.

Definierte Formänderungs- bzw. Spannungsversuche führten bei Cu-Einkristallen /33/ bzw. bei polykristallinem Kupfer mit scharfer Textur /24/ zu einer befriedigenden quantitativen Übereinstimmung mit kristallographisch berechneten

Fließortkurven. Es ist allerdings zu berücksichtigen, daß mit ebenen Formänderungsversuchen unabhängig vom Werkstoff und unabhängig vom tatsächlichen Verlauf der Fließortkurve im II. und IV. Quadranten Tangenten mit einer allein von der Versuchsführung festgelegten Steigung (tan φ = 1) erhalten werden. Ein weiterer wesentlicher Unterschied besteht in der Anzahl der Meßgrößen, die nach beiden Verfahren erhalten werden können. Während bei ebenem Formänderungsversuch nur die in 2.2. beschriebenen Tangenten ohne die dazugehörigen Punkte der Fließortkurve erhalten werden, ergeben die Messungen an dünnwandigen Rohren ohne weitere Annahmen unmittelbar für ein bestimmtes, frei wählbares Verhältnis α der Hauptspannungen sowohl die Koordinaten eines Punktes der Fließortkurve als auch die dazugehörige Tangente.

Literatur

1. Vgl. Freudenthal, A. M.: Inelastisches Verhalten von Werkstoffen, S. 198, Berlin: VEB Verlag Technik, 1955.
2. Dressler, G., K. Drefahl, K.-H. Matucha, P. Wincierz: Determination of Complete Plane-Stress Yield Loci of Zircaloy Tubing, Zirconium in Nuclear Applications, ASTM-STP551, demnächst.
3. Shiratori, E., K. Ikegami, Okano, H.: The Influence of Prestrain on Subsequent Yield Surfaces, Bull JSME 11, 413 - 418 (1968).
4. Shiratori, E., K. Ikegama: Experimental Study of the Subsequent Yield Surface by using Cross-shaped Specimens, J. Mech. Phys. Solids, 16, 373 - 394 (1968).
5. Taylor, G. J., H. Quinney: The Plastic Distortion of Metals, Phil. Trans. Roy. Soc. 230, 323 - 362 (1932).
6. Lindholm, U. S., L. M. Yeakley: A Dynamic Biaxial Testing Machine, Exp. Mechanics, 1 - 7 (1967).
7. Bouwens, J. C.: Yield Condition and Propagation of Lüders' Lines in Tension-Torsion Experiments on Poly-(vinylchloride). Journ. Polymer Sci. A-2, 8, 893 - 901 (1970).

8. Mair, W. M., H. Ll. D. Pugh: Effect of Pre-Strain on Yield Surfaces in Copper. J. Mech. Eng. Sci. 6, 150 - 163 (1964).
9. Naghdi, P. M., F. Essenburg, W. Koff: An Experimental Study of Initial and Subsequent Yield Surfaces in Plasticity. J. Appl. Mech. 25, 201 - 209 (1958).
10. Ivey, H. J.: Plastic Stress-Strain Relations and Yield Surfaces for Aluminium Alloys. J. Mech. Eng. Sci. 3, 15 - 31 (1961).
11. Williams, J. F., N. L. Svensson: Effect of Tensile Prestrain on the Yield Locus of 1100-F Aluminium. J. Strain Anal. 5, 128 - 139 (1970).
12. Iagn, Iu. I., O. A. Shishmarev: Study of the Plastic Strain in thin-walled Metal Tubes under Combined Tension and Torsion. Industr. Lab. 2, 1373 - 1375 (1958).
13. Roš, M., A. Eichinger: Die Bruchgefahr fester Körper bei ruhender - statischer - Beanspruchung. Eidgen. Mat.-Prüf.-Anst. Zürich, Bericht 172 (Sept. 1949).
14. Parker, J., M. B. Bassett: Plastic Stress-Strain Relationships - Some Experiments to Derive a Subsequent Yield Surface. Trans. ASME, Ser. E, 31, 676 - 682 (1964).
15. Hu, L. W., J. F. Bratt: Effect of Tensile Plastic Deformation on Yield Condition, Trans. ASME, Ser. E, 25, 411 (1958).
16. Hecker, S. S.: Yield Surfaces in Prestrained Aluminium and Copper. Met. Trans. 2, 2077 - 2086 (1971).
17. Hecker, S. S.: Influence of Deformation History on the Yield Locus and Stress-Strain Behavior of Aluminium and Copper. Met. Trans. 4, 985 - 989 (1973).
18. Miastkowski, J.: Analysis of the Memory Effect of Plastically Prestrained Material. Arch. Mech. Stos. 3, 261 - 277 (1968).
19. Miastkowski, J., W. Szczepiński: An Experimental Study of Yield Surfaces of Prestrained Brass. Int. J. Solids Structures 1, 189 - 194 (1965).
20. Raghava, R., R. M. Caddell, G. S. Y. Yeh: The Macroscopic Yield Behaviour of Polymers. J. Mat. Sci. 8,

225 - 232 (1973).
21. Mehan, R. L.: Effect of Combined Stress on Yield and Fracture Behavior of Zircaloy-2. Trans. ASME, Ser. D, 83, 499 - 512 (1961).
22. Althoff, J., K. Drefahl, P. Wincierz: Charakterisierung der mechanischen Anisotropie stranggepreßter aushärtbarer Aluminiumlegierungen (Preßeffekt) durch Kurven des Fließbeginns und r-Werte. Z. Metallkde., 62, 765 - 771 (1971).
23. Maki, H. M. Ooyama, T. Okubo, Y. Mishima: Effects of Texture and annealing Temperature of Plastic Deformation Behaviour of Zircaloy-2 Fuel cladding Tube. BNES-Conf. on Nuclear Fuel Performance, London, Oct. 1973.
24. Althoff, J., P. Wincierz: The Influence of Texture on the Yield Loci of Copper and Aluminium. Z. Metallkde. 63, 623 - 633 (1972).
25. Althoff, J.: Verringerung des Preßeffektes von AlMgSi1 durch Aushärtung und Überalterung, Aluminium, Dez.1973.
26. Dressler, G., K.-H. Matucha, P. Wincierz: Yield loci of Zircaloy tubing with different textures. Can. Met. Quarterly, 11, 177 - 184 (1972).
27. Dressler, G., K.-H. Matucha, P. Wincierz: Experimental and Theoretical Analysis of Anisotropic Mechanical Properties of Zircaloy Fuel Element Claddings, Preprints of the 2nd Int. Conf. on Structural Mechanics in Reactor Technology, Vol. 1, C2/2
28. Miller, S. H., J. Swota: Effect of Combined Stress on Elastic, Plastic-Flow, and Fracture Behavior of Extruded Zircaloy-2 und Zircaloy-4 at 580 F. KAPL-2296, October 1963.
29. Hosford, W. F.: Texture Hardening. In: Texturen in Forschung und Praxis (J. Grewen, G. Wassermann, Hrsg.), S. 414 - 435. Berlin-Heidelberg-New York: Springer 1969.
30. Lee, D., W. A. Backofen: An Experimental Determination of the Yield Locus for Titanium and Titanium-Alloy Sheet. Trans. AIME 236, 1077 - 1084 (1966).

31. Lee, D., W. A. Backofen: Yielding and Plastic Deformation in Textured Sheet of Titanium and its Alloys. Trans. TMS-AIME 236, 1696 - 1704 (1966).
32. Kelley, E. W., W. F. Hosford: The Deformation Characteristics of Textured Magnesium. Trans. TMS-AIME 242, 654 - 661 (1968).
33. Grzesik, D.:Einfluß der Orientierung auf die Fließortkurven bei der plastischen Formänderung von Kupfer-Einkristallen. Forschungsber. TU Clausthal, Nr. 6 (1973).
34. Wheeler, R. O., D. R. Ireland: Multiaxial Plastic Flow of Zircaloy-2 Determined from Hardness Data. Electrochem. Techn. 4, 313 - 317 (1966).
35. Steward, K. B., B. A.Cheadle: The Effect of preferred Orientation on the mechanical Properties and Deformation Behaviour of Zircaloy-2 Fuel Sheathing. Trans. TMS-AIME 239, 504 - 513 (1967).
36. Lee, D., F. S. Jabara, W. A. Backofen: The Knoop-Hardness Yield Loci for two Titanium Alloys. Trans. TMS-AIME 239, 1476 - 1478 (1967).
37. Wonsiewicz, B. C., W. W. Wilkening: A Comparison of Conventional and Knoop-Hardness Yield Loci for Magnesium and Magnesium Alloys. Trans. TMS-AIME 245, 1313 - 1319 (1969).
38. Grzesik, D.: Bestimmung von Fließortkurven an Kupfer- und Aluminium-Kristallen mit Hilfe der Knoophärte. Z. Metallkde. 63, 618 - 622 (1972).

Anschrift der Verfasser: Dr. rer. nat. Karl-Heinz Matucha, Professor Dr.-Ing. Peter Wincierz, Metallgesellschaft AG, Reuterweg 14, D-6000 Frankfurt a.Main, Bundesrepublik Deutschland.

BERECHNUNG VON FLIESSORTKURVEN

D. GRZESIK, Clausthal-Zellerfeld

1. Einleitung

Ein metallischer Werkstoff beginnt, sich plastisch zu verformen, wenn die an ihm angreifenden Spannungen σ_{ij} ein Fließkriterium der Form

$$f\ (\sigma_{ij}) = C = kf = \sigma_s \qquad (1)$$

erfüllen.

Dabei ist σ_{ij} die Streckgrenzenfunktion und C eine Materialkonstante, und zwar die im einachsigen Zugversuch gemessene Fließspannung, auch Formänderungsfestigkeit kf oder Streckgrenze σ_s genannt.

Der Aufbau der Funktion f (σ_{ij}) hängt weitgehend davon ab, welche Modellvorstellung über den Beginn der plastischen Verformung zugrunde liegt. Allen klassischen plastomechanischen Ansätzen ist die Annahme gemeinsam, daß sie den Werkstoff als homogenes und isotropes Kontinuum betrachten.

1.1. Geometrische Deutung der Fließkriterien (Fließortkurven)

Die bekanntesten Fließkriterien dieser Art sind das Tresca'sche sowie das v. Mises'sche, die sich für den Fall eines ebenen Hauptspannungszustandes als Sechseck bzw. Ellipse darstellen lassen.

Abb. 1 zeigt die geometrische Darstellung der Fließkriterien nach Tresca (Sechseck) und v. Mises (Ellipse) in der Hauptspannungsebene σ_{11} - σ_{22}, d.h. $\sigma_{33} = 0$. Das ist gleichbedeutend mit der Addition eines hydrostatischen Spannungszustandes der Größe - σ_{33}, was den Fließbeginn nicht beeinflußt. Es ist allgemein üblich, diese Kurven Fließ-

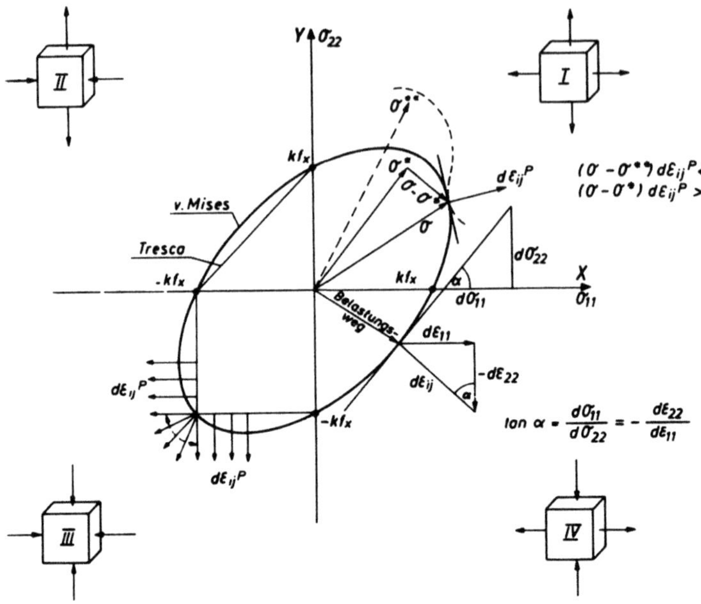

Abb. 1. Geometrische und physikalische Eigenschaften der Fließortkurve in ebener Darstellung (σ_{33} = 0).
Der gestrichelte Fließort ist nicht möglich, da hier (σ - σ^{**}) d ε_{ij}^{p} < 0.
Bei Ecken oder Spitzen des Fließortes liegt dε_{ij}^{p} zwischen den Normalen der benachbarten Punkte

ortkurven (yield loci) zu nennen. Die Fließortkurve ist somit der geometrische Ort für alle Spannungskombinationen von σ_{11} und σ_{22} (gegeben durch das Spannungsverhältnis $\alpha = \sigma_{22}/\sigma_{11} = \sigma_Y/\sigma_X$), bei denen plastisches Fließen einsetzt.

Die wichtigsten geometrischen und physikalischen Eigenschaften der Fließortkurven sind /1-3/:

1. Für Fließortkurven gilt das Prinzip der maximalen Arbeit:

   Von allen Spannungszuständen, die ein Formänderungsinkrement dε_{ij}^{p} bewirken, liegt derjenige auf dem Fließort, für den die plastische Arbeit ein Maximum ist.

   $$(\sigma_{ij} - \sigma_{ij}^{*}) \, d\varepsilon_{ij}^{p} \geq 0 \qquad (2)$$

   Hierin sind σ_{ij} der Spannungszustand, der dε_{ij}^{p} bewirkt und σ_{ij}^{*} jeder beliebige Spannungszustand, der das Fließkriterium nicht verletzt.

2. Aus Gleichung (2) folgt, daß der Fließort bezüglich des Koordinatenursprungs immer konvex ist.
3. Der Vektor des Formänderungsinkrementes $d\varepsilon_{ij}^{p}$ steht senkrecht auf der Tangente an den Fließort in dessen Schnittpunkt mit dem Belastungsweg.
4. Aus Punkt 3 folgt die Beziehung:

$$\tan\alpha = d\sigma_{22} / d\sigma_{11} = - d\varepsilon_{11} / d\varepsilon_{22} \qquad (3)$$

1.2. Berücksichtigung der plastischen Anisotropie

Aus der Metallkunde ist bekannt, daß die metallischen Werkstoffe weder homogen noch isotrop sind. Verantwortlich für die Anisotropie des plastischen Fließens - dies gilt sowohl für die Streckgrenze als auch für die auftretenden Formänderungen - ist die Beschränkung der Verformungsmöglichkeiten des Einkristalls auf wenige kristallographische Gleitsysteme /4/. Diese strukturbedingte Anisotropie des Einkristalls wirkt sich umso stärker auch beim vielkristallinen Werkstoff aus, je schärfer die Textur ist, d.h. je geringer die Orientierungsunterschiede zwischen den einzelnen Kristalliten sind. Daraus ist aber zu folgern, daß eine Berechnung von Fließortkurven nur möglich ist, wenn die kristallographischen Verformungsmechanismen, insbesondere der Gleitvorgang, berücksichtigt werden.

Ein kristallographisch begründetes Verfahren zur Berechnung vollständiger Fließortkurven für Ein- und Vielkristalle unter beliebigen zweiachsigen Beanspruchungen allein aus der Orientierung bzw. Textur wurde erstmals von Piehler /5, 6/ beschrieben. Seine Überlegungen gehen davon aus, daß das Einsetzen wie auch der weitere Verlauf des plastischen Fließens anisotroper metallischer Werkstoffe in einer zweidimensionalen Darstellung häufig nicht eindeutig beschrieben werden kann, da die Hauptachsen von Spannung und Formänderung im Gegensatz zum isotropen Werkstoff i.a. nicht zusammenfallen. Dies erkennt man am einfachsten für den Fall der Einfachgleitung:
Beispielsweise ergeben sich im einachsigen Zugversuch eines Einkristalls, d.h. unter einem Hauptspannungszustand, sowohl Normal- als

auch Schubformänderungen. Um andererseits einen Hauptformänderungszustand zu erzwingen, sind in der Regel sowohl Normal- als auch Schubspannungen erforderlich. Piehler schlägt daher zwei getrennte zweidimensionale Fließortkurven vor, die Hauptspannungs-Fließort und Hauptformänderungs-Fließort genannt werden. Beide Fließortkurven haben als Bezugssystem zwei Normalspannungen, die z.B. in der Blechebene angreifen und so gewählt sind, daß die dritte Normalspannung Null wird (plane-stress).

Beim Hauptspannungs-Fließort sind die angreifenden Normalspannungen gleichzeitig Hauptspannungen, so daß bei einer Berechnung gilt:

$$\sigma_{xy} = \sigma_{yz} = \sigma_{zx} = 0$$

Über den resultierenden Formänderungszustand wird nichts ausgesagt; es können sowohl Normal- als auch Schubformänderungen auftreten. Selbstverständlich gilt noch, daß der Formänderungsvektor $d\varepsilon_{ij}^{p}$ senkrecht auf dem Fließort steht, nur lassen sich auftretende Schubformänderungen nicht darstellen.

Umgekehrt wird beim Hauptformänderungs-Fließort keine Einschränkung für die notwendigen Spannungen gemacht. Somit kann einem solchen Fließort nicht immer der vollständige Spannungszustand entnommen werden, da er nur Hauptformänderungen parallel zu den Koordinatenachsen zuläßt. Es dürfen nur Hauptformänderungen auftreten; deshalb gilt:

$$\varepsilon_{xy} = \varepsilon_{yz} = \varepsilon_{zx} = 0$$

2. Berechnung von Fließortkurven für {111} ⟨011⟩-Gleitung

2.1. Hauptspannungs-Fließort

Grundlage für die Berechnung des Hauptspannungs-Fließortes ist die Überlegung, daß das Schmid'sche Schubspannungsgesetz /7/, das zunächst für Einkristalle unter einachsiger Beanspruchung aufgestellt wurde, nur eine spezielle Form des allgemeinen Fließkriteriums $f(\sigma_{ij}) = C$ ist.

Für einen beliebigen Spannungszustand σ_{ij} kann man Schmid wie folgt interpretieren /8/:

Ein Einkristall gleitet ab auf jedem möglichen Gleitsystem, wenn die auf die Gleitebene in Gleitrichtung bezogene Schubspannung einen kritischen Wert $\tau_{krit.}$ erreicht, d.h. die 'Fließspannung' dieses Gleitsystems.

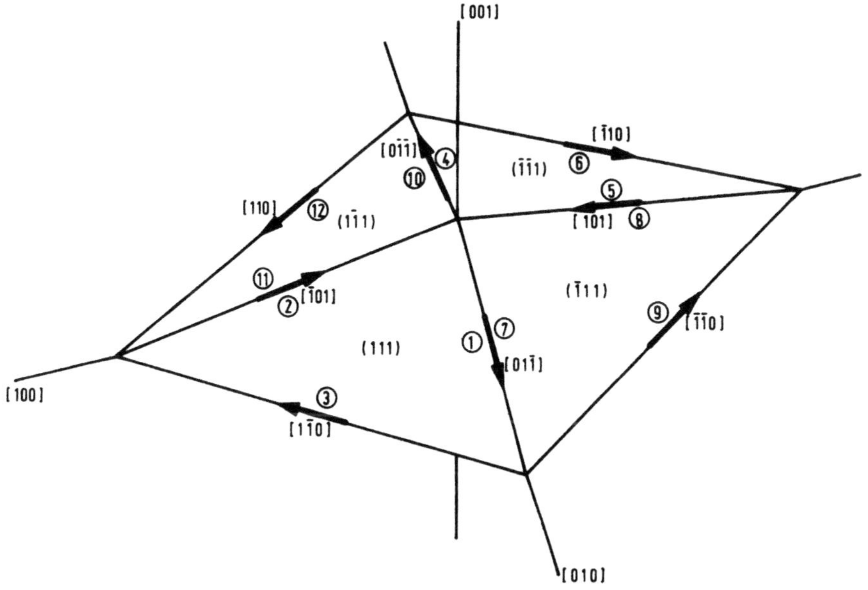

Abb. 2. Gleitsysteme im kubisch-flächenzentrierten Gitter

Rechnerisch geht man dabei am zweckmäßigsten so vor, daß man das Schmid'sche Schubspannungsgesetz in verallgemeinerter Form für einen Spannungszustand σ_{ij} bezüglich der kubischen Achsen 1 = [100], 2 = [010], 3 = [001] formuliert.

Abb. 2 zeigt für das kubisch-flächenzentrierte Gitter die zwölf {111}⟨011⟩-Gleitsysteme in der Bezeichnung nach Bishop und Hill /9/.

Für einen beliebigen äußeren Spannungszustand σ_{ij} (i,j = 1,2,3) kann man durch Koordinatentransformation die in jedem der zwölf {111} ⟨011⟩-Gleitsysteme wirkenden Schubspannungen berechnen. Das Ergebnis ist in Tabelle 1 zusammengestellt. Ist $\tau = \tau_0$ für alle Systeme bei Fließbeginn gleich groß, so folgt daraus das verallgemeinerte Schmid'sche Schubspannungsgesetz.

Wirkt nun an einem Einkristall mit den kristallographischen Achsen $X = [h_1k_1l_1]$, $Y = [h_2k_2l_2]$, $Z = [h_3k_3l_3]$ ein ebener Hauptspannungszu-

Tabelle 1. Zusammenstellung der in den {111}⟨011⟩-Gleitsystemen wirkenden Schubspannungen für einen äußeren Spannungszustand σ_{ij} bezüglich der kubischen Achsen 1 = [100], 2 = [010], 3 = [001]

Gleitsystem	wirkende Schubspannung
$(111)[01\bar{1}]$	$\tau_{(1)} = 1/\sqrt{6}\,(\sigma_{22} - \sigma_{33} + \sigma_{12} - \sigma_{31})$
$(111)[\bar{1}01]$	$\tau_{(2)} = 1/\sqrt{6}\,(\sigma_{33} - \sigma_{11} - \sigma_{12} + \sigma_{23})$
$(111)[1\bar{1}0]$	$\tau_{(3)} = 1/\sqrt{6}\,(\sigma_{11} - \sigma_{22} - \sigma_{23} + \sigma_{31})$
$(\bar{1}\bar{1}1)[0\bar{1}\bar{1}]$	$\tau_{(4)} = 1/\sqrt{6}\,(\sigma_{22} - \sigma_{33} + \sigma_{31} + \sigma_{12})$
$(\bar{1}\bar{1}1)[101]$	$\tau_{(5)} = 1/\sqrt{6}\,(\sigma_{33} - \sigma_{11} - \sigma_{12} - \sigma_{23})$
$(\bar{1}\bar{1}1)[\bar{1}10]$	$\tau_{(6)} = 1/\sqrt{6}\,(\sigma_{11} - \sigma_{22} + \sigma_{23} - \sigma_{31})$
$(\bar{1}11)[01\bar{1}]$	$\tau_{(7)} = 1/\sqrt{6}\,(\sigma_{22} - \sigma_{33} - \sigma_{12} + \sigma_{31})$
$(\bar{1}11)[101]$	$\tau_{(8)} = 1/\sqrt{6}\,(\sigma_{33} - \sigma_{11} + \sigma_{12} + \sigma_{23})$
$(\bar{1}11)[\bar{1}\bar{1}0]$	$\tau_{(9)} = 1/\sqrt{6}\,(\sigma_{11} - \sigma_{22} - \sigma_{23} - \sigma_{31})$
$(1\bar{1}1)[0\bar{1}\bar{1}]$	$\tau_{(10)} = 1/\sqrt{6}\,(\sigma_{22} - \sigma_{33} - \sigma_{12} - \sigma_{31})$
$(1\bar{1}1)[\bar{1}01]$	$\tau_{(11)} = 1/\sqrt{6}\,(\sigma_{33} - \sigma_{11} + \sigma_{12} - \sigma_{23})$
$(1\bar{1}1)[110]$	$\tau_{(12)} = 1/\sqrt{6}\,(\sigma_{11} - \sigma_{22} + \sigma_{23} + \sigma_{31})$

Substitution:

$A = \sigma_{22} - \sigma_{33}$, $B = \sigma_{33} - \sigma_{11}$ $C = \sigma_{11} - \sigma_{22}$

$F = \sigma_{23}$ $G = \sigma_{31}$ $H = \sigma_{12}$

Verallgemeinertes SCHMIDsches Schubspannungsgesetz (nach BISHOP u. HILL)

$$A \pm G \pm H = \pm \sqrt{6}\cdot\tau_0$$
$$B \pm H \pm F = \pm \sqrt{6}\cdot\tau_0$$
$$C \pm F \pm G = \pm \sqrt{6}\cdot\tau_0$$

stand derart, daß

$$\sigma_{xy} = \sigma_{yz} = \sigma_{zx} = \sigma_{zz} = 0$$
$$\sigma_{xx} \neq 0 \qquad \sigma_{yy} \neq 0 ,$$

so können mit Hilfe der Transformationsgleichung

$$\sigma_{ij} = l_{ix} \cdot l_{jx} \cdot \sigma_{xx} + l_{iy} \cdot l_{jy} \cdot \sigma_{yy} \tag{4}$$

(l_{ix} = Richtungskosinus zwischen i = [100] und x = [hkl]) die im kubischen System wirksamen Spannungen berechnet werden. Durch Einsetzen dieser Gleichungen in das verallgemeinerte Schmid'sche Schubspannungsgesetz erhält man als geometrische Lösung für den Fließbeginn Geradengleichungen. Werden diese Geraden im σ_{xx} - σ_{yy}-Koordinatensystem aufgetragen, so ergibt sich daraus der Hauptspannungs-Fließort.

2.2. Hauptformänderungs-Fließort

Grundlage der Berechnung ist der von Bishop und Hill /9, 10/ geführte

Beweis, daß es nur 56 Spannungszustände mit Kombinationen der Werte A, B, C, F, G, H gibt, bei denen mindestens fünf Gleitsysteme gleichzeitig aktiv sind, d.h. ein allgemeiner Formänderungszustand erfüllt werden kann.

Betrachtet wird ein Einkristall mit den kristallographischen Achsen X, Y, Z unter folgenden Voraussetzungen:

$$d\varepsilon_{xy} = d\varepsilon_{yz} = d\varepsilon_{zx} = 0 \; ; \quad \sigma_{zz} = 0$$

Die zugelassenen Hauptformänderungen $d\varepsilon_{xx}$, $d\varepsilon_{yy}$ und $d\varepsilon_{zz}$ werden mit Hilfe der Transformationsgleichung

$$d\varepsilon_{ij} = l_{ix} \cdot l_{jx} \cdot d\varepsilon_{xx} + l_{iy} \cdot l_{jy} \cdot d\varepsilon_{yy} + l_{iz} \cdot l_{jz} \cdot d\varepsilon_{zz} \tag{5}$$

auf das kubische System bezogen.

Für einen vorgegebenen Hauptformänderungszustand im (x,y,z)-Koordinatensystem (z.B. $0{,}5\, d\varepsilon_{xx} = -d\varepsilon_{yy} = -d\varepsilon_{zz}$) kann nun die Formänderungsarbeit dW des Kristalls bezüglich der kubischen Achsen berechnet werden.

Es gilt:

$$dW = \sum_{i,j=1}^{3} \sigma_{ij} \cdot d\varepsilon_{ij} \tag{6}$$

$$dW = \sigma_{11} \cdot d\varepsilon_{11} + \sigma_{22} \cdot d\varepsilon_{22} + \sigma_{33} \cdot d\varepsilon_{33} + 2\,\sigma_{12} \cdot d\varepsilon_{12} + 2\,\sigma_{23} \cdot d\varepsilon_{23} + 2\,\sigma_{31} \cdot d\varepsilon_{31} \tag{7}$$

oder in der Schreibweise von Bishop und Hill:

$$dW = -B \cdot d\varepsilon_{11} + A \cdot d\varepsilon_{22} + 2F \cdot d\varepsilon_{23} + 2G \cdot d\varepsilon_{31} + 2H \cdot d\varepsilon_{12} \tag{8}$$

Als nächster Schritt wird nun für alle 56 möglichen Spannungskombinationen (wegen Punktsymmetrie=Vorzeichenwechsel Verringerung auf 28 [+]) von A, B, F, G und H die Formänderungsarbeit dW berechnet und derjenige Spannungszustand (bzw. die Spannungszustände) ausgewählt, für den der Betrag der plastischen Arbeit ein Maximum ergibt. Die so ermittelten Spannungszustände σ_{ij} müssen mit Hilfe der Transformationsgleichungen

[+] Zusammenstellung der 28 Spannungszustände s. Bishop /10/ S. 61.

$$\sigma_{xx} = \sum_{i,j=1}^{3} l_{xi} \cdot l_{xj} \cdot \sigma_{ij} \quad ; \quad \sigma_{yy} = \sum_{i,j=1}^{3} l_{yi} \cdot l_{yj} \cdot \sigma_{ij}$$

$$\sigma_{zz} = \sum_{i,j=1}^{3} l_{zi} \cdot l_{zj} \cdot \sigma_{ij} \tag{9}$$

auf das äußere (x,y,z)-Koordinatensystem umgerechnet werden. Durch die Forderung $\sigma_{zz} = 0$ kann man σ_{xx} und σ_{yy} für einen vorgegebenen Hauptformänderungszustand immer eindeutig bestimmen.

Das Wertepaar (σ_{xx}, σ_{yy}) gibt im σ_{xx} - σ_{yy}-Koordinatensystem einen Punkt des Hauptformänderungs-Fließortes an. Aufgrund der Punktsymmetrie der Fließortkurven zum Koordinatenursprung ergibt jeder ermittelte Punkt durch Vorzeichenwechsel einen entsprechenden diametralen Punkt im gegenüberliegenden Quadranten. Das vorgegebene Formänderungsverhältnis $-d\varepsilon_{xx}/d\varepsilon_{yy}$ gibt außerdem die Steigung der Tangente in diesem Punkt an.

Durch Wiederholen des Verfahrens für verschiedene Hauptformänderungszustände wird der vollständige Fließort ermittelt, indem man die erhaltenen Punkte durch Geraden verbindet. Abb. 3 zeigt die theoreti-

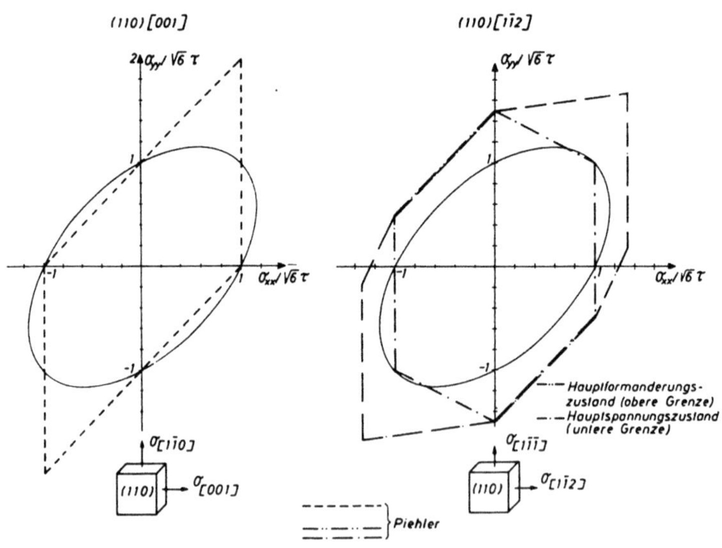

Abb. 3. Theoretische Fließortkurven für die Kristallorientierungen (110) [001] und (110) [1̄12]. Zum Vergleich ist die Fließort-Ellipse nach v. Mises eingezeichnet

schen Fließortkurven für die Kristallorientierungen (110) [001] und (110) [1$\bar{1}$2]. Aus Normierungsgründen erfolgte die Auftragung im Koordinatensystem $\sigma_{xx}/\sqrt{6}\cdot\tau$ - $\sigma_{yy}/\sqrt{6}\cdot\tau$. Zum Vergleich ist die v. Mises'sche Ellipse eingezeichnet. Bemerkenswert für die (110) [001]-Orientierung ist die starke Festigkeitssteigerung (Texturverfestigung) im I. und III. Quadranten. Für $\alpha = 2$ ist die zum Fließen notwendige Spannung σ_{yy} gegenüber dem einachsigen Fall verdoppelt. Außerdem ist der Beginn der plastischen Verformung über große Bereiche unabhängig vom Spannungsverhältnis $\alpha = \sigma_{yy}/\sigma_{xx}$.

Während für die (110) [001]-Orientierung beide Fließortkurven zusammenfallen, erhält man für die (110) [1$\bar{1}$2]-Orientierung zwei Fließorte. Die Erklärung hierzu kann folgendermaßen gegeben werden: Mit Hilfe des Schmid'schen Gesetzes werden diejenigen Gleitsysteme bestimmt, in denen zuerst die kritische Schubspannung erreicht wird, d.h. bei ungehinderter Verformung werden nur die Systeme mit den höchsten Schubspannungen aktiv. Man bestimmt hierbei also ein Minimum an aktiven Gleitsystemen. Dies entspricht einer unteren Grenze für den Fließbeginn. Im allgemeinen werden jedoch z.B. durch Korngrenzeneinflüsse mehr Gleitsysteme betätigt, was zu einer Erhöhung der Fließspannung führt.

Andererseits werden beim Hauptformänderungs-Fließort Fließspannungen berechnet, die mindestens fünf Gleitsysteme gleichzeitig aktivieren, um den vorgegebenen Hauptformänderungszustand zu erfüllen, wobei für den Vielkristall zur Erfüllung der Kompatibilität eine homogene Formänderung entsprechend der Taylor'schen Annahme /11/ vorausgesetzt wird. Es ist leicht einzusehen, daß das Ergebnis ein oberer Grenzwert ist, denn Korngrenzeneinflüsse, Deformationsbandbildung oder makroskopische Schubformänderungen können zu einem Ausfall von möglichen Gleitsystemen führen, wodurch die Fließspannung herabgesetzt wird. Somit ist der Hauptspannungs-Fließort als die untere Grenze und der Hauptformänderungs-Fließort als die obere Grenze eines anisotropen Werkstoffes zu verstehen /5/. Fallen die Hauptrichtungen von Spannungen und Formänderungen zusammen, so sind beide Fließortkurven identisch.

Eine experimentelle Überprüfung des Piehler'schen Ansatzes erfolgte durch Ermittlung vollständiger Fließortkurven für definierte Kristallorientierungen mittels einachsiger Druck- und ebener Druck-Formänderungs-Versuche (plane-strain compression) an blechförmigen Kupfer-Einkristallen /13/. Dabei ergab sich eine außerordentlich gute Übereinstimmung in allen vier Quadranten. Abb. 4 zeigt als Beispiel einen Vergleich zwischen experimentell ermittelter und berechneter Fließortkurve für die Orientierung (110) [001]; die Normierung erfolgte auf die einachsige Druckfließspannung in x-Richtung.

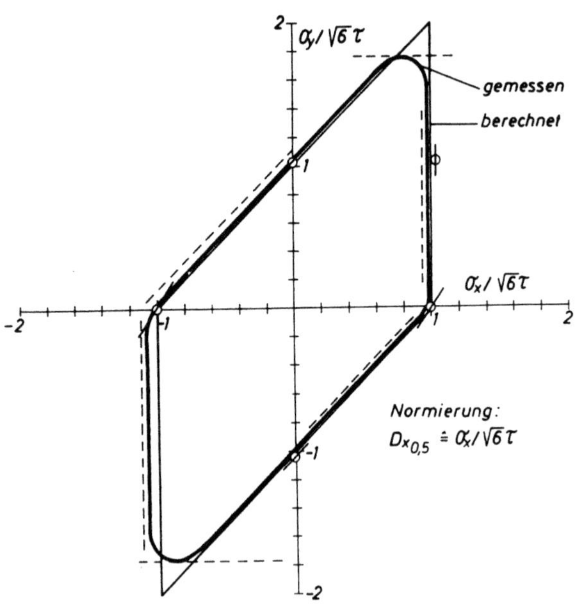

Abb. 4. Vergleich zwischen experimentell ermittelter und berechneter Fließortkurve für die Orientierung (110) [001]

2.3. Fließortkurven für Texturen mit mehreren idealen Lagen

Die bisherigen Ausführungen gelten für Einkristalle oder Vielkristalle mit scharfer einfacher Textur, die durch eine ideale Lage beschrieben werden kann (z.B. Kupferblech mit Würfellage). Für die praktische Anwendung ist es von Bedeutung zu wissen, wie man Fließortkurven von einem texturbehafteten Metall mit mehreren idealen Lagen berechnen kann. Hierzu ist es notwendig, den Beitrag der verschiedenen Texturanteile durch ein sinnvolles Mittelungsverfahren /5, 6/ zu berücksichtigen. An einem ausgewählten Beispiel soll nun das prinzipielle Vorgehen erläutert werden.

Abb. 5 zeigt die quantitative {111}-Polfigur der Mantelfläche von kaltgepilgerten und rekristallisierten Aluminium-Rohren (Al 99,5). Die Textur ist relativ unscharf und enthält einen erheblichen Anteil an Streulagen. Sie läßt sich durch folgende ideale Lagen beschreiben:

	Volumenanteil (grobe Näherung)
(011) [11$\bar{1}$]	50 %
⟨111⟩-Fasertextur	30 %
(011) [61$\bar{1}$]	10 %
(001) [310]	10 %

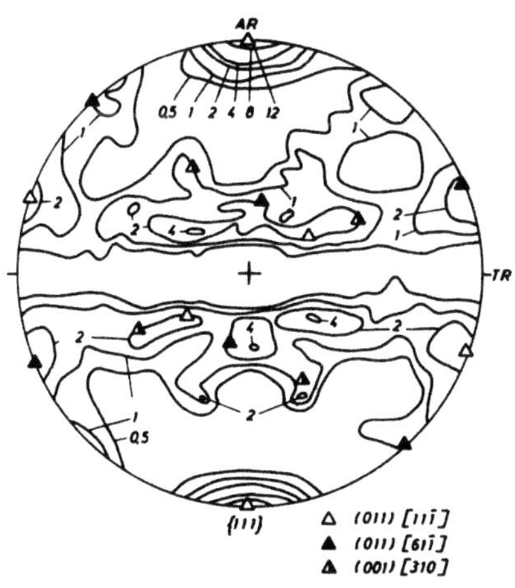

Abb. 5. Quantitative {111}-Polfigur von kaltgepilgerten und rekristallisierten Aluminium-Rohren (nach Althoff und Wincierz /14/).
AR = Axialrichtung, TR = Tangentialrichtung

Als erster Schritt müssen die theoretischen Fließortkurven für die vier idealen Lagen in der oben beschriebenen Weise berechnet werden. Abb. 6 zeigt die theoretischen Fließortkurven, und zwar oben (Abb. 6a) die vier unteren Grenzen und unten (Abb. 6c) die vier oberen Grenzen.

Die Mittelung für die untere Grenze erfolgt in der Weise, daß für jeweils ein konstantes Spannungsverhältnis $\alpha = \sigma_A / \sigma_T$ unter Berücksichtigung der Volumenanteile der einzelnen idealen Lagen die Hauptspannun-

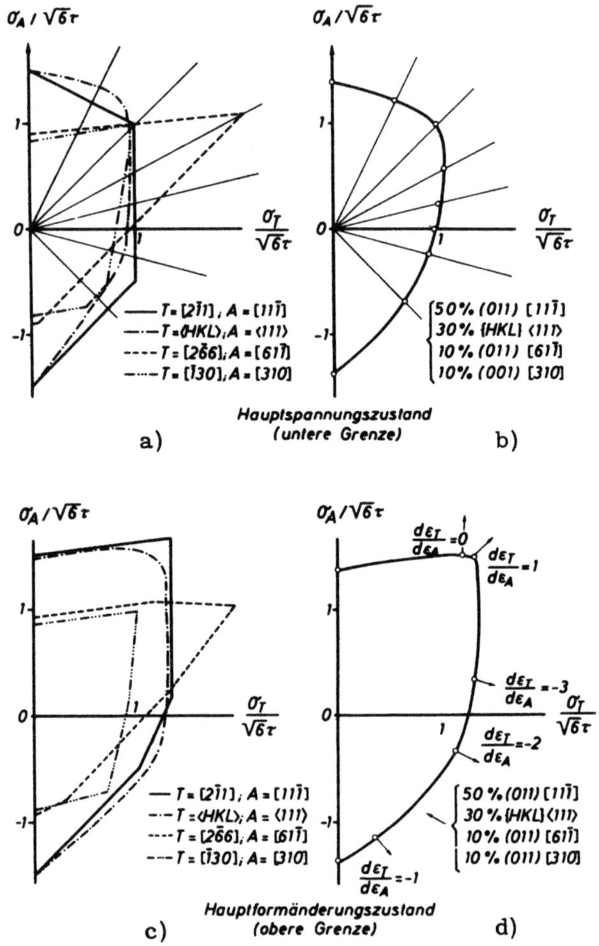

Abb. 6a-d. Ermittlung des Hauptspannungs-Fließortes (untere Grenze) und Hauptformänderungs-Fließortes (obere Grenze) für rekristallisierte Al-Rohre durch gewichtete Mittelung der Fließortkurven der verschiedenen idealen Lagen (nach Althoff und Wincierz /14/)

gen gemittelt werden, die in den einzelnen Texturkomponenten zum Fließen führen. Geometrisch ist dieses Vorgehen gleichwertig mit einer gewichteten Mittelung längs der eingezeichneten Strahlen; das Ergebnis zeigt Abb. 6b.

Entsprechend erfolgt die Mittelung der oberen Grenze für konstante Formänderungsverhältnisse $d\varepsilon_T/d\varepsilon_A$. Dabei wird für jede Komponente die zugehörige Spannungskombination σ_A und σ_T, die in den einzelnen idealen Lagen den gleichen Hauptformänderungszustand hervorruft, entsprechend ihrem Mengenanteil berücksichtigt (Abb. 6d). Das Ergebnis der beschriebenen Mittelungsverfahren für den resultierenden Hauptspannungs-Fließort bzw. Hauptformänderungs-Fließort ist wiederum als untere und obere Grenze des tatsächlichen Fließortes anzusehen. Im allgemeinen wird nämlich die Verformung eines anisotropen Materials mit mehreren Texturanteilen nicht unter Hauptspannungs- oder Hauptformänderungsbedingungen stattfinden, da im Realfall sowohl die Spannungs- als auch die Formänderungskontinuität an den Korngrenzen verletzt wird.

In Abb. 7 ist das Ergebnis des Mittelungsverfahrens dem gemessenen Fließortkurvenverlauf der Aluminium-Rohre bei einer Vergleichsdehnung

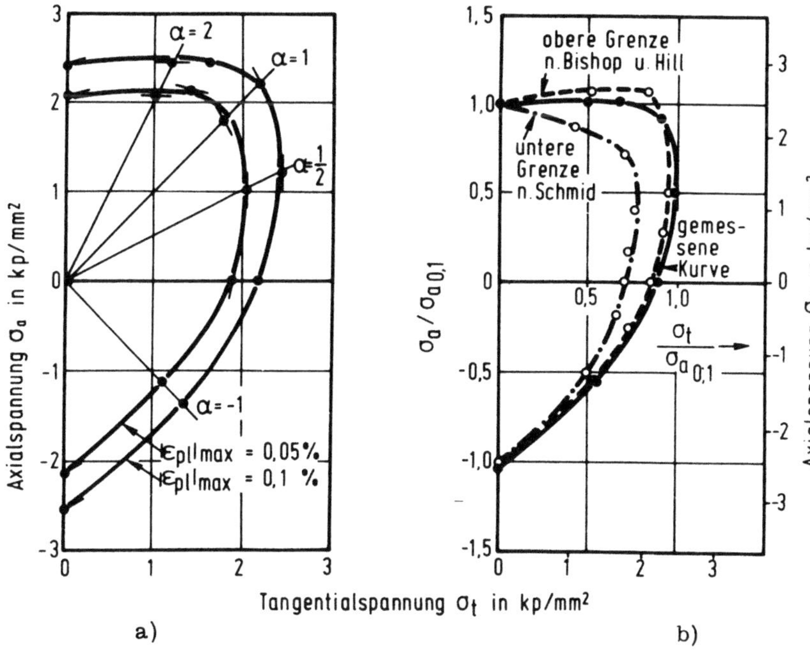

Abb. 7a,b. Gemessene Fließortkurven für 0,05 % und 0,1 % Vergleichsdehnung (Abb. 7a). Vergleich der 0,1 %-Fließortkurve mit der aus der Textur berechneten oberen und unteren Grenze (Abb. 7b); die Normierung erfolgte auf die axiale Zugfließspannung (nach Althoff und Wincierz /14/)

ε_V = 0,1 % gegenübergestellt. Man erkennt, daß die gemessene Fließortkurve besser durch die obere Grenze wiedergegeben wird (Abb. 7b).

Folgende Überlegung führt zum Verständnis dieses Ergebnisses: Die Textur der Aluminium-Rohre setzt sich aus vier idealen Lagen zusammen, die außerdem noch beträchtliche Streulagen aufweisen. Dadurch kommt bei der plastischen Verformung der Kompatibilität an den Korngrenzen eine erhöhte Bedeutung zu, was nach Taylor /12/ zu einer Erhöhung der Fließgrenze im Sinne einer Annäherung an den Grenzfall des Hauptformänderungszustandes führt.

3. Anwendung auf kubisch-raumzentrierte und hexagonale Metalle

Die bisherigen Ausführungen gelten zunächst nur für die {111}⟨011⟩-Gleitung (Oktaedergleitung) der kubisch-flächenzentrierten Struktur. Betrachtet man jedoch kubisch-raumzentrierte Metalle unter der Annahme der {110}⟨111⟩-Gleitung (Dodekaedergleitung, restricted glide), so erkennt man sofort, daß wegen der Gleichheit der beiden Richtungscosinus im Schmid'schen Gesetz ihre Vertauschung den Betrag der kritischen Schubspannung nicht verändert. Hierbei ergeben sich also die gleichen Fließortkurven. Piehler hat die Berechnung der anisotropen Fließortkurven auch auf ⟨111⟩-pencil glide erweitert, indem er ein pencil-glide Analogon des verallgemeinerten Schmid'schen Gesetzes und der Methode von Bishop und Hill formulierte /5/. Es ist interessant anzumerken, daß sich die Fließorte für {110}⟨111⟩-Gleitung und ⟨111⟩-pencil glide in ihrer Form kaum unterscheiden.

Schließlich sei noch kurz auf den Einfluß der mechanischen Zwillingsbildung eingegangen.

Piehler macht die Voraussetzung, daß das plastische Fließen unabhängig vom Vorzeichen der äußeren Spannung ist. Bei kubisch-flächenzentrierten Metallen mit hoher Stapelfehlerenergie ist diese Voraussetzung erfüllt, da hier die Verformung überwiegend durch Gleitung erfolgt und diese unabhängig vom Vorzeichen der Gleitrichtung ist. Dagegen kommt bei kubisch-flächenzentrierten Metallen mit niedriger Stapelfehlerenergie und vor allem bei hexagonalen Metallen als weiterer Verformungsmechanismus die mechanische Zwillingsbildung hinzu. Dies hat wegen der Polarität der Schiebungsrichtung zur Folge, daß bei bestimmten Kristallorientierungen bzw. Texturen die Zug- und Druckfließspan-

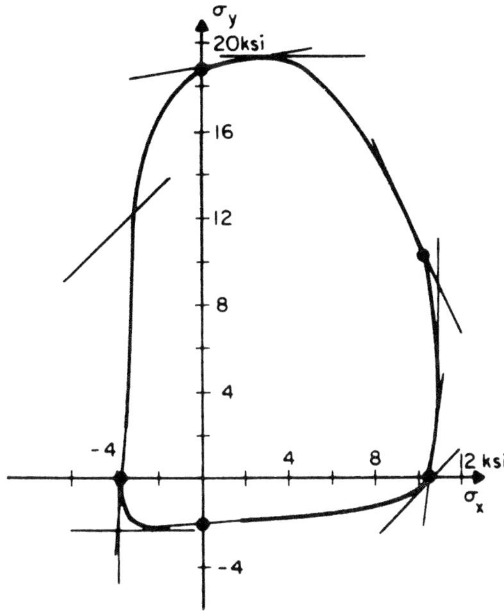

Abb. 8. Gemessene Fließortkurve für ein Magnesium-Blech mit Walztextur (nach Kelley und Hosford /15/)

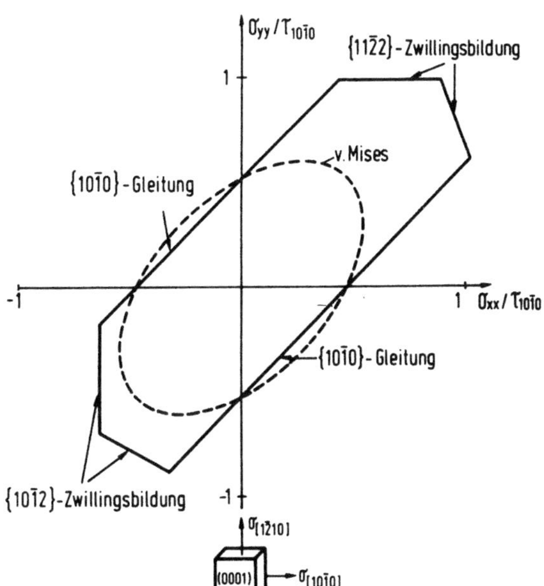

Abb. 9. Theoretischer Hauptspannungs-Fließort der Orientierung (0001)[10$\bar{1}$0] für Titan oder Zirkon. Annahme: $\tau_{10\bar{1}0} : \tau_{10\bar{1}2} : \tau_{11\bar{2}2}$ = 1 : 1,5 : 2 (nach Hosford /16/)

nungen sehr unterschiedlich sein können. Für die Fließortkurve ergibt sich dadurch eine asymmetrische Form, die experimentell schon mehrfach ermittelt wurde (Abb. 8).

Bei Kenntnis der kritischen Schubspannungen für Gleitung und Zwillingsbildung oder ihres Verhältnisses zueinander sowie der Berücksichtigung der Kompatibilität zwischen Scherung und makroskopischer Formänderung ist es möglich, einen Hauptspannungs-Fließort zu berechnen. Abb. 9 zeigt einen solchen, von Hosford /16/ berechneten Fließort für Titan oder Zirkon.

4. Zusammenfassung

Zusammenfassend läßt sich folgendes feststellen:

1. Bei den in der Technik häufig vorkommenden anisotropen Werkstoffen ist eine Vorhersage des Fließbeginns mit Hilfe plastomechanischer Ansätze nicht möglich. Es besteht vielmehr eine eindeutige Abhängigkeit des Verlaufs der Fließortkurven von der Textur.
2. Die Kenntnis der Kristallorientierung bzw. Textur ermöglicht nach Piehler die Berechnung von Fließortkurven auf kristallographischer Grundlage.
3. Ist die Fließgrenze für einen definierten Beanspruchungsfall bekannt, so läßt sich darüber hinaus eine quantitative Aussage machen.

Literatur

1. Hill, R.: The Mathematical Theory of Plasticity, 5. Aufl., S. 17. London: Oxford University Press. 1967.
2. Drucker, D.C.: A More Fundamental Approach to Plastic Stress-Strain Relations. Proc. of the US National Congr. of Appl. Mechanics. 1, 487-491 (1951).
3. McClintock, F.A., A.S. Argon: Mechanical Behavior of Materials, S. 273-289. Reading, Massachusetts: Addison-Wesley. 1966.
4. Schmid, E., W. Boas: Kristallplastizität. Berlin: Springer. 1935.
5. Piehler, H.R.: Plastic Anisotropy of Body-Centered Cubic Metals. Sc.D.Thesis, Department of Metallurgy. Mass.Inst.Techn., Cambridge (Mass.). 1967.

6. Piehler, H.R., W.A. Backofen: The Prediction of Anisotropic Yield for Textured Sheets. In: Texturen in Forschung und Praxis (J. Grewen, G. Wassermann, Hrsg.); S. 436-443. Berlin-Heidelberg-New York: Springer. 1969.

7. Schmid, E.: Neuere Untersuchungen an Metallkristallen. In: Proc. 1st. Internat. Congr. Appl. Mech. Delft 1924 (G.B. Biezeno, J.M. Burgers, Hrsg.), S. 342-352. Delft: Waltman. 1925.

8. Kocks, U.F.: The Relation Between Polycrystal Deformation and Single-Crystal Deformation. Met. Trans. 1, 1121-1143 (1970).

9. Bishop, J.F.W., R. Hill: A Theory of the Plastic Distortion of a Polycrystalline Aggregate under Combined Stresses. Phil. Mag. 42, 414-427 (1951). A Theoretical Derivation of the Plastic Properties of a Polycrystalline Face-centred Metal. Phil. Mag. 42, 1298-1307 (1951).

10. Bishop, J.F.W.: A Theoretical Examination of the Plastic Deformation of Crystals by Glide. Phil. Mag. 44, 51-64 (1953).

11. Taylor, G.I.: Plastic Strain in Metals. Journ. Inst. Met. 62, 307-324 (1938). Analysis of Plastic Strain in a Cubic Crystal. In: Stephen Timoshenko 60th Anniversary Volume, S. 218-224. New York: Macmillan. 1938.

12. Taylor, G.I.: Strains in Crystalline Aggregate. In: Proc. Colloquium of Deformation and Flow of Solids, Madrid 1955 (R. Grammel, Hrsg.), S. 3-12. Berlin-Göttingen-Heidelberg: Springer. 1956.

13. Grzesik, D.: Einfluß der Orientierung auf die Fließortkurven bei der plastischen Formänderung von Kupfer-Einkristallen. Forschungsberichte aus dem Institut für Metallkunde und Metallphysik der TU Clausthal. Nr. 6 (1973).

14. Althoff, J., P. Wincierz: The Influence of Texture on the Yield Loci of Copper and Aluminium. Z. Metallkunde 63, 623-633 (1972).

15. Kelley, E.W., W.F. Hosford: The Deformation Characteristics of Textured Magnesium. Trans. Met. Soc. AIME 242, 654-661 (1968).

16. Hosford, W.F.: Texture Strengthening. Met.Eng.Quart. 6, 13-19 (1966).

Anschrift des Verfassers: Dr.-Ing. Dietmar Grzesik, Technische Universität Clausthal, Institut für Metallkunde und Metallphysik, Großer Bruch 23, D-3392 Clausthal-Zellerfeld; jetzt: Stahlwerke Peine-Salzgitter AG, Werk Salzgitter, Versuchsanstalt, D-3150 Peine, Postfach 1740, Bundesrepublik Deutschland.

MATERIALFLUSS UND VERFESTIGUNG IM LAMELLAREN PERLIT

J. GIL-SEVILLANO und E. AERNOUDT, Leuven

1. Experimentelle Ergebnisse

Bei der isothermen Umwandlung eines kohlenstoffreichen Stahles bei einer Temperatur von etwa 550°C entsteht aus der Austenitphase bekanntlich ein feinlamellares perlitisches Gefüge. Dieses sog. Patentiergefüge ist die übliche Ausgangsstruktur in Drähten, die beim Kaltziehen eine sehr starke Festigkeitserhöhung herbeiführt. Abb. (1) zeigt z.B., wie ein patentierter Stahl eutektoidischer Zusammensetzung * mit zunehmender Ziehverformung verfestigt. Diese Fließkurve wurde stückweise aus Spannungs-Dehnungskurven von (in Stichen von jeweils 15%) vorgezogenen Drähten zusammengestellt. Auf eine parabolische Verfestigung bis $\varepsilon \approx 0,3$ folgt ein linearer Festigkeitsanstieg bis $\varepsilon \approx 1,2$, der beschrieben wird durch die Gleichung:

$$\sigma = 142 + 31,70\ \varepsilon\ \mathrm{kg/mm^2} \qquad (1)$$

Die Fließspannung beim Ziehen dieses Stahles steigt doppelt so schnell wie die eines vorwiegend ferritischen Stahles mit 0,06 % C * im ausgeglühten Zustand, dessen Verfestigung ab Verformungen von $\varepsilon \approx 0,5$ beschrieben werden kann durch:

$$\sigma = 48,8 + 14,85\ \varepsilon\ \mathrm{kg/mm^2} \qquad (2)$$

---

* Die Zusammensetzung der beiden Stähle war:

1.	C 0,85	Mn 0,59	Si 0,25	P 0,011	S 0,025	Cu 0,13
2.	C 0,06	Mn 0,31	Si 0,08	P 0,018	S 0,024	-

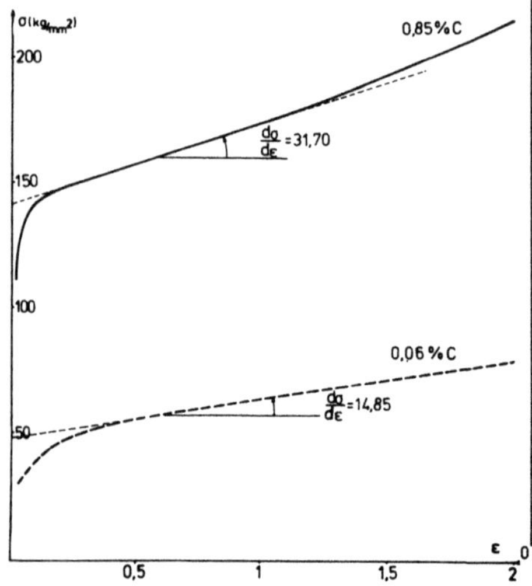

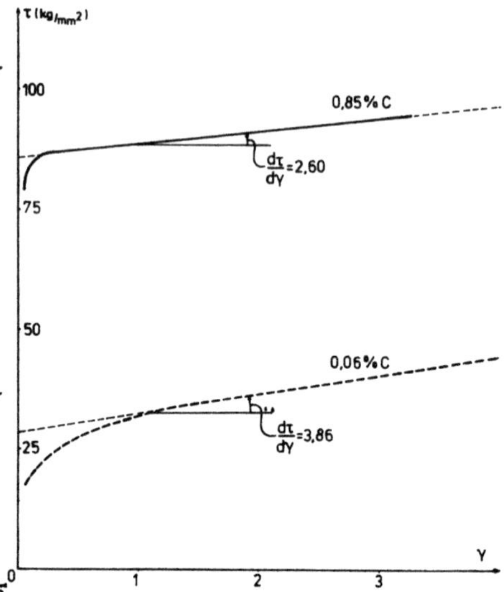

Abb. 1 Abb. 2

Abb. 1: Verfestigung bei axialsymmetrischer Umformung

Abb. 2: Verfestigung bei der Scherung

Der Materialfluß beim Ziehen ist eine axialsymmetrische Querschnittsabnahme. Zum Vergleich wurden auch die Verfestigungskurven bei reiner Scherverformung bestimmt. Dazu wurde der Torsionsversuch benutzt. Über die experimentellen Bedingungen wird an anderer Stelle berichtet /1/. In Abb. 2 werden die Scherfließkurven dargestellt: auch diese nehmen mit zunehmender Verformung rasch einen linearen Verlauf an. Für den 0,85 % Kohlenstoffstahl wird dieser beschrieben durch:

$$\tau = 86{,}20 + 2{,}60\ \gamma\ \mathrm{kg/mm^2} \qquad (3)$$

Die Festigkeitszunahme mit zunehmender Abscherung ist sehr gering, sogar kleiner als die des ferritischen Stahles, welcher nach folgender Gleichung verfestigt:

$$\tau = 28{,}75 + 3{,}86\ \gamma\ \mathrm{kg/mm^2} \qquad (4)$$

Für dieses letzte Material beträgt das Verhältnis s der Steigungen der Fließkurven Gl. (2) und (4):

$$s = \frac{d\sigma/d\varepsilon}{d\tau/d\gamma} = 3{,}85$$

Auch bei einem kubisch-flächenzentrierten Metall wie Kupfer /3/ kann man die Verfestigungskurven bei axialsymmetrischer und Scherverformung im Verformungsbereich $\varepsilon = 0{,}4 \ldots 1{,}5$ und $\gamma = 0{,}8 \ldots 3$ durch Geraden annähern, und das Verhältnis s der Steigungen in diesem Gebiet beträgt etwa 4,20. Obwohl sich in beiden Verformungsarten eine deutliche und unterschiedliche Textur ausbildet, weichen diese s-Werte jedoch nicht viel von denen eines Tresca (s=4) bzw. Von Mises Materials (s=3) ab. Für den patentierten eutektoidischen Stahl hingegen findet man aus den Gl. (1) und (3):

$$s = 12{,}20$$

Dieses Ergebnis besagt also, daß die Verfestigung eines eutektoidischen Stahles mit lamellar-perlitischem Gefüge viel stärker durch den Materialfluß beeinflußt wird, als die eines einphasigen Materials wie Kupfer und ferritischer Stahl.

2. Diskussion

In der Annahme, daß ein einphasiges Material isotrop verfestigt und daß die kritische Schubspannung linear mit der Gesamtabgleitung zunimmt

$$d\tau_{kr} = \theta\ \Sigma da$$

bedeuten die Werte s=4,20 und 3,85 einfach, daß das Verhältnis der Taylor-Faktoren für axialsymmetrische Verformung und für Scherung gleich $\sqrt{4.20}$ für Kupfer und $\sqrt{3.85}$ für ferritischen Stahl ist. Die Verfestigung ist dann während des ganzen Prozesses direkt verbunden mit der Verkleinerung der Zellgröße bei zunehmender Gesamtabgleitung /2/.

Während bei einphasigen Materialien der Zelldurchmesser offensichtlich die freie Weglänge der Versetzungen und deshalb die Verfestigung bestimmt, wird diese Rolle in dem feinlamellaren Gefüge des eutektoidischen Stahles durch die Zementitlamellen übernommen.

In patentiertem Zustand beträgt der mittlere interlamellare Abstand etwa 1000 Å und keine anderen Hindernisse sind im interlamellaren Bereich anwesend. Die harte Konstituente der Struktur, der Zementit, zeigt eine bemerkenswerte Duktilität, denn in einem starkverformten Gefüge ist die Mehrzahl der Perlitkolonien homogen verformt, wie es Abb. 3 an einem Beispiel deutlich macht *. Aus dem Bild ist auch ersichtlich, daß der interlamellare Bereich relativ versetzungsfrei bleibt.

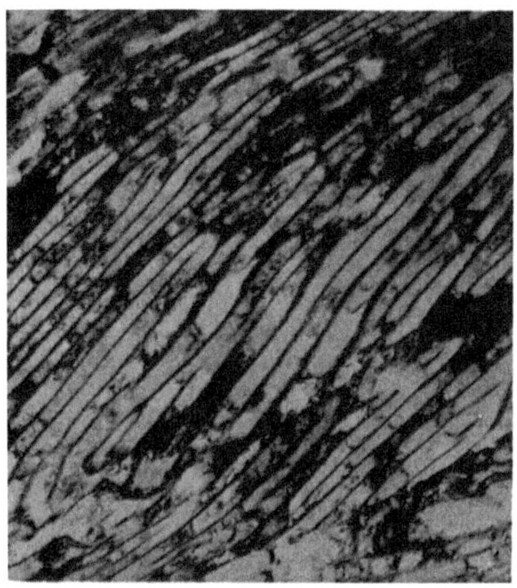

Abb. 3: Perlitkolonie bei einer Scherverformung von $\gamma = 2$ (x 54.800)

Es ist deshalb zu erwarten, daß die Verfestigung bei hohen Verformungsgraden direkt mit der Änderung des Lamellenabstandes bei zunehmender Verformung zusammenhängt. Dabei ist

---

* In mehreren Kolonien sind auf diese homogene Verformung auch kollektive Verbiegungen der Lamellen superponiert. Es handelt sich hierbei durchwegs um Kolonien, deren Perlitlamellen in ihrer ursprünglichen Orientierung eine Druckspannung parallel zur Lamellenfläche erfahren (3). Dieses Phänomen scheint aber mit gleicher Intensität sowohl im Scherversuch als auch beim Drahtziehen aufzutreten. Dasselbe kann von der kleinen Zahl der Kolonien gesagt werden, deren Lamellen während der Verformung in mehrere Stücke zerteilt werden.

aber nicht so sehr der senkrechte Abstand zwischen den Lamellen, als vielmehr die freie Weglänge der Versetzungen - gemessen entlang den Gleitebenen - von Bedeutung.

Schon bei einer Scherung von $\gamma = 1$ und bei einem Ziehgrad von $\varepsilon = 0{,}5$ hat sich eine deutliche Textur ausgebildet. In dem gezogenen Draht ist das eine <110> Fasertextur, in dem Mantel des tordierten Stabes eine zyklische Schertextur (Abb. 4) die beschrieben werden kann durch die Ideallagen (Scherebene) <Scherrichtung> = {110} <111> bzw. {112} <111>, mit einer überlagerten <11$\bar{1}$> Fasertextur mit der Scherrichtung als Faserachse.

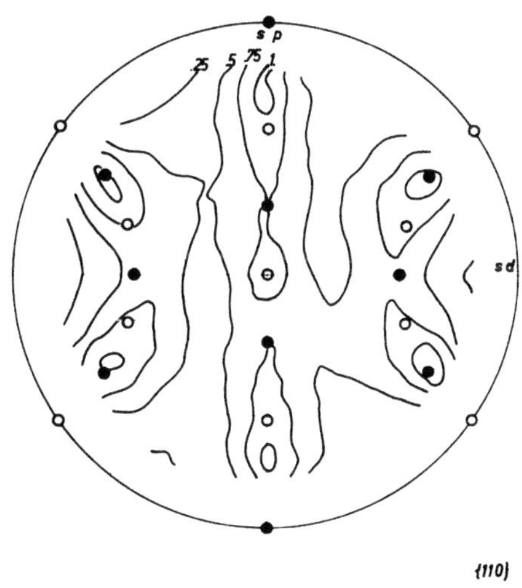

Abb. 4: Schertextur der Ferritmatrix im feinlamellaren Perlit ($\gamma \approx 2$) • {110} <111> o {112} <111>

Im ersten Fall liegen die aktiven Gleitebenen unter etwa 35° zur Drahtachse und bei homogener Verformung des Gefüges nimmt der mittlere Gleitabstand gemessen entlang diesen Ebenen proportional zum senkrechten Lamellenabstand ab. (Abb. 5a)
Wenn alle Lamellen parallel zur Drahtachse orientiert sind wird der Proportionalitätsfaktor gleich eins.

a. 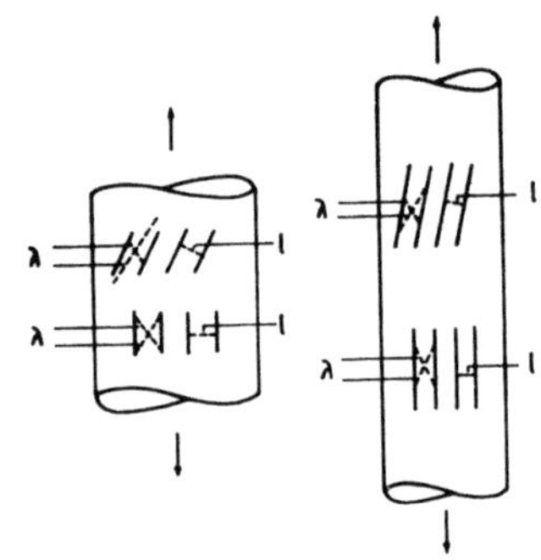

b. 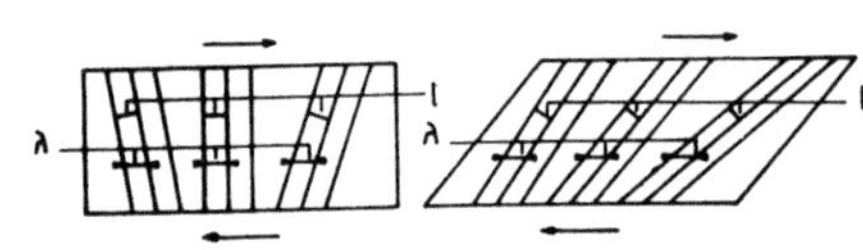

Abb. 5: Zur Änderung des interlamellaren Abstandes l und des Gleitabstandes λ im Perlit mit Verformungstextur. a. axialsymmetrische Verformung b. Scherung

Im Scherversuch hingegen bleibt der Gleitabstand im Idealfall - d.h. bei homogener Verformung der zweiphasigen Struktur und mit scharfer Textur - bei zunehmender Scherverformung nahezu unverändert. (Abb. 5b), weil ja die betätigte Gleitrichtung im Ferrit parallel zu der makroskopischen Scherrichtung liegt *.

---

* Dabei ist zu beachten, daß auch bei der Scherung die mittlere senkrechte Lamellenentfernung im betrachteten Verformungsbereich proportional zur Scherverformung abnimmt. Die Abnahme pro Einheit Scherverformung γ beträgt etwa ein Drittel der Abnahme pro Einheit axialsymmetrischer Verformung ε (3)

Wenn also die Verfestigung des feinperlitischen Gefüges allgemein beschrieben wird durch eine Gleichung der Form

$$\sigma = \sigma_o + Cd^{-1/n}$$

mit $n \geq 1$ (z.B. $n = 2$, wenn die Verfestigung nach einer Hall-Petch Beziehung stattfindet, wie Embury und Fischer /4/ es für den Fall gezogener Perlitstrukturen feststellten), und wenn d aufgefaßt wird als der interlamellare Abstand, gemessen entlang den Gleitebenen, dann sagt dieses Modell eine Verfestigung gleich Null im Scherversuch voraus.
In dieser Weise ist allerdings eine qualitative Deutung der großen Materialflußabhängigkeit der Verfestigung des lamellaren Perlits gegeben.

Literatur

1. J. Gil-Sevillano und E. Aernoudt - J.I.S.I. in Druck
2. D. Kuhlmann-Wilsdorf, Met. Trans. 1, 3173-3179 (1970)
3. J. Gil-Sevillano - Doktorarbeit Leuven
4. J.D. Embury, R.M. Fisher, Acta Met. 14, 147-150 (1966)

Anschrift der Verfasser: Dr. J. Gil-Sevillano und Prof. Dr. E. Aernoudt, Katholieke Universiteit Leuven, Departement Metaalkunde, 3030 Heverlee, Belgien.

ANSÄTZE UND LÖSUNGSBEISPIELE ZUR THEORIE DES ANISOTROPEN PLASTISCHEN FLIESSENS

H. LIPPMANN, Karlsruhe

Zusammenfassung

Für orthotropes Material, dessen Achsen permanent mit den Spannungshauptachsen zusammenfallen, wird dem von Hill verallgemeinerten Huber-Lévy-Mises-Henckyschen (HLMH-) Stoffgesetz das von Sawczuk verallgemeinerte Trescasche gegenübergestellt sowie an Beispielen erläutert. Es läßt sich erheblich einfacher auswerten, aber nur schwer auf andere Beanspruchungsarten oder Anisotropien übertragen. Die Übereinstimmung mit Experimenten kann noch nicht abschließend beurteilt werden; sie scheint für beide Ansätze bei von vornherein beschränkten Genauigkeitsansprüchen gleich gut zu sein.

1. Einleitung

Wenn man elastische Verformungen vernachlässigt und annimmt, daß sich die Abgleitungen im Vielkristall zur Gesamtumformung aufaddieren wie etwa die Stabdehnungen zur Gesamtdeformation eines Fachwerks (das damit zum Modell des plastischen Vielkristalls avanciert /1/), so gelangt man zur sogenannten Misesschen Normalitätsregel als Stoffgesetz des plastischen Fließens /2/; vgl. auch /4/. Man interpretiert sie für isotropes Material, bei dem stets Hauptspannungen σ_1, σ_2, σ_3 und Hauptformänderungsgeschwindigkeiten $\lambda_1, \lambda_2, \lambda_3$ korreliert sind, wie folgt (vgl./5/ und Abb. 1).

Die Spannungs-"Vektoren" $\underline{\sigma} = (\sigma_1, \sigma_2, \sigma_3)$ in einem dreidimensionalen Haupt-Zustandsraum werden im Ursprung O, die Formänderungsgeschwindigkeits-"Vektoren" $\underline{\lambda} = (\lambda_1, \lambda_2, \lambda_3)$ in der Pfeilspitze von $\underline{\sigma}$ angetragen. Endet $\underline{\sigma}$ im Innern einer konvexen, den Ursprung O umschließenden "Fließfläche" (auch: "Fließort") FO, so gilt $\underline{\lambda} = \underline{0}$ (starres Materialverhalten bei Vernachlässigung der Elastizizät). Endet $\underline{\sigma}$ auf dem Fließort FO, so bildet dort $\underline{\lambda}$ dessen Auswärts-Normale (vorerst beliebiger Länge). Endpunkte von $\underline{\sigma}$ außerhalb des Fließorts sind unzulässig.

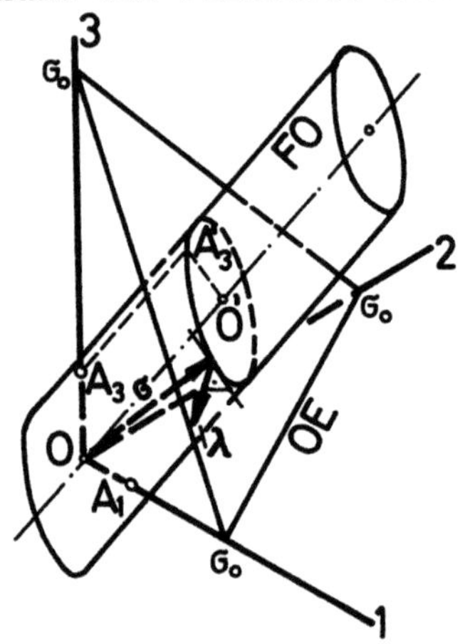

Abb.1. Fließort im Haupt-Zustandsraum

Die Form des Fließorts hängt von der Struktur des Gleitebenen-Fachwerks ab. Bei inkompressiblen Metallen gilt

$$\lambda_1 + \lambda_2 + \lambda_3 = 0. \tag{1}$$

$\underline{\lambda}$ liegt also stets parallel zu den "Oktaederebenen" OE, die von den Achsen feste Strecken σ_0 abschneiden. Der Fließort wird damit ein senkrecht zu den Oktaederebenen erstreckter Zylinder (bzw. ein Prisma), der durch seine Querschnittsform, also durch seine konvexe Schnittkurve ("Fließort-Kurve") mit irgendeiner Oktaederebene bestimmt ist. Auf ihr projizieren sich die Achsabschnitte (z.B. $|OA_3|$, Abb. 1) verkürzt gemäß

$$|O'A'_j| = \sqrt{\tfrac{2}{3}}\,|OA_j| \tag{2}$$

(vgl./3/). Der Fließort darf sich abhängig von Vor-Formänderungen des Werkstoffs deformieren (insbesondere aufweiten: Verfestigung) oder gar von der Formänderungsgeschwindigkeit $\underline{\lambda}$ selbst sowie natürlich von der Temperatur T abhängen.

Für praktische Berechnungen bei Metallen haben sich zwei Formen des Fließorts FO durchgesetzt: Der Kreiszylinder (Stoffgesetz nach Huber-Lévy-Mises-Hencky, kurz HLMH) und das einbeschriebene reguläre Sechskantprisma mit Kanten bei A_j, A'_j (Stoffgesetz nach Tresca). Experimentelle Ergebnisse liegen in der Regel zwischen beiden und tendieren je nach Werkstoff- und Versuchsart mal mehr zum einen, mal mehr zum anderen (vgl./3/). Bei großen Formänderungen liegen die Unterschiede zwischen beiden Stoffgesetzen meist sogar unter der (ohnehin vergleichsweise geringen) Meß- und Reproduziergenauigkeit, so daß es gerechtfertigt erscheint, von Fall zu Fall das mathematisch einfachere anzuwenden. Dies ist bei bekannten Hauptspannungsrichtungen im Material meist das Trescasche, andernfalls HLMH.

Soviel über isotropen Werkstoff. Bei Anisotropie muß man die vorstehenden Betrachtungen auf den 6-dimensionalen Zustandsraum aller unabhängigen Normal- und Schubspannungen σ_{jk} bzw. der zugehörigen Formänderungsgeschwindigkeiten λ_{jk} übertragen. Doch kennt der Verfasser aus der Literatur keine Versuche, solche allgemeinen Ansätze auf konkrete Probleme anzuwenden; sie sind viel zu kompliziert. Vielmehr betrachtet man in der Regel nur "orthotropen" Werkstoff: Bei ihm gibt es drei orthogonale Vorzugsrichtungen, in denen unter reiner Zug-Druck-Belastung keine Schergeschwindigkeiten auftreten. Gewalztes Blech besitzt jene Eigenschaft aufgrund des Herstellungsprozesses: Die Walzrichtung, die dazu senkrechte Richtung in der Blechebene und die Senkrechte zur Blechebene bilden Orthotropie-Achsen.

Bei den meisten Anwendungen der Theorie des plastischen Fließens auf große Formänderungen schränkt man noch weiter ein - erstens darauf, daß Hauptspannungsachsen und Orthotropieachsen dauernd zusammenfallen, und zweitens, daß in bezug auf zwei der drei Richtungen (z.B. in der Blechebene) Isotropie herrscht. Der Werkstoff ist dann nur noch "normal anisotrop" bzw., von der Blech-Normale her gesehen, "transversal isotrop".

Auch wir wollen von der in manchen praktischen Fällen realistischen ersten Annahme des Zusammenfallens der Achsen ausgehen. Dann haben wir es wie bei Isotropie mit dem dreidimensionalen Haupt-Zustandsraum zu tun (Abb.1).

Vorgegeben seien die in den drei Hauptrichtungen 1, 2, 3 gemessenen Fließspannungen Y_1, Y_2, Y_3 des Zugversuches, die den Achsabschnitten $|OA_1|, |OA_2|, |OA_3|$ in Abb. 1 entsprechen und sich gemäß Gl.(2) zu

$$|O'A_1'| = \sqrt{\tfrac{2}{3}}\, Y_1, \quad |O'A_2'| = \sqrt{\tfrac{2}{3}}\, Y_2, \quad |O'A_3'| = \sqrt{\tfrac{2}{3}}\, Y_3 \quad (3)$$

in die Oktaederebene von Abb. 2 abbilden. Wir lassen den

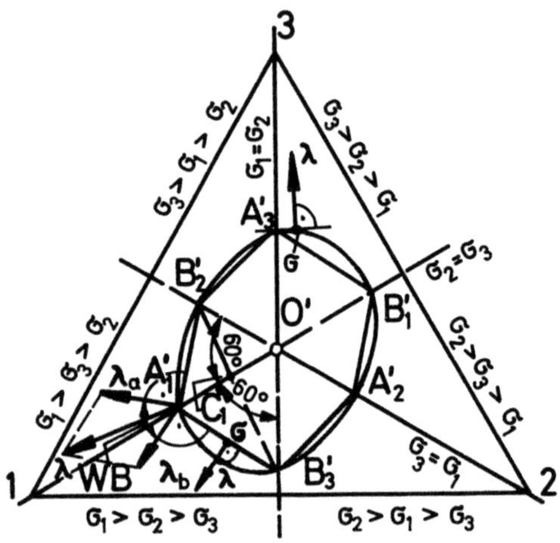

Abb.2. Fließort in der Oktaederebene

"Bauschingereffekt", also eine mögliche Unsymmetrie des plastischen Verhaltens beim Vorzeichenwechsel der Spannungen, außer Betracht und folgern, daß die einachsigen Druckversuche in der Oktaederebene durch die zu A_1', A_2', A_3' gegen O' spiegelbildlichen Punkte B_1', B_2', B_3' charakterisiert werden. Der Fließort FO bzw. seine Schnittkurve (Fließort-Kurve) mit der Oktaederebene muß durch A_j', B_j' laufen sowie zu O' punktsymmetrisch sein.

Kleinste konvexe Kurve dieser Art ist das Fließpolygon $A_1'\,B_3'\,A_2'\,B_1'\,A_3'\,B_2'$ nach Sawczuk /6/ in Verallgemeinerung des oben erwähnten Trescaprismas. Obschon Sawczuk bei Anwendung auf kleine Formänderungen einer Platte gute Übereinstimmung mit Experimenten feststellte, sind keine weiteren zugehörigen Untersuchungen bekannt.

Fast alle Autoren benutzen stattdessen den verallgemeinerten HLMH-Kreis, dessen Fließort-Kurve nun zur Ellipse $A_1'\,B_3'\,A_2'\,B_1'\,A_3'\,B_2'$ verzerrt wird (Hillsches Stoffgesetz 1948, vgl./5/). Experimente bestätigen dies (wie oben im isotropen Fall) teils gut /7/,/8/, teils weniger gut /9/,/10/,/11/, so daß kein endgültiges Urteil möglich ist.

Wir bevorzugen das mathematisch einfachere Modell - und als solches stellt sich unter den hier gemachten Einschränkungen ganz eindeutig das Sawczuk-Polygon heraus. Es wird aber wie das Trescasche ausgesprochen unhandlich, sobald allgemeinere Spannungs- oder Formänderungszustände vorliegen, während dann der Hill-Ansatz keine prinzipiellen zusätzlichen Schwierigkeiten bereitet /12/.

Jedoch entfällt das im isotropen Fall gültige Argument, wonach beide Stoffgesetze nur geringfügig und wohl unterhalb der Meßgenauigkeit differieren. Schon am Beispiel von Abb. 2 erkennt man den beträchtlichen Unterschied von Ellipse und Polygon. Wenn sich gar die Punkte B_3' A_2' B_1' noch mehr einer Geraden annähern, rückt der Ellipsenscheitel ins Unendliche - und dies spricht eher gegen den generellen Hill-Ansatz.

Über die Abhängigkeit der einachsigen Fließgrenzen Y_j oder anderer Werkstoffparameter von der Formänderung (anisotrope Verfestigung) gibt es zahlreiche Theorien, aber nur wenige Experimente. Wir schlagen analog der isotropen Verfestigung (vgl./3/)

$$Y_j = Y_j(\bar{\lambda}_1,\bar{\lambda}_2,\bar{\lambda}_3;\bar{\phi}_1,\bar{\phi}_2,\bar{\phi}_3;T) \qquad (j = 1,2,3) \qquad (4)$$

oder einfacher

$$Y_1 = Y_1(\bar{\lambda}_1,\bar{\phi}_1,T),\ Y_2 = Y_2(\bar{\lambda}_2,\bar{\phi}_2,T),\ Y_3 = Y_3(\bar{\lambda}_3,\bar{\phi}_3,T) \qquad (5)$$

vor, wo T die Temperatur und

$$\bar{\lambda}_k = |\lambda_k|,\ \bar{\phi}_k = \int_{t_0}^{t} \bar{\lambda}_k \, dt \qquad (k = 1,2,3) \qquad (6)$$

die Vergleichs-Formänderungsgeschwindigkeiten bzw. Vergleichs-Formänderungen darstellen (t: Zeit; t_0: Anfangszeitpunkt).

2. Stoffgesetze

2.1. Sawczuk-Polygon

Notwendige und hinreichende Bedingung für die Konvexität des Polygons $A_1' B_2' A_3' B_1' A_2' B_3'$ (Abb. 2) ist

$$\frac{1}{Y_j} \leq \frac{1}{Y_k} + \frac{1}{Y_l}; \qquad j,k,l = 1,2,3; \; Y_k > 0 \tag{7}$$

/6/. Durch geeignete Umnumerierung erreicht man stets

$$\sigma_1 \geq \sigma_2 \geq \sigma_3 . \tag{8}$$

Die zugehörige Seite $A_1' B_3'$ des Fließorts (Abb. 2) hat dann die Gleichung

$$\frac{\sigma_1 - \sigma_2}{Y_1} + \frac{\sigma_2 - \sigma_3}{Y_3} - 1 = 0. \tag{9}$$

Gl.(9) repräsentiert das "Fließkriterium" bzw. die "Fließbedingung". Die "Fließregel" als Zusammenhang zwischen $\underline{\lambda}$ und $\underline{\sigma}$ entnimmt man geometrisch Abb.2: $\underline{\lambda}$ muß normal auf der Seite A_1'-B_3' stehen bzw. in den Ecken A_1' und B_3' der verallgemeinerten Normalitätsregel nach Koiter /13/ genügen, d.h. in den zugehörigen äußeren Winkelbereichen WB liegen. Dies liefert mit Gl. (3) und in Verbindung mit der Inkompressibilität (Gl.(1))

$$\lambda_1 \geq 0, \quad Y_1\lambda_1 + Y_3\lambda_3 = 0 \quad \text{für } \sigma_1 > \sigma_2 > \sigma_3, \tag{10a}$$

$$Y_1\lambda_1 + Y_2\lambda_2 \geq 0, \quad Y_1\lambda_1 + Y_3\lambda_3 \geq 0 \quad \text{für } \sigma_1 > \sigma_2 = \sigma_3, \tag{10b}$$

$$Y_3\lambda_3 + Y_1\lambda_1 \leq 0, \quad Y_3\lambda_3 + Y_2\lambda_2 \leq 0 \quad \text{für } \sigma_1 = \sigma_2 < \sigma_3. \tag{10c}$$

(Sawczuk /6/ gibt andere, obschon gleichwertige Beziehungen.)

2.2 Hill-Ellipse

Der elliptische Zylinder durch $A_1', B_2', A_3', B_1', A_2', B_3'$ (Abb.1,2) besitzt die Gleichung /5/

$$F(\sigma_2-\sigma_3)^2 + G(\sigma_3-\sigma_1)^2 + H(\sigma_1-\sigma_2)^2 - 1 = 0 \tag{11}$$

(Fließbedingung) mit

$$F = \frac{1}{2}\left(\frac{1}{Y_2^2} + \frac{1}{Y_3^2} - \frac{1}{Y_1^2}\right),\quad G = \frac{1}{2}\left(\frac{1}{Y_3^2} + \frac{1}{Y_1^2} - \frac{1}{Y_2^2}\right),$$
$$H = \frac{1}{2}\left(\frac{1}{Y_1^2} + \frac{1}{Y_2^2} - \frac{1}{Y_3^2}\right) \qquad (12)$$

und hat Sinn unter der Konvexitätsbedingung Gl.(7). Dann liefert die Normalität von $\underline{\lambda}$ zum Fließort die Fließregel /5/

$$\lambda_1 = 2\kappa\{G(\sigma_1-\sigma_3) + H(\sigma_1-\sigma_2)\},$$
$$\lambda_2 = 2\kappa\{H(\sigma_2-\sigma_1) + F(\sigma_2-\sigma_3)\}, \qquad (13)$$
$$\lambda_3 = 2\kappa\{F(\sigma_3-\sigma_2) + G(\sigma_3-\sigma_1)\},$$

wo $\Delta = FG + GH + HF$ und

$$\kappa = \frac{1}{2|\Delta|}\{(G\lambda_2-H\lambda_3)^2 + (H\lambda_3-F\lambda_1)^2 + (F\lambda_1-G\lambda_2)^2\}^{1/2} \geq 0.$$

2.3 Der R-Wert

Wenn ein aus der Blechebene in **x**-Richtung herausgeschnittener Probestreifen längs durch die Zugspannung $\sigma > 0$ beaufschlagt wird und sonst spannungsfrei ist, so nennt man das Verhältnis $R = \frac{\lambda_y}{\lambda_D}$ der plastischen Formänderungsgeschwindigkeiten λ_y (in der Blechebene senkrecht zu x) und λ_D (in Blech-Dickenrichtung) den R-Wert* . Er wird in der Blechprüfung verwendet und auch zur Beurteilung von theoretischen Ansätzen gemessen /8-11/. Wir beschränken uns auf den Fall der transversalen Isotropie, wo R nicht von der Richtung des herausgeschnittenen Streifens abhängt, und bezeichnen durch Y, Y_D mit

$$0 < \gamma \leq 2; \quad \gamma = Y/Y_D \qquad (14)$$

als einziger Konvexitätsbedingung (Gl.(7)) die einachsigen Fließgrenzen in der Blechebene bzw. in Dickenrichtung. Aus $\sigma_x = \sigma_1 = Y, \sigma_2 = \sigma_3 = 0, Y_1 = Y_2 = Y, Y_3 = Y_D$ sowie gemäß Gl.(12) $F = G = \frac{1}{2Y_D^2}$, $H = \frac{1}{Y^2} - \frac{1}{2Y_D^2}$ folgt über Gl.(13),(14)

*Eigentlich $R = \phi_y/\phi_D$ als Verhältnis der Formänderungen, doch ist der Unterschied für $R \approx$ const gering.

$$R = \frac{\lambda_2}{\lambda_3} = \frac{H}{G} = \frac{2}{\gamma^2} - 1 \;(\geq -\tfrac{1}{2}). \tag{15}$$

Soweit das Hillsche Stoffgesetz.

Beim linearen Sawczuk-Ansatz befindet man sich wegen $\sigma_1 > \sigma_2 = \sigma_3$ gerade an der Kante A_1' des Prismas, so daß $\underline{\lambda}$ und damit R entsprechend dem Winkelbereich WB schwanken darf. Hier (und übrigens auch schon beim isotropen Trescaschen Stoffgesetz) wird deutlich, daß ein Fließort mit Ecken und Kanten sicher gerade an diesen nur eine Näherung darstellt und durch Messung des R-Wertes kaum zu verifizieren, noch weniger zu widerlegen ist. Aus Gl.(10b) in Verbindung mit Gl.(1) und Gl.(14) folgt nämlich zunächst $\lambda_D = -(\lambda_1 + \lambda_2) \leq 0$ und dann lediglich die Ungleichung

$$R \geq \frac{1}{\gamma} - 1\left(\geq -\frac{1}{2}\right). \tag{16}$$

3. Anwendungen

3.1 Ebenes Fließen, Tiefziehen und Rohrziehen

Bei den Beispielen dieses Abschnittes kommt die mathematische Einfachheit des Sawczuk-Fließgesetzes besonders deutlich zum Ausdruck, weil sich in ihnen gegenüber bekannten isotropen Ansätzen fast nichts ändert. Ebenes Fließen in der j/k-Ebene, also $\lambda_1 \equiv 0$ senkrecht zu dieser und wegen Gl.(1) $\lambda_j = -\lambda_k \neq 0$, ist nach allen drei Beziehungen Gl.(10a,b,c) im wesentlichen nur für 1 = 2,

$$\lambda_2 \equiv 0 \tag{17a}$$

möglich. $\lambda_1 = -\lambda_3$ liefert dann bzw. $Y_1 = Y_3$, $Y_1 \geq Y_3$ oder $Y_1 \leq Y_3$; das Fließkriterium Gl.(9) entsprechend

$$\sigma_1 - \sigma_3 = \max(Y_1, Y_3). \tag{17b}$$

Dies sind aber gerade die Gleichungen des isotropen ebenen Fließens, wobei als Fließgrenze die größere der beiden Y_1, Y_3 in der Fließebene einzusetzen ist. Dementsprechend bleiben auch die zugehörigen isotropen Lösungen bestehen - etwa für das Blechbiegen unter reiner Momentenlast /5/,/14/. Unterschiede könnten nur von der hier nicht behandelten anisotropen Verfestigung Gl.(4-6) herrühren.

Entsprechendes - mit freilich von $\max(Y_1, Y_3)$ verschiedener Fließgrenze - gilt auch für Hills Fließgesetz /29/. Beim ebenen Fließen unter den hier gemachten Einschränkungen unterscheiden sich beide Ansätze vom Prinzip her ebensowenig wie im isotropen Fall.

Beim Tiefziehen nach Abb. 3 eines zylindrischen Napfes (Stempel S) aus einer kreisförmigen ebenen Platine (Blechhalter BL) betrachten wir lediglich den waagerechten Bereich des

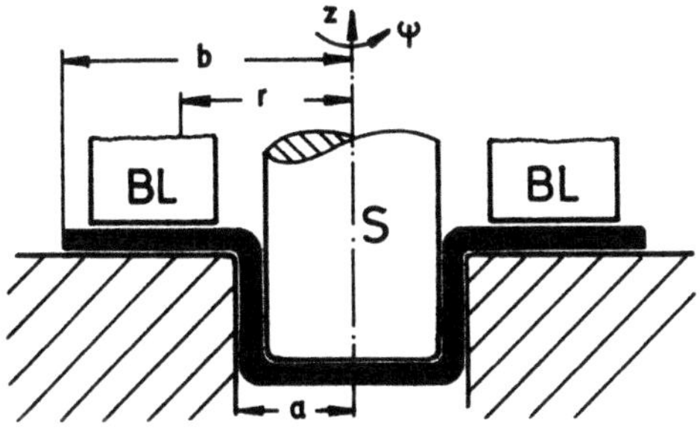

Abb.3. Tiefziehen

Bleches, weil er am meisten zur Stempelkraft beiträgt, und lassen Reibung zumindest im Hinblick auf das Stoffgesetz außer Betracht. Ferner beschränken wir uns wie die meisten Autoren /15/,/16/,/17/ auf transversale Isotropie, obschon sie die Zipfelbildung /5/ prinzipiell nicht erklären kann.

Die Platine wird radial einwärts gezogen und in Umfangsrichtung gestaucht. Wir nehmen daher $\sigma_r > \sigma_z > \sigma_\psi$ an, weil wir $\sigma_r > 0$ (Zug), $\sigma_\psi > 0$ (Druck) und bei geringer Blechhalterkraft eine nur kleine Spannung $\sigma_z \approx 0$ erwarten. Dann liefert Gl.(9) mit $Y_1 = Y_3 = Y$ sofort das isotrope Trescakriterium $\sigma_r - \sigma_\psi = Y$, und Gl.(10a) wegen Gl.(1) $\lambda_r + \lambda_\psi = 0$, $\lambda_r \geq 0$, $\lambda_z \equiv 0$, d.h. konstante Blechdicke

$$D = \text{const.} \tag{18}$$

Insgesamt besteht soweit gar kein Unterschied zur klassischen Theorie des isotropen Tiefziehens /18/, und das nachfolgende Biegen um die Ziehlippe kann nichts Neues bringen. Lediglich in bezug auf das Reißen des Napfes (Instabilität) mögen Abweichungen auftreten; Untersuchungen hierzu (vgl./19/,/20/) gehen von Hills Theorie aus.

Natürlich ist Gl.(18) falsch; Experimente zeigen in der Regel eine Blechdicken-Zunahme, wie sie vom HLMH-Fließgesetz entgegen Tresca auch isotrop schon vorausgesagt wird (vgl./5/). Woo /15/ stellt hier bei kleinen Formänderungen gute Übereinstimmung mit eigenen Versuchsergebnissen fest.

Bei beliebigen Formänderungen gilt am Blechrand r = b (Abb.3) ohne Blechhalter stets $\sigma_r = \sigma_z = 0$, mit Gl.(12)-(15) also nach Hill $\lambda_\psi/\lambda_z = -2Y_D^2/Y^2 = -(1 + R)$. Für konstanten R-Wert ergibt Integration dasselbe Verhältnis der Formänderungen $\phi_\psi = \ln b/b_o$, $\phi_z = \ln D/D_o$, so daß

$$\frac{D}{D_o} = \left(\frac{b_o}{b}\right)^{\frac{1}{1+R}} > 1 \quad \text{für } r = b \tag{19}$$

folgt (D_o,b_o: Anfangswerte von D,b). Shawkis Meßpunkte /21/ liegen nun für isotrope Metalle genau zwischen dieser Voraussage (R = 1) und Gl.(18) bzw. fallen bei anisotropen Metallen in Zipfelbergen mit Gl.(18), in Tälern mit Gl.(19) zusammen, so daß wieder keine Entscheidung zugunsten eines der Ansätze abzuleiten ist.

Für das Tiefziehen durch ein konisches Werkzeug oder das Rohrziehen - zumindest bei dünnwandigen Rohren, die homogene Spannungen und Formänderungen über der Querschnittsdicke rechtfertigen (Abb.4: Umformzone von A bis C, Zugkraft P' > 0, keine Druckkraft, d.h. P = 0) - erhält man nach Tresca bzw.

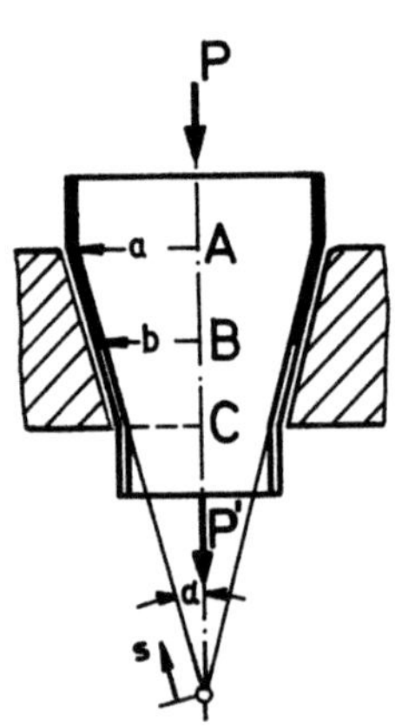

Abb.4. Rohrziehen, Einziehen

Sawczuk dieselben Schlußfolgerungen wie oben: Konstante Wandstärke, kein Unterschied zum isotropen Fall, der sich ähnlich einfach wie beim Tiefziehen der ebenen Platine berechnen läßt /4/. Anisotrope Ergebnisse nach Hills Theorie sind nicht bekannt. Schon isotrope Rechnungen nach dem HLMH-Ansatz müssen numerisch /22/ oder in mathematisch linearisierter Näherung /23/,/24/ durchgeführt werden, erfordern also erheblichen Aufwand, und liefern überwiegend eine Wandstärkenvergrößerung, wogegen experimentell auch Dickenabnahmen beobachtet wurden (/23/, vgl./5/).

3.2. Einziehen

Beim Einziehen unter Druck (Abb.4: P > 0, P' = 0) werden sich im Gegensatz zum Ziehen quantitative Unterschiede zwischen Isotropie (Tresca) und Anisotropie (Sawczuk) zeigen. Zuvor betrachten wir auch im Hinblick auf Abschn.3.3 den dick gezeichneten Ausschnitt einer um die z-Achse axialsymmetrischen Blechschale (Abb.5: Dicke D, Bogenlänge s, Zylinderkoordinaten r,ψ,z, Tangentenwinkel θ), die wir wie bei allen Theorien der

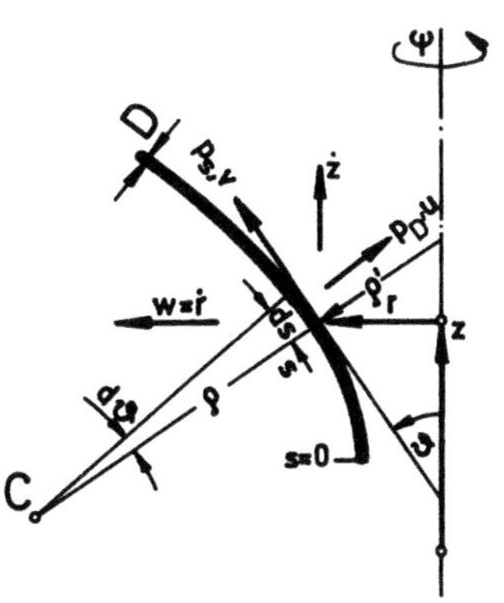

Abb.5. Axialsymmetrische Membran

Blechumformung üblich als "Membran" auffassen. Dies bedeutet verschwindende Spannung

$$\sigma_D = 0 \tag{20}$$

senkrecht zum Blech; über die Blechdicke (annähernd) konstante

Spannungen σ_s(längs), σ_ψ (azimuthal) und zugehörige Formänderungsgeschwindigkeiten

$$\lambda_D = \frac{\dot{D}}{D}, \quad \lambda_s = \frac{(ds)^\cdot}{ds}, \quad \lambda_\psi = \frac{(2\pi r)^\cdot}{2\pi r} = \frac{w}{r}; \qquad (21)$$

$\cdot = \frac{d}{dt}$. Äußere Lasten (Drücke, Reibspannungen) senkrecht bzw. parallel zur Blechoberfläche dürfen eigentlich nicht auftreten; sie werden ersatzweise als Volumenkräfte p_D,p_s in der Blechmitte angetragen. Dann lauten die Gleichgewichtsbedingungen (vgl./25/)

$$\left.\begin{aligned} & p_D - \frac{\sigma_s}{\rho} + \frac{\sigma_\psi}{\rho'} = 0, \\ & p_s + \frac{1}{D}\frac{d(D\sigma_s)}{ds} + \frac{D}{r}\sin\theta(\sigma_s - \sigma_\psi) = 0, \end{aligned}\right\} \qquad (22)$$

wo ρ der Krümmungsradius der in Abb.5 gezeichneten Meridiankurve des Bleches und ρ' der Krümmungsradius der Rotationsmembran senkrecht zur Zeichenebene ist. Es gelten folgende geometrische Relationen:

$$\rho = \frac{ds}{d\theta}, \; \rho' = \frac{r}{\cos\theta}, \; \frac{dr}{ds} = \sin\theta, \; \frac{dz}{ds} = \cos\theta, \; \frac{dr}{dz} = \tan\theta. \qquad (23)$$

Zeitintegration von (21) liefert mit D_o, ds_o, r_o als Anfangswerte die Formänderungen

$$\phi_D = \ln\frac{D}{D_o}, \; \phi_s = \ln\frac{ds}{ds_o}, \; \phi_\psi = \ln\frac{r}{r_o}. \qquad (24)$$

Die Vereinfachungen der Membrantheorie sind so einschneidend, daß dagegen wohl Unterschiede der Fließgesetze nach Hill und Sawczuk weniger ins Gewicht fallen. Auch dies rechtfertigt die Anwendung des mathematisch einfacheren, hier also des zweiten.

Zurück zum Einziehen. Der Vergleich von Abb.4 und 5 gibt

$$\theta = \alpha = \text{const}, \; r = s\cdot\sin\alpha, \; \rho = \infty, \; \rho' = s\cdot\tan\alpha. \qquad (25)$$

$p > 0$ bezeichne den Druck zwischen Werkzeug (schraffiert) und Blech, μ = const den Reibwert und μp die Reibschubspannung. Dementsprechend bilden wir die Pseudo-Volumenkräfte

$$p_D = p/D, \quad p_s = \mu p/D, \qquad (26)$$

setzen sie in die Gleichgewichtsbedingungen Gl.(22) ein und eliminieren p. Dies liefert mit Gl.(25)

$$\frac{d(D\sigma_s)}{dr} + \frac{D}{r}\left(\sigma_s - [1 + \mu\cot\alpha]\,\sigma_\psi\right) = 0. \tag{27}$$

Im Einziehvorgang nach Abb.4 endet das Rohr bei B ($s = s_B$), so daß dort $\sigma_{sB} = 0$ gilt. Allgemein erwarten wir Stauchung sowohl in Längsrichtung als auch in Umfangsrichtung; $\sigma_s \leq 0$, $\sigma_\psi < 0$. Dies führt mit Gl.(20) und $\sigma_{sB} = 0$ zu der Vermutung

$$\sigma_\psi < \sigma_s < \sigma_D \quad \text{für} \quad r > b, \tag{28}$$

die wir zu einer vollständigen Lösung ergänzen und damit bestätigen werden. Sie gibt wegen Gl.(10a),(21),(14) für transversal isotropes Material

$$\frac{\dot{D}}{D} = -\gamma\,\frac{\dot{r}}{r} \geq 0. \tag{29}$$

Man erkennt sofort das spezielle Ergebnis

$$\frac{D}{D_A} = \left(\frac{a}{r}\right)^\gamma; \quad \frac{D_B}{D_A} = \left(\frac{a}{b}\right)^\gamma \quad \text{für} \quad \gamma = \text{const}, \tag{30}$$

es ist in Abb.6 (ausgezogene Linien) im Vergleich mit isotropen Lösungen einer linearisierten HLMH-Näherung /23/(gestrichelte, von $\mu \cot\alpha$ abhängige Kurven) sowie Experimenten /26/*

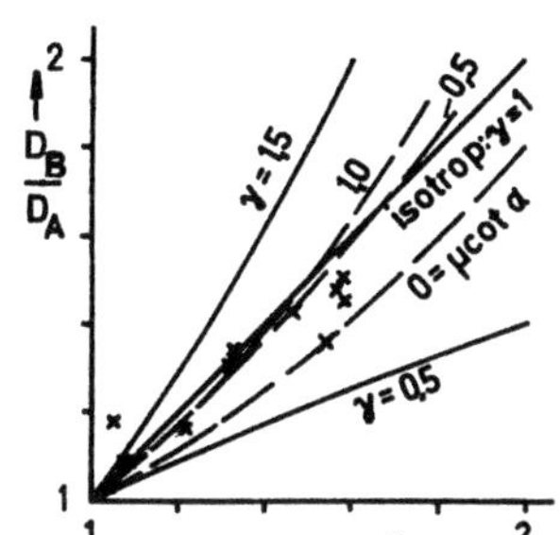

Abb.6. Wandstärkenänderung beim Einziehen

(Kreuze) wiedergegeben. Der Anisotropie-Streubereich ist größer als der Unterschied zwischen den Stoffgesetzen. Die Versuchsergebnisse deuten auf Isotropie, lassen aber keine Entscheidung zugunsten eines der Ansätze zu.

---

*Al Mg-Rohre, D_o=1,2 mm. Lokale Erwärmung im Umformbereich.

Die Fließbedingung Gl.(9) liefert wegen Gl.(14), $\dot{Y}_2 = Y_3 = Y$,

$$\sigma_\psi = (1 - \gamma)\sigma_s - Y. \tag{31}$$

Speziell für γ = const erhalten wir mit Gl.(30) und (31) aus Gl.(27) die Differentialgleichung der Druckverteilung

$$0 = \frac{d}{dr}\left(r^{(\gamma-1)\mu\cot\alpha}\ \sigma_s\right) + \left[1 + \mu\cot\alpha\right]\ Y\ r^{(\gamma-1)\mu\cot\alpha-1} .$$

Mit der Randbedingung $\sigma_s = 0$ für $r = b$ folgt z.B. bei idealplastischem Werkstoff Y = const

$$\frac{\sigma_s}{Y} = \frac{-\left[1 + \mu\cot\alpha\right]}{(\gamma-1)\mu\cot\alpha}\left(1 - \left[\frac{b}{r}\right]^{(\gamma-1)\mu\cot\alpha}\right). \tag{32}$$

Sie erfüllt die rechte Seite der Ungleichung (28) wegen $\sigma_D \equiv 0$ stets, wogegen die linke Seite die erreichbare Reduktion b/a begrenzen kann.

3.3. Hydrostatisches Abstrecken

Auf die ursprünglich horizontale Blechronde $z = 0$ (Anfangsdicke D_o = const) wirkt überall gleichmäßig der (ggf. zeitlich

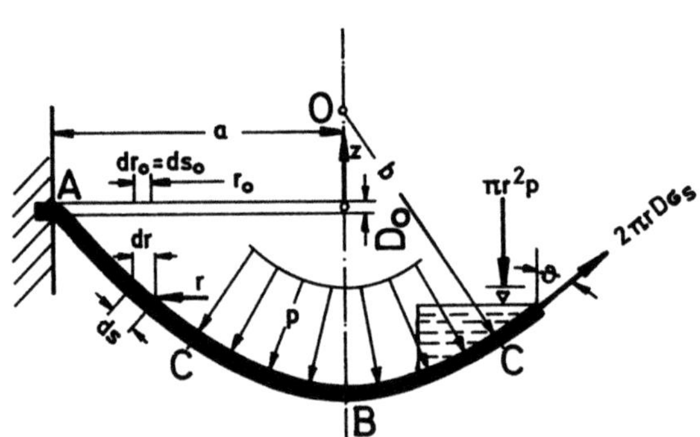

Abb.7. Hydrostatisches Streckziehen

veränderliche) Normaldruck p und baucht sie zur Form ACB nach unten aus (Abb.7). Dementsprechend wählen wir

$$p_D = - p/D, \quad p_s = 0 \tag{33}$$

als Pseudo-Volumenkräfte (vgl. Abb.5). Ferner setzen wir globales Gleichgewicht an der modellmäßig bis zum Radius r mit reibungsfreier gewichtloser Flüssigkeit (Druck $p = \mathrm{const}$) gefüllt gedachten Blechmulde (rechte Hälfte von Abb.7) an: Vertikal wirkt über der Kreisfläche πr^2 die Kraft $\pi r^2 p$. Am Blechquerschnitt $2\pi r D$ greift die Zugkraft $2\pi r\, D\sigma_s$ an; ihr vertikaler Anteil $2\pi r\, D\sigma_s \cos\theta$ muß $\pi r^2 p$ entsprechen:

$$\sigma_s = \frac{rp\cdot}{2D\cos\theta} = \frac{p\rho'}{2D} \qquad (34a)$$

(vgl. Gl.(23)). Die erste Bedingung Gl.(22) liefert mit Gl.(33)

$$\sigma_\psi = \frac{p\rho'}{D}\left(1 + \frac{1}{2}\frac{\rho'}{\rho}\right), \qquad (34b)$$

und die zweite ist durch Gl.(34a,b) mit Gl.(33) automatisch erfüllt.

Ferner werden am "Pol" B, wo r- und ψ-Richtungen zusammenfallen, die Spannungen σ_r, σ_ψ identisch sein. Wir erwarten Zug, da sich das Blech in seiner Fläche ausdehnt, und kommen mit $\sigma_D = 0$ (vgl. Gl.(20)) zu dem Ansatz

$$\sigma_s = \sigma_\psi > \sigma_D \qquad (35)$$

zumindest nahe B. Das Fließkriterium Gl.(9) liefert für transversal isotropes Material $Y_1 = Y_2 = Y$, $Y_3 = Y_D$ mit Gl.(34a,b)

$$\sigma_s = \sigma_\psi = Y_D,\ \sigma_D = 0,\ \rho' = -\rho,\ p = \frac{2DY_D}{|\rho|}. \qquad (36)$$

$\rho' = -\rho$ heißt: Die betrachtete Fläche hat, von innen her gesehen (Abb.5), überall zwei gleiche Hauptkrümmungen und muß daher eine Kugel $|\rho| = b = \mathrm{const}$ sein. Da der Druck p überall gleich ist, liefert Gl.(36) auch $DY_D = \mathrm{const}$. Y_D ist aber nach Gl.(5),(6) bei konstanter Temperatur nur eine Funktion von D und seiner zeitlichen Änderung, so daß wir bei sonst beliebiger Verfestigung und Geschwindigkeitsabhängigkeit auch

$$D = \mathrm{const},\ \dot{D} = \mathrm{const} \quad \text{für} \quad t = \mathrm{const} \qquad (37)$$

folgern, d.h. konstante Blechstärke und Blechstärkenänderung in der Kugelzone.

Zur Rechtfertigung von Gl.(35) müssen die Formänderungsgeschwindigkeiten λ_s, λ_ψ gemeinsam mit $\lambda_D = \dot{D}/D < 0$ der Fließregel Gl.(10c) genügen, also

$$\left.\begin{aligned} &\gamma\lambda_s \leq \left|\frac{\dot{D}}{D}\right|, \quad \gamma\lambda_\psi \leq \left|\frac{\dot{D}}{D}\right|, \\ &\text{wo} \quad \dot{D}/D < 0 \quad \text{und} \quad \gamma = Y/Y_D \end{aligned}\right\} \tag{38}$$

gemäß Gl.(14) abgekürzt wurde. Es gilt $\gamma \leq 2$. Wenn wir den Grenzfall $\gamma = 2$ ausschließen, so ist Gl.(38) bestimmt nahe dem Pol B, $\lambda_s = \lambda_\psi = \frac{1}{2}\left|\frac{\dot{D}}{D}\right|$, erfüllt, so daß wir die Kugellösung dort gerechtfertigt haben.

Am Rande $r = a$ folgt wegen $\dot{r} = 0$, d.h. nach Gl.(21) $\lambda_\psi = 0$, und nach Gl.(1) $|\lambda_D| = \lambda_s$. Dies ist mit Gl.(38) nur für $0 < \gamma \leq 1$ verträglich. Hierfür, insbesondere bei Isotropie, erstreckt sich die Kugellösung bis zum Rand /4/.

Für $1 < \gamma < 2$ wird sie hingegen nur bis zu einem Punkt C, $r = r_C$ (Abb.7) stimmen. Außerhalb könnte Gl.(35) stetig in $\sigma_\psi > \sigma_s > \sigma_D$ oder $\sigma_s > \sigma_\psi > \sigma_D$ übergehen. Wir setzen die erste* Möglichkeit

$$\sigma_\psi > \sigma_s > \sigma_D = 0 \quad \text{für} \quad r_C < r \leq a \tag{39}$$

an. Für sie gilt nach Gl.(34a,b) $|\rho| > \rho'$; die Meridiankrümmung nimmt also nach außen ab. Genauer bedeutet Gl.(34a,b) mit Gl.(39)

$$\frac{\rho'}{\rho} > -1 \quad \text{für} \quad r_C < r \leq a. \tag{40}$$

Das zu Gl.(39) gehörige Fließkriterium Gl.(9) lautet dann mit $\gamma = Y/Y_D$

$$1 + \gamma + \frac{\rho'}{\rho} = \frac{2DY}{p\rho'}.$$

Aus Gl.(23) und

$$\frac{\rho'}{\rho} = \frac{r}{\cos\theta}\frac{d\theta}{ds} = \frac{r}{\cos\theta}\frac{d\theta}{dr}\sin\theta = r\tan\theta\frac{d\theta}{dr} \tag{41}$$

entsteht so eine gewöhnliche Differentialgleichung in den Unbekannten $\theta(r), D(r)$ mit dimensionslosen Größen

---

*die zweite würde rechnerisch zum Widerspruch führen.

$$\left.\begin{aligned}&\bar{D} = \frac{D}{D_o}\,,\quad \bar{p} = \frac{p}{Y}\,,\quad \bar{r} = \frac{r}{a}\,,\quad \delta = \frac{D_o}{a}\,,\\ &\beta = \frac{b}{a}\,,\quad \bar{z} = -\frac{z}{a}\,,\end{aligned}\right\} \qquad (42)$$

nämlich

$$\frac{d\theta}{d\bar{r}} = \frac{\cot\theta}{\bar{r}}\left\{\frac{2\delta}{\bar{p}}\cdot\frac{\bar{D}}{\bar{r}}\cos\theta - \gamma - 1\right\}, \qquad (43)$$

wobei sogar Y $\neq$ const (d.h. $\bar{p} \neq$ const) zugelassen ist. Eine weitere Differentialgleichung folgt aus der zu Gl.(39) gehörigen kinematischen Beziehung Gl.(10a), $\gamma\lambda_\psi = -\lambda_D$ oder integriert $-\gamma\phi_\psi = \phi_D$, wobei wir von nun an γ = const voraussetzen. Über Gl.(24) findet man so

$$\bar{D} = \frac{D}{D_o} = \left(\frac{r_o}{r}\right)^{\gamma}, \quad \frac{d\bar{D}}{dr} = \gamma\left(\frac{r_o}{r}\right)^{\gamma-1}\left[-\frac{r_o}{r^2} + \frac{1}{r}\frac{dr_o}{dr}\right]. \qquad (44)$$

Nach Gl.(24),(23) und $dr_o = ds_o$ (Abb.7) folgt ferner

$\frac{dr}{dr_o} = \sin\theta\,\frac{ds}{ds_o} = \sin\theta\, e^{\phi_s}$; die integrierte Fließregel Gl.(10a)

liefert wegen Gl.(1) $\phi_s = -(\phi_\psi+\phi_D) = \left(\frac{1}{\gamma} - 1\right)\phi_D = \ln\left(\frac{D_o}{D}\right)^{1-\frac{1}{\gamma}}$.

Also haben wir $\frac{dr_o}{dr} = \frac{1}{\sin\theta}\left(\frac{D}{D_o}\right)^{1-\frac{1}{\gamma}} = \frac{\bar{D}^{1-\frac{1}{\gamma}}}{\sin\theta}$. Setzt man dies und

$\frac{r_o}{r} = \bar{D}^{\frac{1}{\gamma}}$ aus der ersten Gleichung (44) in die zweite ein, so ergibt sich schließlich mit Gl.(42)

$$\frac{d\bar{D}}{d\bar{r}} = \gamma\,\frac{\bar{D}}{\bar{r}}\left\{\frac{\bar{D}^{-\left(\frac{2}{\gamma}-1\right)}}{\sin\theta} - 1\right\} \quad \text{für}\ \gamma = \text{const}. \qquad (45)$$

Gl.(43) und (45) stellen zwei gewöhnliche Differentialgleichungen in $\bar{D}$, $\bar{r}$ dar, die sich leider nur numerisch (auf dem Digital- oder Analogrechner) lösen lassen, aber dennoch von wesentlich einfacherem Typ als die nach dem Hillschen Ansatz entstehenden Gleichungen (vgl./27/) sind. Man beginnt etwa am Außenrand

$$\bar{r}_A = 1 \quad \text{mit} \quad \bar{D}_A = 1, \quad \theta_A \text{ beliebig}$$

(wegen Gl.(44): $r_o = r$) und integriert nach innen, bis am Punkt C die Grenzbedingung $\frac{\rho'}{\rho} = -1$, wegen Gl.(41),(42),(43) also

$$2\,\frac{\delta}{\bar{p}_c}\,\frac{\bar{D}_c}{r_c}\cos\theta_c = \gamma$$

erfüllt ist. Damit Gl.(40) zunächst wenigstens für $\bar{r}_A = 1$, $\bar{D}_A = 1$ gilt, muß man übrigens

$$\frac{2}{\bar{p}_A}\,\delta\cos\theta_A > \gamma; \quad \text{insbesondere } \bar{p}_A < \frac{2\delta}{\gamma}$$

als notwendige Bedingung für die Existenz eine Lösung fordern: Zu große Drücke p sind verboten!

Man hat nun $\bar{r}_c, \theta_c, \bar{D}_c$ sowie den bezogenen Kugelradius $\beta = \bar{r}_c/\cos\theta_c$ zu beliebig vorgegebenem Anfangswert θ_A gefunden; den richtigen Wert θ_A sortiert man mit der Forderung globaler Volumenkonstanz aus (Abb.7*):

$$\pi a^2 D_o = 2\pi b^2(1-\sin\theta_c)\, D_c + 2\pi\int_{s_c}^{s_A} r\, D ds,$$

oder mit $ds = dr/\sin\theta$ (vgl.Gl.(23)) und dimensionslos über Gl.(42)

$$\frac{1}{2} = \beta^2\bar{D}_c\,(1-\sin\theta_c) + \int_{\bar{r}_c}^{1}\frac{\bar{r}\,\bar{D}}{\sin\theta}\,d\bar{r}\,.$$

Danach kennt man alle wesentlichen Größen und ermittelt schließlich die Meridiankurve des Bleches nach Gl.(23),(42) durch

$$\bar{z} = \int_{\bar{r}}^{1}\cot\theta\; d\bar{r}\,.$$

---

* Die Fläche der unten anschließenden Kugelkappe beträgt $2\pi b^2(1-\sin\theta_c)$, die Blechstärke dort $D = D_c$.

Aufgrund zahlenmäßiger Ergebnisse* scheint die Krümmung und damit die Ausbeulung des Bleches bei kleinen Drücken $\bar{p}$ mit der Anisotropie γ zuzunehmen, bei großen Drücken hingegen mit γ abzunehmen. Abb.8 zeigt ferner als Beispiel den Verlauf der Krümmung $\frac{a}{\rho} = a\frac{d\theta}{ds} = \frac{d\theta}{d\bar{r}} \cdot \frac{d\bar{r}}{ds} = \sin\theta \frac{d\theta}{d\bar{r}}$ über dem Radius für $\gamma = 1{,}5$. Wenn $\bar{p}$ den größten dort angegebenen Wert überschreitet, bricht die innere Kugelzone plötzlich zusammen.

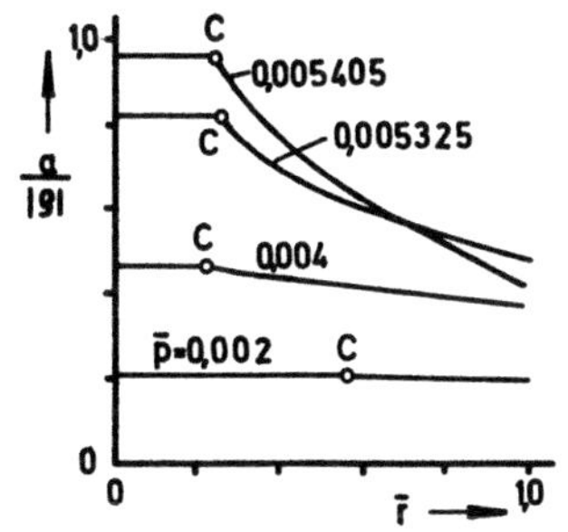

Abb.8. Meridiankrümmung für $\gamma = 1{,}5$

und es existiert keine Lösung mehr. Dies muß man wohl als Instabilität deuten, möglicherweise mit einem Riß nahe dem Pol B. Daß nahe B unabhängig von der Art der Anisotropie stets eine Kugelform vorliegt, wurde mehrfach experimentell und auch theoretisch(nach dem isotropen HLMH-Gesetz) bestätigt /28/, /27/. Wiederum ist daher keine prinzipielle Unterscheidung der Stoffgesetze möglich. Hingegen stellt die hier für $\gamma \leq 1$ zulässige reine Kugelgestalt für HLMH (und daher wohl auch für Hills Fließgesetz) nur eine Näherung dar /30/.

Literatur

1. Prager, W.: Stress Analysis in the Plastic Range. Frontiers Num. Math., Proc. Symp. Madison (Wisc.), Oct.30-31, 1959. Madison (Wisc.): Univ. of Wisconsin Press 1960, 3-21.
2. Mises, R.v.: Mechanik der plastischen Formänderungen von Kristallen. ZAMM 8 (1928), 161-185

* Nach Dipl.-Ing. M.Becker, dem für seine Unterstützung gedankt sei.

3. Lippmann, H. und O. Mahrenholtz: Plastomechanik der Umformung metallischer Werkstoffe, Bd.1. Berlin-Heidelberg-New York: Springer 1967.
4. Lippmann, H.: Plastomechanik der Umformung metallischer Werkstoffe, Bd.2. Berlin-Heidelberg-New York: Springer. In Vorbereitung.
5. Hill, R.: The Mathematical Theory of Plasticity. Oxford: Clarendon Press 1950.
6. Sawczuk, A.: Linear Theory of Plasticity of Anisotropic Bodies and its Applications to Problems of Limit Analysis. Arch.Mech. Stosow 11 (1959), 541-557.
7. Reckling, K.A.: Experimente zur Feststellung der Werkstoffanisotropie und zur Überprüfung der Hillschen Verfestigungshypothese. Der Stahlbau 1969, Nr.2, 43-51.
8. Vlad, C.M.: Verfahren zur Ermittlung der Anisotropie-Kennzahlen für die Beurteilung des Tiefzieh-Verhaltens kohlenstoffarmer Feinbleche. Materialprüfung 14, 179-182 (1972).
9. Bramley, A.N. and P.B. Mellor: Plastic Flow in Stabilized Sheet Steel. Int.J.Mech.Sci 8, 101-114 (1966).
10. Pearce, R.: Some Aspects of Anisotropic Plasticity in Sheet Metals. Int.J.Mech.Sci. 10, 995-1005 (1968).
11. Woodthorpe, J. and R. Pearce: The Anomalous Behaviour of Aluminium Sheet Under Balanced Biaxial Tension. Int.Mech. Sci. 12, 341-347 (1970).
12. Olszak, W., Rychlewski, J. and W. Urbanowski: Plasticity under Nonhomogeneous Conditions. Adv.Appl.Mech. 7, 131-214 (1962).
13. Koiter, W.T.: Stress-Strain Relations, Uniqueness and Variational Theorems for Elastic Plastic Materials With a Singular Yield Surface. Quart.Appl.Math. 11, 350-354 (1953).
14. Proksa, F.: Plastisches Biegen von Blechen. Der Stahlbau 28, 29-36 (1959).
15. Woo, D.M.: On the Complete Solution of the Deep Drawing Problem. Int.J.Mech.Sci. 10, 83-94 (1968).
16. Wei Hsuin Yang: Axisymmetric Plane Stress Problems in Anisotropic Plasticity. Trans. ASME J.Appl.Mech. 36, 7-14 (1969).

17. Chiang, D.C. and S. Kobayashi: The Effect of Anisotropy and Work-Hardening Characteristics on the Stress and Strain Distribution in Deep Drawing. Trans.ASME J.Engng.Ind. 88, 443-448 (1966).
18. Siebel, E. und A. Pomp: Über den Kraftverlauf beim Tiefziehen und bei der Tiefungsprüfung. Mittl. K.-W.Inst. Eisenforschung Düsseldorf 11, 129-153 (1929).
19. Moore, G.G. and J.F. Wallace: The Effect of Anisotropy on Instability in Sheet Metal Forming. J.Inst.Metals 93, 33-38 (1964/65).
20. Mir, W.A. and M.J. Hillier: Cup Drawing from an Anisotropic Blank. Trans. ASME J. Engng. Ind. 91, 766-771 (1969).
21. Shawki, G.S.: Wanddickenverlauf beim Tiefziehen ohne Niederhalter. Z. Metallkde.52, 763-767 (1961).
22. Szczepiński, W.: Axially Symmetric Plane Stress Problem of a Plastic Strain-Hardening Body. Arch.Mech. Stosow 15,611-633 (1963).
23. Swift, H.W.: Stresses and Strains in Tube Drawing. Phil. Mag. Ser.7, 40, 883-903 (1949).
24. Singh, M.: A Linearized Theory of Tube Drawing. ZAMP 15, 1-12 (1964).
25. Parkus, H.: Mechanik der festen Körper, 2.Aufl. Wien: Springer. 1966.
26. Beck, R., Schenk, K.-W. und H.Gross: Einziehen zylindrischer Hohlkörper. Fertigungstechnik 8, 538-544 (1958).
27. Woo, D.M.: The Analysis of Axisymmetric Forming of Sheet Metal and the Hydrostatic Bulging Process. Int.J.Mech.Sci. 6, 303-317 (1964).
28. Kular, G.S. and M.J. Hillier: Re-Interpretation of Some Simple Tension and Bulge Test Data for Anisotropic Metals. Int.J.Mech.Sci. 14, 631-634 (1972). S.a. Diskussion ibidem 15, 689-692 (1973).
29. Troost, A.: Formal-identische Beschreibung des ebenen plastischen Fließens isotroper und orthotrop anisotroper Werkstoffe. Arch. Eisenhüttenwes., demnächst.

30. Hill, R.: A Theory of the Plastic Bulging of a Metal Diaphragm by Lateral Pressure. Phil. Mag. 41, 1133-1142(1950).

Anschrift des Verfassers: Professor Dr.rer.nat. Horst Lippmann, Universität Karlsruhe (TH), Institut für Technische Mechanik und Festigkeitslehre, Am Fasanengarten, D-7500 Karlsruhe, Bundesrepublik Deutschland.

ANISOTROPIE IM ELASTISCH-PLASTISCHEN BEREICH

W. OLSZAK und W. URBANOWSKI†, Warschau

I. Einleitende Bemerkungen

1. Die gegenwärtig beobachtete Entwicklung der Mechanik geht in mehreren wichtigen Richtungen vor sich. Wenn wir uns - um konkret zu bleiben - auf die Mechanik der festen deformierbaren Körper beschränken, stellen wir wohl die interessanteste Evolution in jener Forschungsrichtung fest, die ihre eigentlichen Grundlagen selbst betrifft. An Stelle der bisherigen Formulierungen, die rein phänomenologischer Natur waren, treten jetzt Überlegungen, die von der strukturellen Beschaffenheit und dem molekularen Aufbau der Materie ausgehen. Die bisherigen Stoffgesetze (vom "Makro"-Typus) werden demnach durch Zusammenhänge ersetzt, die von den Molekularprozessen und den Strukturdefekten der Materie abgeleitet werden (d.h. also vom "Mikro"-Typus sind).

Nun stecken wir hier noch in den Anfängen und wir müssen zusehen, daß wir auch ohne die heute noch viel zu fragmentarischen Kenntnisse der Grundprozesse, die die uns interessierenden Erscheinungen determinieren, trotzdem die Probleme, die der Mechanik täglich gestellt werden, lösen können. Und da spielen weiterhin noch die phänomenologische Auffassung sowie die Begriffe und Methoden der Kontinuumsmechanik eine ausschlaggebende Rolle. Und auch auf diesem Gebiet sind wir Zeugen einer sich heute sehr lebhaft und interessant gestaltenden Forschungstätigkeit, die unter anderem darin besteht, neue "Modelle", die an die physikalische Realität so nahe wie nur möglich herankommen sollen, zu ersinnen und zu erforschen. Es müssen derart hier die Untersuchungen über die bisher noch weniger ergründeten irreversiblen Prozesse eingegliedert werden, die sich, phänomenologisch aufgefaßt, auf vielartige Weise ausdrücken können. Hier greift folgerichtig auch die Thermodynamik mitentscheidend ein, ohne die ein weiteres Erforschen dieser Prozesse nicht denkbar ist. Hierher gehören demnach die Arbeiten über die Plastizität, die Viskoplastizität und, allgemein gesprochen, die Rheologie. Die letzten Jahre brachten auch tiefschürfende Studien über eine allgemeine Klasse von Materialien mit Gedächtnis, über die mannigfachen Zugänge und Abzweigungen der Theorie der Momentenspannungen und der verschiedenartig gekoppelten Felder (Koppelung, in verschiedenen Kombinationen, der mechanischen, thermischen, magnetischen, elektrischen und anderer Effekte).

Die letzthin sehr intensiv gepflegte Theorie der mikropolaren Medien greift wohl schon aus diesem Rahmen hinaus und bildet einen Versuch, unsere Kenntnisse in Richtung des Einflusses der Mikrostruktur zu erweitern.

2. Das Studium der Anisotropie, und zwar sowohl der zugehörigen theoretischen als auch experimentellen Forschung, paßt in dieses Bild gut hinein.

Die Anisotropie selbst kann entweder auf den inneren Aufbau des Materials zurückgeführt und dann als eine "angeborene" (oder strukturelle) Eigenschaft betrachtet werden. Sie kann aber auch durch entsprechende konstruktive Maßnahmen erzielt werden, wie etwa durch die Anordnung einer Stahlbewehrung im Stahlbetonbau, durch Verwendung von Glasfasern als einer Armierungsverstärkung von synthetischen Stoffen oder durch analog wirkende Faserverstärkungen von Gußeisen usw. Diese "erzwungene" (oder konstruktive) Anisotropie kann man auch durch anderweitige konstruktive Maßnahmen herbeiführen, wie etwa durch die Anordnung von Verstärkungsrippen, was besonders bei der Projektierung von Ingenieurbauten sehr häufig der Fall ist (in Form von gerippten Platten, gerippten Schalen usw.). Randwert- und dynamische Probleme für derartige anisotrope Konstruktionen, auch Probleme der Wellenausbreitung, stellen heute alltäglich angetroffene Anwendungsbeispiele dar.

Man kann derart, auch beim Anisotropiestudium, eine zu unseren Überlegungen aus Abschnitt 1 analoge, wenn auch anders geartete Abstufung der Problemstellung feststellen und abgrenzen, wie etwa das anisotrope "Makro"-Verhalten, die "Mikro"-Eigenschaften, schließlich auch eine (insbesondere im Hinblick auf die in der Praxis oft angetroffene und soeben erwähnte Rippenanordnung) Diskretisierung in der Frageformulierung.

3. Die von M. T. Huber (19o4) und unabhängig von ihm später von R. von Mises (1913) sowie H. Hencky (1924) für isotrope Stoffe formulierte Plastizitätsbedingung wurde von R. von Mises (1928) auf anisotrope Körper übertragen (plastisches Potential, plastische Fließfunktion; vgl. auch spätere Forschungsergebnisse, insbesondere jene von R. Hill sowie der Verfasser,/2/,/12/).

Wir werden von der von Mises'schen Idee weiterhin Gebrauch machen, wollen aber gleichzeitig noch den Begriff der Material-Nichthomogenität in unsere Betrachtungen einbeziehen. Es stellt sich nämlich heraus, daß fast alle realen Körper sowohl anisotrop, als auch nichthomogen sind. Diese beiden Begriffe müssen klar auseinander gehalten werden, obwohl die auf sie zurückzuführenden Erscheinungen fast stets gleichzeitig als gekoppelt auftreten.

Die Nichthomogenität selbst kann verschiedenen Ursprungs sein. In der "Mikro"-Skala geht sie auf den diskreten Aufbau der Materie zurück; aber auch im Rahmen der phänomenologischen Auffassung gibt es viele markante Beispiele für eine "Makro"-Nichthomogenität. So ist es zum Beispiel bekannt, daß die elastischen, vor allem aber die plastischen Materialeigenschaften sehr weitgehend temperaturabhängig sind. Ist also das untersuchte Konstruktionselement oder -system der Einwirkung eines ungleichförmigen Temperaturfeldes ausgesetzt, dann ist es ebenfalls, vom mechanischen Standpunkt aus, elastisch und insbesondere auch besonders markant plastisch nichthomogen.

Viel empfindlicher noch sind in dieser Beziehung zahlreiche Materialien, speziell die Metalle und gewisse synthetische Stoffe, auf die Einwirkung der Irradiation, und es ist wiederum insbesondere die Plastizitätsgrenze, die eine mit der Irradiationsquantität ausgesprochen variable Größe darstellt. Auch das weitere Materialverhalten im plastischen Regime, wie etwa der Verfestigungsverlauf, ist stark von der Irradiation abhängig.

In Monokristallen kann die Plastizitätsgrenze einen etwa zehnmal größeren Wert annehmen als im ursprünglichen (nicht angestrahlten) Zustand, in Polykristallen kann diese Zunahme das zwei- bis dreifache des Originalwertes ausmachen. Gleichzeitig werden plastische Verfestigungseffekte zum großen Teil abgebaut und das Material nähert sich in seinem Verhalten einem idealplastischen Stoff. Hingegen werden die elastischen Eigenschaften von der Irradiation kaum berührt. Derartige Einflüsse wurden zum Beispiel für Stahl, Kupfer, Nickel und einige Kunststoffe experimentell festgestellt.

Da in einer Konstruktion, etwa in einem Reaktorpanzer, die Irradiationsquantität ortsvariabel ist, wird das Material in elastischer Hinsicht (praktisch) homogen bleiben, dagegen im Hinblick auf seine plastischen Eigenschaften ausgesprochen nichthomogen werden.

Ähnlich verhalten sich verschiedene Arten von Baugründen, deren plastische Eigenschaften unter anderem eine Funktion deren Feuchtigkeitsgehaltes sind, der aber im allgemeinen ortsvariabel ist.

Im Hinblick auf diese Tatsachen haben wir, um eine klare theoretische Behandlung vornehmen zu können, die elastisch-plastischen Materialien in vier Klassen eingeteilt /8b/, /11/, von denen uns weiterhin deren allgemeine Klasse (IV) noch beschäftigen wird. Sie betrifft die sowohl elastisch als auch plastisch nichthomogenen Stoffe, wobei in der Unterklasse (IV_1) diese Nichthomogenitätserscheinungen in einer bestimmten Art miteinander "konjugiert" sind, hingegen in Klasse (IV_2) die entsprechenden Nichthomogenitätsfunktionen voneinander unabhängig auftreten. Die obige Einteilung wurde auf Grund der Analyse der uns zugänglichen Resultate der einschlägigen Experimentalforschung vorgenommen*.

Außer den hier soeben angeführten physikalischen Motiven gibt es noch einen weiteren Grund methodologischen Charakters, der für die Einführung eines Nichthomogenitätsfeldes spricht.

---

*Über die dabei beobachtete Nichtstationarität der plastischen Eigenschaften, die damit verbundenen Erscheinungen sowie deren theoretische Erfassung vgl. /9/.

Es zeigt sich nämlich, daß dieser Begriff, auch für homogene Körper, und zwar sowohl isotrope als auch anisotrope, bei der Lösung von konkreten Problemen sehr behilflich sein kann. Darüber sind einige Angaben in Abschnitt 15 zu finden.

II. Das anisotrope plastische und elastische Potential

4. In der jetzigen Betrachtung, in der wir im wesentlichen an unsere Arbeiten /12a, b, c/ anknüpfen, werden wir uns der Begriffe des plastischen und des elastischen Potentials bedienen. Der erste geht, wie schon erwähnt (Abschn. 3), auf R. von Mises zurück, der sich desselben bei der Untersuchung von anisotropen homogenen Körpern bediente /7/. Wir verbleiben dabei im Rahmen der phänomenologischen Betrachtungsweise.

Wie bereits angedeutet, besteht keinerlei Schwierigkeit, diese Betrachtungen auf nichthomogene Materialeigenschaften zu erweitern. Auf diese Art können wir also gleich denjenigen Problemen nachgehen, die aktuell werden, wenn die betrachteten Körper gleichzeitig sowohl anisotrop als auch nichthomogen sind, wobei - im allgemeinen Fall - deren Anisotropie mit einem beliebigen krummlinigen Koordinatensystem in Bezug stehen mag.

So kann es sich also beispielsweise um eine zylindrische oder sphärische Orthotropie handeln, die etwa beim Studium von Zylinder- bzw. Kugelschalen von Bedeutung sein können. Ein anderes, noch einfacheres Beispiel könnte etwa eine sogenannte transversale Isotropie, gegebenenfalls mit einem ähnlichen zylindrischen oder sphärischen, sonst aber auch mit irgendeinem anderen, den gegebenen physikalischen oder technischen Bedingungen angepaßten krummlinigen Koordinatensystem in Verbindung gebracht werden.

In der nachstehenden Version wollen wir uns jedoch auf ein geradliniges orthogonales Koordinatensystem beziehen, was eine gewisse Vereinfachung des angewandten Formalismus, der sich der tensoriellen Ausdrucksweise bedient, mit sich bringt, dabei aber den wesentlichen physikalischen Inhalt, auf den es hier ankommt, übersichtlich zu erfassen gestattet.

5. Die von Mises'sche Fließ-(Potential-)funktion kann für den Fall von ideal-plastischen anisotropen Körpern, der nunmehr gleichzeitig auch einem möglichen Materialnichthomogenitätsfeld Rechnung trägt, in der nachstehenden Form angeschrieben werden:

$$\Psi = \frac{1}{2}\left(K_{23}(P)(\sigma_{22}-\sigma_{33})^2 + K_{31}(P)(\sigma_{33}-\sigma_{11})^2 + K_{12}(P)(\sigma_{11}-\sigma_{22})^2\right) -$$

$$-\sigma_{23}\left(K_{24}(P)(\sigma_{11}-\sigma_{22}) + K_{34}(P)(\sigma_{11}-\sigma_{33})\right) -$$

$$-\sigma_{31}\left(K_{35}(P)(\sigma_{22}-\sigma_{33}) + K_{15}(P)(\sigma_{22}-\sigma_{11})\right) -$$

$$-\sigma_{12}\left(K_{16}(P)(\sigma_{33}-\sigma_{11}) + K_{26}(P)(\sigma_{33}-\sigma_{22})\right) +$$

$$+ K_{45}(P)\sigma_{23}\sigma_{31} + K_{56}(P)\sigma_{31}\sigma_{12} + K_{64}(P)\sigma_{12}\sigma_{23} +$$

$$+ \frac{1}{2}\left(K_{44}(P)\sigma_{23}{}^2 + K_{55}(P)\sigma_{31}{}^2 + K_{66}(P)\sigma_{12}{}^2\right). \qquad (5.1)$$

Darin bedeuten die $K_{ij}(P)$ die mit der Position des betrachteten Punktes $P(x,y,z)$ veränderlichen Materialkennzeichnungsgrößen. Dieses Problem wird weiterhin für den allgemeinen Fall der Anisotropie betrachtet, d.h. unter der Voraussetzung, daß alle 15 Materialcharakteristiken $K_{ij}(P)$ von Null verschieden sind.

6. Es wird nunmehr ein System von neuen Größen H_{klmn} $(k,l,m,n = 1,2,3)$ eingeführt, wobei dieselben definitionsgemäß symmetrisch in Bezug auf die Indizes k,l und m,n sowie in Bezug auf die Indexgruppen kl und mn sein sollen. Sie befriedigen derart die Gleichungen

$$H_{klmn} = H_{lkmn}, \quad H_{klmn} = H_{klnm}, \quad H_{klmn} = H_{mnkl}. \qquad (6.1)$$

Wir stellen weiterhin die Größen mit wesentlich verschiedenen Indizes in der nachstehenden Tabelle zusammen:

H_{1111}	H_{1122}	H_{1133}	H_{1123}	H_{1131}	H_{1112}
	H_{2222}	H_{2233}	H_{2223}	H_{2231}	H_{2212}
		H_{3333}	H_{3323}	H_{3331}	H_{3312}
			H_{2323}	H_{2331}	H_{2312}
				H_{3131}	H_{3112}
					H_{1212}

(6.2)

und setzen dieselben gleich den entsprechenden Gliedern der

Tabelle

$K_{12}+K_{31}$	$-K_{12}$	$-K_{31}$	$-\frac{1}{2}(K_{24}+K_{34})$	$\frac{1}{2}K_{15}$	$\frac{1}{2}K_{16}$
	$K_{23}+K_{12}$	$-K_{23}$	$\frac{1}{2}K_{24}$	$-\frac{1}{2}(K_{35}+K_{15})$	$\frac{1}{2}K_{26}$
		$K_{31}+K_{23}$	$\frac{1}{2}K_{34}$	$\frac{1}{2}K_{35}$	$-\frac{1}{2}(K_{16}-K_{26})$
			K_{44}	K_{45}	K_{64}
				K_{55}	K_{56}
					K_{66}

(6.3)

Der Vergleich von (6.2) mit (6.3) lehrt, daß es nur 15 unabhängige Größen H_{klmn} gibt, wobei die Gleichung

$$H_{\kappa\lambda\mu\nu}\,\delta_{\kappa\lambda} = 0 \quad (\kappa,\lambda,\mu,\nu = 1,2,3) \tag{6.4}$$

erfüllt erscheint.

Die Fließfunktion Ψ kann nunmehr in der kompakten tensoriellen Form

$$\Psi = \frac{1}{2}\, H_{klmn}\,(P)\ \sigma_{kl}\sigma_{mn} \tag{6.5}$$

geschrieben werden.

Da Ψ aus (6.5) invariant ist, können die Größen H_{klmn} als Koordinaten eines Tensors des vierten Ranges aufgefaßt werden; dieser soll <u>der Tensor der plastischen Moduli</u> heißen. Dessen Koordinaten H_{klmn} können aus der Beziehung

$$H_{klmn} = \frac{\partial^2\Psi}{\partial\sigma_{kl}\,\partial\sigma_{mn}} \tag{6.6}$$

gewonnen werden.

Da auf diese Art der tensorielle Charakter der Größen H_{klmn} festgestellt wurde, kann weiterhin die wichtige Frage beantwortet werden, wie die Werte der Plastizitätsmoduli H'_{klmn} für ein beliebiges neues orthogonales Koordinatensystem gefunden werden, welches aus dem ursprünglichen durch eine Drehoperation gewonnen wird.

Es seien α_{ij} die Richtungscosinus der Winkel zwischen den positiven Halbachsen i des neuen Referenzsystems und den positiven Halbachsen j des ursprünglichen Referenzsystems. Es ist offensichtlich

$$\alpha_{ij} = \alpha_{ji} \; ,$$

$$\alpha_{i\rho} = \alpha_{\rho i} = \delta_{ij} = \begin{cases} 0 & (i \neq j), \\ 1 & (i = j), \end{cases} \tag{6.7}$$

Die Beziehungen zwischen den Komponenten des Tensors der plastischen Moduli H'_{klmn} im neuen Bezugssystem und den Komponenten $H_{\kappa\lambda\mu\nu}$ im ursprünglichen Bezugssystem können ausgedrückt werden durch die Gleichung

$$H'_{klmn} = \alpha_{k\kappa}\alpha_{l\lambda}\alpha_{m\mu}\alpha_{n\nu}H_{\kappa\lambda\mu\nu} \quad , \tag{6.8}$$

die direkt aus den Regeln des Tensorkalküls folgt.

7. Aus dem Begriff des Potentials folgt die Möglichkeit der Ableitung der direkten Beziehungen zwischen den Komponenten des Spannungstensors σ_{kl} und denjenigen des Formänderungsgeschwindigkeitstensors $\dot{\varepsilon}_{kl}$. Diese Beziehungen haben die einfache Form

$$\dot{\varepsilon}_{kl} = c \, \frac{\partial \Psi}{\partial \sigma_{kl}} \quad , \tag{7.1}$$

worin c den Proportionalitätskoeffizienten darstellt.

Wird (6.5) in (7.1) eingeführt, erhalten wir die Beziehungen

$$\dot{\varepsilon}_{kl} = c \; H_{kl\mu\nu} \; (P)\sigma_{\mu\nu} \quad , \tag{7.2}$$

die gleichwertig sind den nachstehenden sechs für den betrachteten allgemeinen Fall gültigen Beziehungen:

$$\frac{1}{c}\,\dot{\varepsilon}_{11} = + K_{12}(P)(\sigma_{11}-\sigma_{22}) + K_{31}(P)(\sigma_{11}-\sigma_{33}) -$$

$$- \left(K_{24}(P) + K_{34}(P)\right)\sigma_{23} + K_{15}(P)\sigma_{31} + K_{16}(P)\sigma_{12} ,$$

$$\frac{1}{c}\,\dot{\varepsilon}_{22} = + K_{23}(P)(\sigma_{22}-\sigma_{33}) + K_{12}(P)(\sigma_{22}-\sigma_{11}) +$$

$$+ K_{24}(P)\sigma_{23} - \left(K_{35}(P) + K_{15}(P)\right)\sigma_{31} + K_{26}(P)\sigma_{12} \; ,$$

$$\frac{1}{c}\,\dot{\varepsilon}_{33} = + K_{31}(P)(\sigma_{33}-\sigma_{11}) + K_{23}(P)(\sigma_{33}-\sigma_{22}) +$$

$$+ K_{34}(P)\sigma_{23} + K_{35}(P)\sigma_{31} - \big(K_{16}(P) + K_{26}(P)\big)\sigma_{12};$$

$$\frac{1}{c}\,\dot{\varepsilon}_{23} = -\big(K_{24}(P)(\sigma_{11}-\sigma_{22}) + K_{34}(P)(\sigma_{11}-\sigma_{33})\big) +$$

$$+ K_{44}(P)\sigma_{23} + K_{45}(P)\sigma_{31} + K_{64}(P)\sigma_{12}\;,$$

$$\frac{1}{c}\,\dot{\varepsilon}_{31} = -\big(K_{35}(P)(\sigma_{22}-\sigma_{33}) + K_{15}(P)(\sigma_{22}-\sigma_{11})\big) +$$

$$+ K_{45}(P)\sigma_{23} + K_{55}(P)\sigma_{31} + K_{56}(P)\sigma_{12}\;,$$

$$\frac{1}{c}\,\dot{\varepsilon}_{12} = -\big(K_{16}(P)(\sigma_{33}-\sigma_{11}) + K_{26}(P)(\sigma_{33}-\sigma_{22})\big) +$$

$$+ K_{64}(P)\sigma_{23} + K_{56}(P)\sigma_{31} + K_{66}(P)\sigma_{12}\;. \qquad (7.3)$$

Aus denselben folgt

$$\dot{\varepsilon}_{\kappa\lambda}\delta_{\kappa\lambda} = 0, \qquad (7.4)$$

was der (plastischen) Inkompressibilität entspricht.

8. Das plastische Potential Ψ kann mit der Plastizitätsbedingung identifiziert werden. Diese kann demnach - für den allgemeinen Fall einer anisotropen und nichthomogenen Materialstruktur - ausgedrückt werden durch

$$2\Psi = H_{\kappa\lambda\mu\nu}(P)\sigma_{\kappa\lambda}\,\sigma_{\mu\nu} = 1. \qquad (8.1)$$

Es ist ersichtlich, daß die komplette Bestimmung der Plastizitätsbedingung die Kenntnis der 15 Größen K_{ij} verlangt, welche die plastischen Eigenschaften des untersuchten anisotropen Materials bestimmen. Ist dasselbe gleichzeitig nichthomogen, dann müssen diese Größen als Funktionen der Koordinaten des in Betracht gezogenen Punktes bekannt sein.

9. Es sei weiterhin vorausgesetzt, daß der betrachtete Körper sowohl elastisch anisotrop als auch elastisch nichthomogen sei. Es haben dann im elastischen Deformationsbereich die Beziehungen zwischen den Komponenten des Spannungstensors σ_{kl} und denjenigen des Formänderungstensors ε_{kl} die Gestalt

$$\sigma_{kl} = E_{kl\mu\nu}\varepsilon_{\mu\nu} \quad . \tag{9.1}$$

Die Auflösung des Systems (9.1) in Bezug auf ε_{kl} führt auf die Form

$$\varepsilon_{kl} = \tilde{E}_{kl\mu\nu}\,\sigma_{\mu\nu} \quad , \tag{9.2}$$

die das verallgemeinerte Hooke'sche Gesetz darstellt.

Die in den obigen Beziehungen auftretenden Komponenten des Tensors der Elastizitätsmoduli E_{klmn} (P) und diejenigen des Tensors der Formänderungskoeffizienten $\tilde{E}_{klmn}$ (P) genügen den Gleichungen vom Typus (6.1) und es ist überdies

$$E_{\kappa\lambda pq}\,\tilde{E}_{\kappa\lambda rs} = \delta_{pr}\,\delta_{qs} \quad . \tag{9.3}$$

Das elastische Potential (die Formänderungsenergie) kann dann folgendermaßen ausgedrückt werden:

$$\Phi = \frac{1}{2}\,\sigma_{\kappa\lambda}\,\varepsilon_{\kappa\lambda} = \frac{1}{2}\,E_{\kappa\lambda\mu\nu}\,\varepsilon_{\kappa\lambda}\varepsilon_{\mu\nu} = \frac{1}{2}\,\tilde{E}_{\kappa\lambda\mu\nu}\sigma_{\kappa\lambda}\sigma_{\mu\nu} \quad . \tag{9.4}$$

Die obigen Ausdrücke sowie deren entwickelte Formen sind wohlbekannt und können zum Beispiel in A. E. H. Love's klassischer Monographie /6/ gefunden werden.

III. Die Plastizitätsbedingung

1o. Wir wollen nunmehr die wichtige Frage untersuchen, ob und gegebenenfalls unter welchen Bedingungen die Formänderungsenergie Φ aus Gl. (9.4) in zwei Bestandteile aufgespaltet werden kann, wobei der erste der Volumsänderungsenergie Φ_v, der zweite hingegen der Gestaltsänderungsenergie Φ_f entspräche:

$$\Phi = \Phi_v + \Phi_f \quad . \tag{1o.1}$$

Es kann gezeigt werden, daß im allgemeinen Fall der elastischen Anisotropie (gekennzeichnet durch 21 verschiedene Elastizitätsmoduli E_{klmn}) die Formänderungsenergie Φ, bei einer beliebigen Belastung, nicht in zwei derartige Bestandteile zerlegt werden kann.

Eine derartige Zerlegung ist nur dann möglich, wenn das betrachtete Material besondere Symmetrieeigenschaften der anisotropen Struktur aufweist und natürlich auch dann, wenn deren totale Symmetrie, d.h. also eine isotrope Struktur, vorliegt.

Wenn es sich also herausstellt, daß im allgemeinen Fall der anisotropen Materialstruktur der Begriff der Gestaltsänderungsenergie Φ_f keinen physikalischen Sinn hat, kann derselbe offensichtlich nicht mehr auf die bisher übliche Weise als maßgebende Größe für das Erreichen des kritischen Zustandes (der Plastizitätsgrenze) herangezogen werden.

Wir werden jedoch sehen, daß wenn gewisse entsprechend definierte verallgemeinerte Begriffe eingeführt werden, es uns erneut möglich sein wird, die Größe Φ in zwei Bestandteile aufzuspalten, deren Sinn und Bedeutung Analogien zu Φ_v und Φ_f aufweisen werden.

Um das zu erreichen, führen wir gewisse verallgemeinerte Invarianten des Formänderungstensors ε^{I*}, ε^{II*}, des Formänderungsdeviators e^{II*}, des Spannungstensors σ^{I*}, σ^{II*} und des Spannungsdeviators s^{II*} ein; dieselben bezeichnen wir durch einen Stern *, um sie von den entsprechenden klassischen Invarianten ε^{I}, ε^{II}, e^{II}; σ^{I}, σ^{II}, s^{II} zu unterscheiden.

Die Ausdrücke für diese nunmehr weiterhin verwendeten verallgemeinerten Invarianten sind im Anhang (Kap. V) angegeben (in Abschn. 16 für die Formänderungsinvarianten; in Abschn. 17 für die Spannungsinvarianten), wobei die ersten, beziehungsweise die zweiten Invarianten durch Einführung der Indizes I bzw. II auseinandergehalten werden.

Unter Heranziehung dieser neuen Begriffe ist es nunmehr möglich, zwei weitere verallgemeinerte Ausdrücke Φ_v^* und Φ_f^* entsprechend aufzubauen (vgl. Abschn. 18) und es erweist sich, daß jetzt eine Dekomposition der Formänderungsenergie Φ in zwei Bestandteile möglich wird.

Diese zwei Terme, Φ_v^* und Φ_f^*, werden folgerichtig durch Sterne* versehen damit sie von den entsprechenden Symbolen (ohne Sternbezeichnung) der klassischen Aufspaltung, die für isotrope Körper gültig ist, unterschieden werden können.

Die zwei verallgemeinerten Größen, Φ_v^* und Φ_f^* (mit Stern) behalten gewisse charakteristische Eigenschaften der klassischen Volumsänderungsenergie Φ_v (ohne Stern) und der klassischen Gestaltsänderungsenergie Φ_f (ohne Stern) bei.

Diese neue Aufspaltungsmöglichkeit ist jedoch nicht eindeutig.

Eindeutig ist sie einzig und allein für eine gewisse Klasse von Körpern, deren Struktureigenschaften bestimmte Bedingungen erfüllen. Diese Bedingungen wurden in unseren Arbeiten /12a,b,c/ angegeben.

Es soll ausdrücklich betont werden, daß die Klasse derjenigen Körper, für welche diese Bedingungen erfüllt sind, physikalisch nicht leer ist. In der Tat schließt sie alle Körper ein, die im regulären System kristallisieren, als auch - insbesondere - isotrope Körper.

Für andere Typen der Anisotropie ist die obige Aufspaltung zwar nicht eindeutig, es kann jedoch gezeigt werden, daß es lediglich zwei Möglichkeiten gibt, auf welche die Spaltung der Formänderungsenergie Φ in zwei Bestandteile vorgenommen werden kann.

Wir finden derart

$$\Phi = \begin{cases} \underset{\sim}{\Phi}{}_v^* + \underset{\sim}{\Phi}{}_f^* , \\ \Phi_v^* + \Phi_f^* . \end{cases} \tag{1o.2}$$

Wir wollen die Größen Φ_f^* und $\tilde{\Phi}_f^*$ die verallgemeinerte Gestaltsänderungsenergie der ersten Art beziehungsweise der zweiten Art benennen.

Es ist interessant festzustellen, daß:

(a) der Wert von Φ_f^* sich nicht ändert, wenn das betrachtete Element einer (positiven oder negativen) spezifischen Dehnung ε unterworfen wird, die gleich ist in jeder der drei orthogonalen Richtungen;

(b) der Wert von $\tilde{\Phi}_f^*$ sich nicht ändert, wenn das betrachtete Element einer (positiven oder negativen) in allen Richtungen gleichen Spannung (von hydrostatischen Typus) ausgesetzt wird.

11. Nunmehr steht nichts mehr im Weg, die erhaltenen Ergebnisse dazu heranzuziehen, um auch für beliebig anisotrope Körper die Plastizitätsbedingung in Anlehnung an das Kriterium des Erreichens eines Grenzwertes der verallgemeinerten Gestaltsänderungsenergie zu formulieren.

Dieses Verfahren kann auf Grund der bisherigen Überlegungen

folgerichtig auf zwei verschiedene Weisen angewandt werden. Die erwähnte Plastizitätsbedingung kann alternativ in der allgemeinen Form

$$\Phi_f^* = \big(K(P)\big)^2 \qquad (11.1)$$

oder

$$\tilde{\Phi}_f^* = \big(\tilde{K}(P)\big)^2 \qquad (11.2)$$

angeschrieben werden, wobei $K(P)$ und $\tilde{K}(P)$ im allgemeinen Fall bestimmte Funktionen der Koordinaten des betrachteten Punktes $P(x,y,z)$ darstellen. Sie charakterisieren die Nichthomogenität des Materials. Im Sonderfall von homogenen Materialeigenschaften sind dieselben durch Konstanten zu ersetzen.

Es wäre zweifellos interessant, die Gültigkeit der obigen Bedingungen experimentell zu verifizieren. Im Hinblick auf die Eigenschaften der Funktionen Φ_f^* und $\tilde{\Phi}_f^*$ der ersten und der zweiten Art, die in (a) und (b) erörtert wurden, sollte für deren Wahl bzw. für die Festlegung deren Gültigkeitsbedingungen ein experimenteller Vergleich herangezogen werden: entscheiden müßte die Gegenüberstellung des Verhaltens des betrachteten anisotropen Körpers, wenn er (a) einer (positiven oder negativen) gleichförmigen Dehnung in allen Richtungen ausgesetzt ist, mit seinem Verhalten, wenn derselbe (b) einem gleichförmigen Zug oder Druck unterworfen wird.

Eine experimentelle Bestätigung der Kriterien (11.1) bzw. (11.2) würde von besonderem praktischen Wert sein: sie würde es gestatten, die Plastizitätsbedingung für anisotrope Körper lediglich auf Grund der Kenntnis ihrer elastischen Eigenschaften und einer einzigen das plastische Verhalten kennzeichnenden zusätzlichen Größe, $K(P)$ bzw. $\tilde{K}(P)$, zu formulieren.

Im Gegensatz dazu verlangt die früher besprochene Formulierung der Plastizitätsbedingung in Anlehnung an das plastische Potential die Kenntnis von 15 charakteristischen Größen.

Wir erkennen hier, wie einzusehen ist, den Fall, der in Abschn. 3 als der "konjugierte" Typus bezeichnet wurde, für welchen die plastischen Materialeigenschaften von dessen elastischen Eigenschaften abhängen. Wegen Raumbeschränkung kann hier auf diesen Fragenkomplex nicht näher eingegangen und es soll auf unsere diesbezüglichen Arbeiten verwiesen werden.

12. In denselben haben wir uns überdies, außer mit den grundlegenden theoretischen Überlegungen, auch mit Einzelfragen und einigen technischen Anwendungen beschäftigt. Insbesondere haben wir dabei verschiedene Typen der anisotropen Materialstruktur untersucht, wobei denjenigen Strukturklassen, die in der technischen Praxis von Bedeutung sind, unser besonderes Augenmerk galt.

Es wurden derart Tabellen ausgearbeitet für den allgemeinsten Fall der Anisotropie, für deren besondere einfachere Typen, wie der Orthotropie, der kubischen Anisotropie, der sogenannten transversalen Isotropie, und schließlich für die Isotropie. Für jede dieser Strukturarten wurden die folgenden Typen der Plastizitätsbedingungen verglichen:

- die erste, entwickelt in Anlehnung an den Begriff der verallgemeinerten Gestaltsänderungsenergie der ersten Art, Φ_f^*;
- die zweite, entwickelt in Anlehnung an den Begriff der verallgemeinerten Gestaltsänderungsenergie der zweiten Art, $\tilde{\Phi}_f^*$;
- die dritte Type der Plastizitätsbedingung, entwickelt in Anlehnung an den Ausdruck für das plastische Potential, Ψ.

IV. Anwendungen

13. Man findet, daß der Begriff des plastischen Potentials oftmals die Entwicklung von besonders wirksamen Methoden bei der Lösung von effektiven Problemen der Plastizitätstheorie gestattet. Es wurden auf diese Art zahlreiche technische Aufgaben, die die elastisch-plastische Anisotropie und die Nichthomogenität betreffen, behandelt und gelöst. Nur einige von ihnen seien hier als Beispiel angeführt: verschiedenartige zweidimensionale Randwertprobleme, wobei leicht festgestellt werden kann, daß diese Problemklasse im allgemeinen in mehrere grundsätzlich verschiedene Arten von zweidimensionalen Anordnungen zerfällt und die bekannten klassischen Formulierungen als Grenzfälle mitenthält /10a,b/; rotationssymmetrische Probleme; Probleme, die anisotrope und nichthomogene Plattengebilde betreffen; einfachere Schalenprobleme; Probleme der Grenztragfähigkeit usw.

Im Nachstehenden sei nur ein besonders charakteristisches

Anwendungsbeispiel angeführt, das nicht nur die quantitativen Differenzen gegenüber der klassischen Lösung, sondern auch qualitativ neue Erscheinungen klar erkennen läßt. Es wird dabei mit Absicht eine möglichst einfache Aufgabenformulierung angestrebt, um den physikalischen Sinn möglichst in den Vordergrund zu stellen /12e/.

14. Es handele sich um einen dickwandigen elastisch-plastischen Kreiszylinder, dessen anisotrope Materialstruktur gleichzeitig mit einem Nichthomogenitätsfeld gekoppelt ist.

Es wird insbesondere angenommen, daß eine zylindrische Orthotropie vorliegt, die mit dem hier aktuellen zylindrischen Koordinatensystem r, ϕ, z in Verbindung steht, und daß die Nichthomogenität vom rotationssymmetrischen Typus ist. Die elastischen und plastischen Eigenschaften seien voneinander unabhängig (Gruppe IV_2 der Klassifikation) oder miteinander "konjugiert" (Gruppe IV_1). Der Innendruck p von hydrostatischer Art soll monoton mit der Zeit t anwachsen, $p = p(t)$. Es kann ohne Schwierigkeiten auch die Wirkung eines Außendruckes verfolgt werden, soll aber hier, der Einfachheit halber, übergangen werden. Der Innen- und Außenradius soll a bzw. b betragen; r bedeutet den Radiusvektor des betrachteten Punktes.

Zwei kritische Werte des Innendruckes p werden gefunden, wobei der erste, p_1, verantwortlich ist für das Auftreten der ersten plastischen Deformationen im untersuchten Zylinderrohr, wohingegen der zweite, p_2, im Zusammenhang steht mit der totalen Plastifizierung des ganzen Zylinders.

Die Analyse eines ähnlichen Systems unter Voraussetzung eines elastisch und plastisch isotropen und homogenen Materials führt zu dem bekannten Ergebnis, wonach die ersten plastischen Formänderungen mit ansteigendem Innendruck p(t) zunächst an der Innenleibung $r = a$ auftreten und sich mit weiter wachsenden p(t) progressiv nach außen ausdehnen. Die Anisotropie, die zum Beispiel durch eine zweckmäßig angeordnete Verstärkung in der Umfangsrichtung hervorgerufen wird, trägt zur Steigerung der Spannungsspitze an der Innenleibung $r = a$ und zur Spannungsentlastung in den äußeren Partien der Zylinderwandstärke bei (vgl. /8 a/).

Für nichthomogene Systeme können diese Erscheinungen grundsätzlich anders verlaufen: es kann zum Beispiel die plastische Zone zunächst in der äußersten Zylinderpartie auftreten und dann von außen nach innen expandieren. Dies hängt im wesentlichen von dem Charakter und der "Intensität" der Nichthomogenität und der Art der Materialanisotropie ab.

Der Übergang vom ersten zum zweiten Fall wird dann erreicht, wenn der plastische Zustand in jedem Punkt des zylindrischen Rohres in demselben Augenblick erreicht wird. In diesem besonderen Fall werden die zwei kritischen Innendruckwerte einander gleich: $p_1 = p_2 = p_{1,2}$.

Es besteht keine Schwierigkeit, jenen besonderen Typus der Nichthomogenität (bei gegebener Anisotropie) zu finden, für den die Erscheinung der gleichzeitigen Plastifizierung der ganzen Konstruktion eintritt: man vermeidet dadurch vollständig die gefährliche Spannungsspitze an der Innenleibung und nutzt das Material auch in den äußeren Zylinderpartien, wo es normalerweise nur träge bei der Kraftübertragung mitwirkt, in bestmöglicher Weise aus.

Verfolgt man dieses Problem noch weiter, dann stellt man fest, daß - in Abhängigkeit von der Nichthomogenität des Materials und seiner Anisotropie - die ersten plastischen Deformationen auch irgendwo im Inneren der Wandstärke ansetzen und dann, von dort aus, nach innen und nach außen expandieren können.

Und um nur noch anzudeuten, wie mannigfaltig sich diese Erscheinungen gestalten können und wie verhältnismäßig einfach es ist, dieselben vollständig zu verfolgen, seien kurz die Kriterien angegeben, die es gestatten, die einzelnen qualitativ verschiedenen Verhaltungsklassen abzugrenzen.

Für einen isotropen nichthomogenen Zylinder entscheidet die Funktion

$$f(r) = \frac{1}{r^2} \frac{G(r)}{K(r)} \qquad (14.1)$$

über die Art und den Charakter des Verlaufes der uns interessierenden Phänomene (G bedeutet dabei den Schubmodul, K die Plastizitätsgrenze des Materials).

Ist die Funktion (14.1) im Intervall /a,b/ monoton abnehmend, dann treten die ersten plastischen Deformationen an der Innenleibung r = a auf und die plastische Zone vergrößert sich nach außen hin.

Ist die Funktion f(r) im Intervall /a,b/ monoton zunehmend, dann setzen die ersten plastischen Deformationen an der Außenleibung r = b an und die plastifizierte Zone expandiert mit steigendem Druck p(t) in Richtung der inneren Begrenzungsfläche des Zylinders, beim gleichzeitigen Schrumpfen der elastisch reagierenden inneren Zone.

Ist f(r) im Intervall /a,b/ nicht monoton, dann treten die ersten plastischen Deformationen irgendwo im Inneren der Wandstärke auf und expandieren bei Druckanstieg in beiden Richtungen (nach innen und nach außen); es kann aber auch der Fall eintreten, daß die plastifizierten Zonen von der Innenleibung und von der Außenleibung nach dem Inneren der Wandstärke expandieren. Dies hängt vom Verlauf der Kurve f(r) ab.

Ist schließlich f(r) = const., dann wird die ganze Konstruktion gleichzeitig total plastisch. Dieser besondere Fall ist für den Konstrukteur besonders interessant, da er mit beträchtlicher Materialersparnis verbunden ist.

Für anisotrope Materialien ist das Kriterium (14.1) durch ein entsprechend allgemeineres zu ersetzen, das der Art der Anisotropie Rechnung trägt.

Diese Überlegungen und Resultate wurden in der technischen Praxis unter anderem beim Entwurf und bei der Herstellung von Stahlbetondruckrohren für Spülversatzzwecke herangezogen. Diese Rohre wurden für Kohlenbergwerke zur Förderung des Spülversatzgutes in Tiefen von 2oo bis 5oo m verwendet (Innendrucke 2o bis 5o Atm.+ Druckstöße).

Andere Anwendungsbeispiele sind aus der neueren Literatur bekannt. Sie betreffen sowohl grundsätzliche Lösungsmethoden, als auch effektiv gelöste technische Probleme.

15. Zum Abschluß sei noch auf einen Umstand hingewiesen, der für die Lösung von plastizitätstheoretischen Problemen von Bedeutung sein kann. Der Begriff der Nichthomogenität kann unter Umständen als ein Hilfsbegriff bei der Entwicklung einer effektiven Methode der Suche nach Lösungen herangezogen werden. Wie bekannt, geht eine der diesbezüglichen Hauptschwierigkeiten auf den nichtlinearen Charakter der Ausgangsgleichungen der Plasti-

zitätstheorie zurück, die nur selten direkt integriert werden können. Andererseits können oftmals derartige spezielle Typen der Nichthomogenitätsfunktionen in Rechnung gestellt werden, die zu exakten Lösungen des Gleichungssystems führen. Es können gleichzeitig in diese Funktionen geeignete freie Parameter eingeführt werden, deren Werte nachträglich in einer derartigen Weise festzulegen sind, daß an die tatsächlichen Bedingungen so nahe wie nur möglich herangekommen wird, zum Beispiel also an die vorgegebene Materialhomogenität oder ein Nichthomogenitätsfeld vorgeschriebener Art. Es ist dabei möglich, für die Lösung die untere und die obere Schranke anzugeben. Auf diese Weise kann der Fehler abgeschätzt bzw. die gesuchte Lösung mit einer genügenden Näherung erhalten werden; in einer analogen Weise können auch bereits bekannte Näherungslösungen entsprechend verifiziert werden, wie dies z. B. in den Arbeiten /15/ zu finden ist

Ein derartiges Vorgehen unterscheidet sich also grundsätzlich von den üblichen klassischen Ansätzen, in welchen - beim Ausstehen einer exakten Lösung - für ein physikalisch wohldefiniertes Problem eine formal angenäherte Lösung gesucht wird. In der hier vorgeschlagenen Methode wird von einem physikalisch angenäherten Modell ausgegangen, für welches jedoch eine exakte Lösung erhalten wird - mit allen ihren Vorteilen betreffend deren Auswertung, Diskussion usw.

V. Anhang

16. Die in Abschnitt 1o eingeführten verallgemeinerten Invarianten des Formänderungstensors und des Formänderungsdeviators wollen wir in der nachstehenden Weise definieren:

$$\varepsilon^{I*} = A_{\kappa\lambda\mu\nu}\,\varepsilon_{\kappa\lambda}\,\delta_{\mu\nu}\;,\;\varepsilon^{II*} = A_{\kappa\lambda\mu\nu}\,\varepsilon_{\kappa\lambda}\,\varepsilon_{\mu\nu}; \quad (16.1)$$

$$e^{I*} = \varepsilon^{II*} - \frac{1}{3}(\varepsilon^{I*})^2 \;,. \quad (16.2)$$

In den obigen Ausdrücken erscheinen die neuen tensoriellen Größen A_{klmn}, im Weiteren die Anisotropietensoren der ersten Art benannt. Dieselben sind durch die Beziehungen

$$E_{klmn} = \lambda^* A_{kl\mu\nu}\,A_{\kappa\lambda mn}\,\delta_{\kappa\lambda}\,\delta_{\mu\nu} + 2\mu^* A_{klmn} \quad (16.3)$$

bestimmt, worin die Größen λ^* und μ^* die aktuellen Materialeigenschaften bezeichnen und weiterhin die verallgemeinerten Lamé'schen Charakteristiken genannt werden; sie sind durch die Beziehungen

$$\lambda^* = \frac{1}{6} (E_{\kappa\lambda\mu\nu} \delta_{\mu\nu} - E_{\kappa\lambda\kappa\lambda}) \delta_{\kappa\lambda} ,$$

$$\mu^* = \frac{1}{4} (E_{\kappa\lambda\kappa\lambda} - \frac{1}{3} E_{\kappa\lambda\mu\nu} \delta_{\mu\nu}) \delta_{\kappa\lambda} \qquad (16.4)$$

gegeben.

Diese Größen sind im Fall der nichthomogenen Materialstruktur punktvariabel, $\lambda^* = \lambda^*(P)$ und $\mu^* = \mu^*(P)$, ähnlich wie die Koordinaten des Anisotropietensors, $A_{klmn} = A_{klmn}(P)$. Es werden für den Tensor A_{klmn} dieselben Symmetrieeigenschaften vorausgesetzt wie für die Tensoren E_{klmn} und $\tilde{E}_{klmn}$. Demnach gelten die folgenden Beziehungen

$$A_{klmn} = A_{lkmn}, \; A_{klmn} = A_{klnm}, \; A_{klmn} = A_{mnkl}. \qquad (16.5)$$

Die Gl. (16.3) wird durch den Tensor

$$A_{klmn} = \frac{1}{2\mu^*} \left(E_{klmn} - \frac{\lambda^*}{(3\lambda^*+2\mu^*)^2} E_{kl\mu\nu} E_{\kappa\lambda mn} \delta_{\kappa\lambda} \delta_{\mu\nu}\right) \qquad (16.6)$$

befriedigt, wie unmittelbar durch Einsetzen von (16.6) in (16.3) verifiziert werden kann.

17. Indem wir analog wie im vorhergehenden Abschn. 16 vorgehen, definieren wir nunmehr die verallgemeinerten Invarianten des Spannungstensors und des Spannungsdeviators, und zwar auf die folgende Weise:

$$\sigma^{I*} = \tilde{A}_{\kappa\lambda\mu\nu} \sigma_{\kappa\lambda} \delta_{\mu\nu}, \qquad \sigma^{II*} = \tilde{A}_{\kappa\lambda\mu\nu} \sigma_{\kappa\lambda} \sigma_{\mu\nu}; \qquad (17.1)$$

$$s^{II*} = \sigma^{II*} - \frac{1}{3} (\sigma^{I*})^2. \qquad (17.2)$$

Darin erscheinen die Koordinaten einer anderen tensoriellen Größe $\tilde{A}_{klmn}$, des Anisotropietensors der zweiten Art. Sie werden durch die Beziehungen

$$\tilde{E}_{klmn} = \frac{1}{9V^*} (1 - \frac{3V^*}{2G^*}) \tilde{A}_{kl\mu\nu} \tilde{A}_{\kappa\lambda mn} \delta_{\kappa\lambda} \delta_{\mu\nu} + \frac{1}{2G^*} \tilde{A}_{klmn} \qquad (17.3)$$

bestimmt, worin die Größe V^* den verallgemeinerten Volumsänderungsmodul, hingegen die Größe G^* den verallgemeinerten Schubmodul bezeichnet, die durch die Beziehungen

$$\frac{1}{V^*} = \tilde{E}_{\kappa\lambda\mu\nu}\,\delta_{\kappa\lambda}\,\delta_{\mu\nu}\,,$$

$$\frac{1}{G^*} = (\tilde{E}_{\kappa\lambda\kappa\lambda} - \frac{1}{3}\,\tilde{E}_{\kappa\lambda\mu\nu}\delta_{\mu\nu})\,\delta_{\kappa\lambda} \tag{17.4}$$

gegeben sind.

Auch diese Größen sind bei Voraussetzung einer nichthomogenen Materialstruktur punktvariabel, $V^* = V^*(P)$ und $G^* = G^*(P)$, ähnlich übrigens wie die Koordinaten des Tensors $\tilde{A}_{klmn} = \tilde{A}_{klmn}(P)$. Es sollen weiterhin die Koordinaten des Tensors A_{klmn} analoge Symmetrieeigenschaften wie in den Gl. (16.5) gezeigt, besitzen, das heißt daß die folgenden Beziehungen gelten sollen:

$$\tilde{A}_{klmn} = \tilde{A}_{lkmn}, \quad \tilde{A}_{klmn} = \tilde{A}_{klnm}, \quad \tilde{A}_{klmn} = \tilde{A}_{mnkl}\,, \tag{17.5}$$

Die Gl. (17.3) wird durch den Tensor

$$\tilde{A}_{klmn} = 2G^*\left(\tilde{E}_{klmn} - V^*(1-\frac{3V^*}{2G^*})\tilde{E}_{kl\mu\nu}\,\tilde{E}_{\kappa\lambda mn}\delta_{\kappa\lambda}\delta_{\mu\nu}\right) \tag{17.6}$$

befriedigt, was wiederum durch Substitution von (17.6) in (17.3) unmittelbar festgestellt werden kann.

18. Unter Verwendung der oben eingeführten und definierten Begriffe und Größen, kann schließlich das angestrebte Ziel erreicht werden: die Aufspaltung der im anisotropen Körper aufgespeicherten Formänderungsenergie in ihre zwei Bestandteile, und zwar - worauf schon oben hingewiesen wurde (Abschn. 1o) - auf die zwei hier möglichen und in Gl. (1o.2) angedeuteten Arten. Zu diesem Zweck werden nunmehr die Größen Φ_V^* und Φ_f^* sowie die Größen $\tilde{\Phi}_V^*$ und $\tilde{\Phi}_f^*$ konstruiert.

Die verallgemeinerten Formänderungsbestandteile der ersten Art, Φ_V^* und Φ_f^*, haben die Gestalt

$$\Phi_V^* = \frac{1}{2}\left(\frac{1}{3}\,(3\lambda^* + 2\mu^*)(\varepsilon^{I*})^2\right) \tag{18.1}$$

und

$$\Phi_f^* = \frac{1}{2}\left(2\mu^* e^{II*}\right). \tag{18.2}$$

Es ist leicht festzustellen, daß die Bedingung (1o.2) befriedigt ist.

Andererseits haben die verallgemeinerten Formänderungsbestandteile der zweiten Art, $\tilde{\Phi}_v^*$ und $\tilde{\Phi}_f^*$, die nachstehende Gestalt:

$$\tilde{\Phi}_v^* = \frac{1}{2} \left(\frac{1}{9V^*} (\sigma^{I*})^2\right) \tag{18.3}$$

und

$$\tilde{\Phi}_f^* = \frac{1}{2} \left(\frac{1}{2G^*} s^{II*}\right). \tag{18.4}$$

Auch hier verifizieren wir ohne Mühe, daß deren Summe gleich ist der totalen Formänderungsenergie, wie dies von Gl. (1o.2) verlangt wird.

Literatur

1. Gehring, F.: De aequationibus differentialibus, quibus aequilibrium et motus laminae crystallinae definiuntur. Dissert., Berlin 1866
2. Hill, R.: The Mathematical Theory of Plasticity. University Press. Oxford 1959
3. Huber, M. T.: (a) Die Grundlagen einer rationellen Berechnung der kreuzweise bewehrten Eisenbetonplatten. Zeitschr. d. Österr. Ing. u. Arch. Ver., Wien 1914;
(b) Über das elastische Gleichgewicht einer anisotropen Rechteckplatte (in poln. Sprache). B. Orzechowiez Jubil. Bd., Lwów 1916;
(c) Théorie rationelle des hourdis en béton armé, considerés comme des plaques minces, d'une simple anisotropie ortogonale. C. R. Acad. Sci., Gauthiers Villars, Paris 192o;
(d) Theorie der orthotropen Platten nebst Anwendungen (in poln. Sprache), 249 S., Wyd. Tow. Nauk., Lwów 1921;
(e) Theorie der kreuzweise bewehrten Eisenbetonplatten nebst Anwendungen. Bauing., Berlin 1923;
(f) Probleme der Statik technisch wichtiger orthotroper Platten. 165 S., Akad. Nauk Techn., Warschau 1929
4. Lenskij, V. S.: Einfluß der Radioaktivität auf die mechanischen Eigenschaften der Festkörper. Inzh. Sborn. 28, 196o, 97-133.

5. Lévy, M.: Mémoire sur les équations générales des mouvements intérieurs des corps solides ductiles au delà des limites où l'élasticité pourrait les ramener à leur premier état. C. R. Acad. Sci., Gauthiers Villars, 7o. 1323-1325, Paris 187o

6. Love, A. E. H.: A Treatise on the Mathematical Theory of Elasticity. Dover Publ., 4th ed. 1944

7. von Mises, R.: (a) Mechanik der festen Körper im plastisch deformablen Zustand. Göttinger Nachr., math.-phys. Kl., 1913, 582-592;
(b) Mechanik der plastischen Formänderung von Kristallen. Zeitschr. f. Angew. Math. u. Mech., 8, Nr. 3,161, 1928

8. Olszak, W.: (a) Beiträge zur Statik von polarorthotropen Scheiben und zylinderorthotropen Rohren. Bauing. Nr. 31, 32, 1936;
(b) Plastic non-homogeneity. Theory and applications. Symposium sulla Plasticitá nella Scienza delle Costruzioni in Onore del Prof. Arturo Dannusso, Varenna-Milano 1956;
(c) Quelques remarques sur la Construction et la Science, Bull. RILEM, Nr. 13, Paris 1963;
(d) Non-Homogeneity in Elasticity and Plasticity, IUTAM Symposium Warsaw 1958, Pergamon Press, Oxford-New York 1959 (Herausg.)

9. Olszak, W., Perzyna, P.: The constitutive equations of the flow theory for a non-stationary yield condition, Intern. Kongreß IUTAM, München 1964, Springer 1966

1o. Olszak, W., Perzyna, P., Szymański, C.: Two-dimensional plastic flow problems of non-homogeneous anisotropic media:
(I) Two-dimensional states of strain;
(II) Two-dimensional states of stress, Bull. Acad. Pol. Sci., Nr. 1, 1959

11. Olszak, W., Rychlewski, J., Urbanowski, W.: Plasticity under non-homogeneous conditions, Advances in Applied Mechanics, vol. VII, 131-214, Academic Press, New York 1962

12. Olszak, W., Urbanowski, W.: (a) The plastic potential and the generalized distortion energy in the theory of non-homogeneous anisotropic elastic-plastic bodies, Arch. Mech. Stos., 8, Nr. 4, 671-694, 1956;

(b) The generalized distortion energy in the theory of anisotropic bodies, Bull. Acad. Pol. Sci., Nr. 1, 1957;
(c) The tensor of moduli of plasticity, Bull. Acad. Pol. Sci., Nr. 1, 1957;
(d) Plastic non-homogeneity. A survey of theoretical and experimental research, in /8d/, 259-298;
(e) Non-homogeneous thick-walled elastic-plastic cylinder, Bull. Acad. Pol. Sci., Nr. 3, 1956

13. Rebinder, P. A.: Physiko-chemische Mechanik als ein neuer Wissenszweig (in Russisch). Vestn. Akad. Nauk. SSSR, Nr. 1o, 32-42, 1957
14. Saint Venant, B. de.: Mémoire sur l'établissement des équations différentielles des mouvements intérieurs opérés dans les corps solides ductiles au delà des limites ou l'élasticité pourrait les ramener à leur premier état, C. R. Acad. Sci., Gauthiers-Villars, 7o, 473-48o, Paris 187o
15. Życzkowski, M.: (a) Rozpr. Inż. 5, Nr. 1, 79-96, 1957;
(b) Bull. Acad. Pol. Sci., Cl. IV, 5, Nr. 1, 7-18, 1957.

Anschrift des Verfassers: Professor Dr., Dr. h. c. Waclaw Olszak, Polnische Akademie der Wissenschaften; z. Zt. Centre International des Sciences Mécaniques (CISM), Piazza Garibaldi 11, I-331oo Udine, Italien.

ANISOTROPES VERHALTEN SCHWINGEND BEANSPRUCHTER ISOTROPER WERKSTOFFE

A. TROOST und E.EL-MAGD, Aachen

Die Versuche, Fließbedingungen allgemein auf das Versagen bei mehrachsiger schwingender Beanspruchung zu übertragen /z.B. 1, 2/, scheitern aus verschiedenen Gründen /3, 4/. Entscheidend ist, daß sich isotrope Werkstoffe unter Schwingbelastung an der Ermüdungsgrenze zeitabhängig anisotrop verhalten /3, 4/, wie dieser Bericht für ein isotropes Kontinuum zeigen soll. Dabei wird ein ebener Spannungszustand zugrunde gelegt, einmal um den Grundgedanken übersichtlich herauszustellen, zum anderen, weil die Rißausbreitung im allgemeinen von inneren oder äußeren Oberflächen ausgeht, die hier als lastfrei angenommen werden.

Für ein körperfestes Koordinatensystem x_i seien die Belastungsspannungen σ_{ij} durch einen statischen Anteil $\bar{\sigma}_{ij}$ und einen harmonisch schwingenden Anteil+ (Amplitude $\tilde{\sigma}_{ij}$) gegeben. An einem um den beliebigen Winkel ϑ zu x_i gedrehten Werkstoffelement ergeben sich nach den Gleichgewichtsbedingungen sowohl der statische Anteil $\bar{\sigma}^*_{ij}$ als auch der ebenfalls harmonisch schwingende Teil (Amplitude $\tilde{\sigma}^*_{ij}$) der inneren Spannungen abhängig von σ_{ij} und ϑ :

$$\bar{\sigma}^*_{ij} = \bar{\sigma}^*_{ij} (\bar{\sigma}_{ij}, \vartheta), \quad \tilde{\sigma}^*_{ij} = \tilde{\sigma}^*_{ij} (\tilde{\sigma}_{ij}, \vartheta) .$$

+Eine Erweiterung auf zweiachsige Schwingbeanspruchung mit Phasenverschiebungen ist ohne weiteres möglich /5/.

Während sich bei statischer einachsiger Beanspruchung eines isotropen metallischen Werkstoffes eine lastspannungsunabhängige Festigkeit ergibt, hängt die Amplitude A der Schwingfestigkeit von der Belastung ab, wie z.B. Abb. 1 für einen unlegierten Baustahl (Wechselfestigkeit σ_W = 18,5 kp/mm^2) zeigt: A nimmt mit dem statischen Spannungsanteil $\bar{\sigma}$ ab. Bei mehrachsiger Schwingbeanspruchung läßt sich daher für beliebige Orientierung ϑ allgemein mit dem Stoffwert c setzen:

$$A_{ij} = \sigma_W \, \delta_{ij} - c \, \bar{\sigma}^*_{ij} \, (\bar{\sigma}_{ij}, \vartheta), \quad i = j = 1,2 , \tag{1a}$$

z.B. i = j = 1:

$$A_{11} = \sigma_W - c \, (\bar{\sigma}_{11} \cos^2\vartheta + \bar{\sigma}_{22} \sin^2\vartheta - \bar{\sigma}_{12} \sin 2\vartheta). \tag{1b}$$

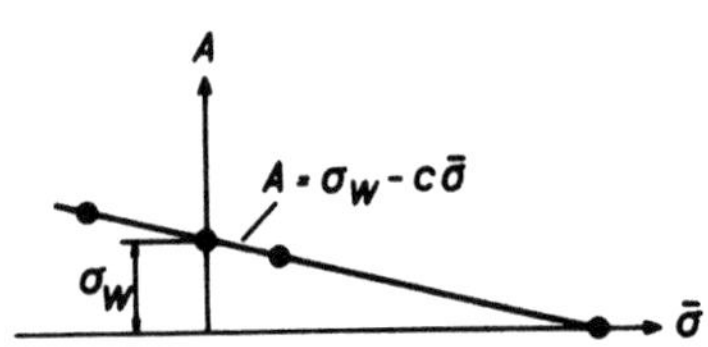

Abb. 1

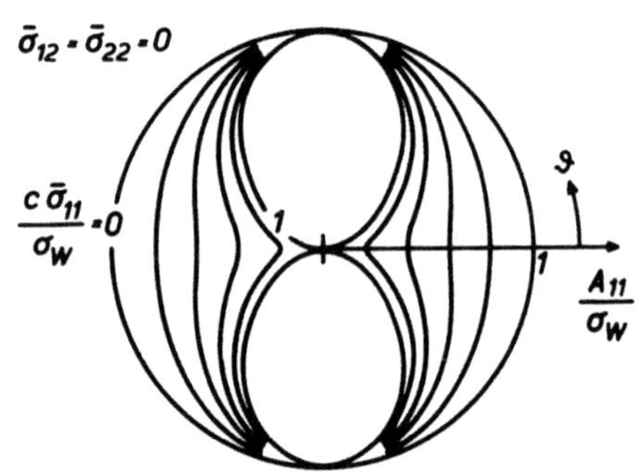

Abb. 2

Schon für isotrope Werkstoffe drücken die Gl. (1) eine Anisotropie während der Schwingbeanspruchung aus (Beispiel in Abb. 2). Nur bei reiner Wechselbeanspruchung ($\bar{\sigma}_{ij}$ = 0) ist $A_{11} = \sigma_W$, d.h. unabhängig von ϑ . Weitere Beispiele für die Orientierungsabhängigkeit A_{11} (ϑ) sind für unterschiedliche Spannungskombinationen in Abb. 3 dargestellt.

Dieses anisotrope Schwingverhalten des Werkstoffes muß in den Versagenshypothesen berücksichtigt werden. Besonders anschaulich gelingt dies nach der Normalspannungshypothese, wie ein in Abb. 4 wiedergegebenes Beispiel für

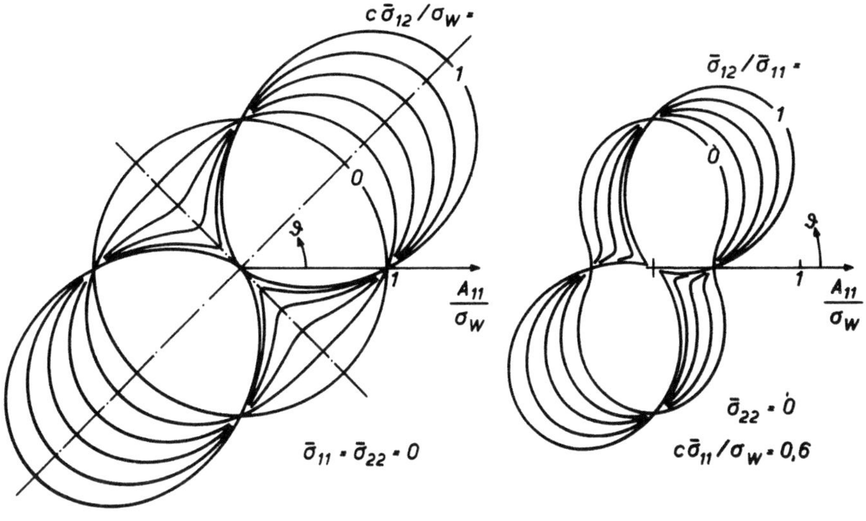

Abb. 3

die Überlagerung der statischen Schubspannung $\bar{\sigma}_{12} = \sigma_W$ mit einer harmonisch schwingenden Normalspannung der Amplitude $\tilde{\sigma}_{11}$ für c = 0,5 zeigt. Hier versagt die Werkstoffaser mit der Orientierung $\vartheta_{kr} = -26{,}6^{\circ}$, da bei der kritischen Belastung $\tilde{\sigma}_{11} = 0{,}75\ \sigma_W$ an dieser Stelle die innere Normalspannungsamplitude $\tilde{\sigma}^*_{11}$ (ϑ) die Schwingfestigkeit A_{11} erreicht.

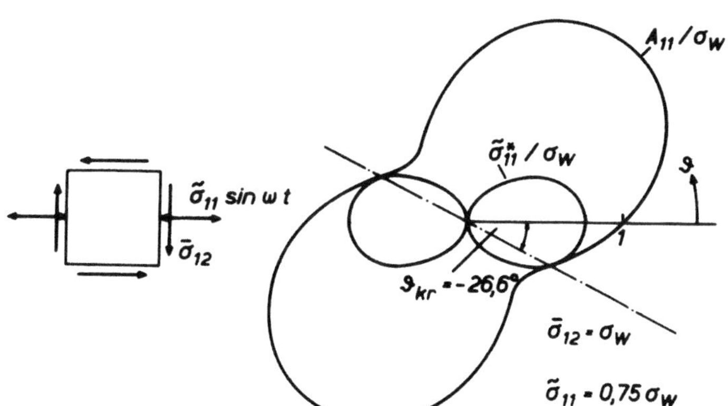

Abb. 4

Allgemein läßt sich die Versagensbedingung nach dieser neuen Auffassung der Normalspannungshypothese durch Optimierung nach Zeit und Orientierung mit der Linearkombination geschlossen darstellen:

$$B_{11} + B_{22} - B_{11}\, B_{22} + B_{12}^2 = 1, \tag{2a}$$

$$B_{ij} = (\tilde{\sigma}_{ij} + c\,\bar{\sigma}_{ij})/\sigma_W \;. \tag{2b}$$

Entsprechende Überlegungen führen zu einer neuen Auffassung z.B. der Schubspannungshypothese unter Berücksichtigung des anisotropen Ermüdungsverhaltens.

Durch den Ansatz

$$g_{ijkl}\, \tilde{\sigma}^*_{ij}\, \tilde{\sigma}^*_{ij} = 2\, f\, (\sigma^*_{ij}) \tag{3}$$

läßt sich eine allgemeine Versagenshypothese aufstellen /3, 4/. Für f = 1 und orthotrope Anisotropie ergeben sich die g_{ijkl} besonders einfach, z.B. $g_{1111} = 2\, A_{11}^{-2}$. Für ein Belastungsbeispiel (Überlagerung von statischer Normalspannung mit wechselnder Schubspannung) zeigt Abb. 5 für beliebig orientierte Werkstoffasern die Amplitude $\tilde{\sigma}_{12}$ der Lastschubspannung, die nach Gl. (3) zum Versagen führt. Die Minima dieser Funktion liefern die kritischen Orientierungen ϑ_{kr} und die zugeordneten kritischen Schubspannungsamplituden $\tilde{\sigma}_{12}$. In Abb. 6 werden die Ergebnisse $\tilde{\sigma}_{12} \underset{\text{def}}{=\!=} \tau_a$ nach Abb. 5 mit Meßwerten /2/ für Stähle verglichen.

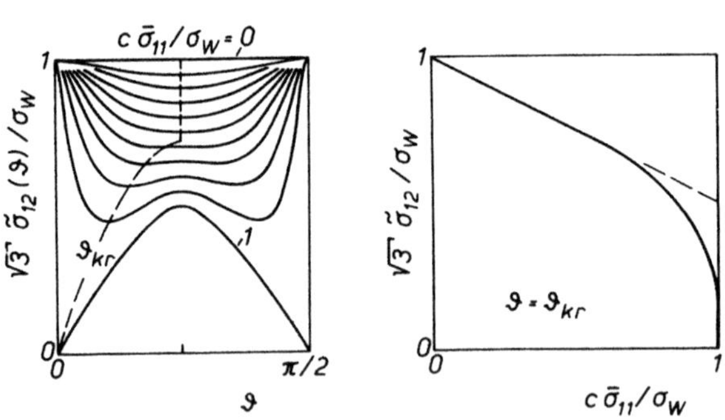

Abb. 5

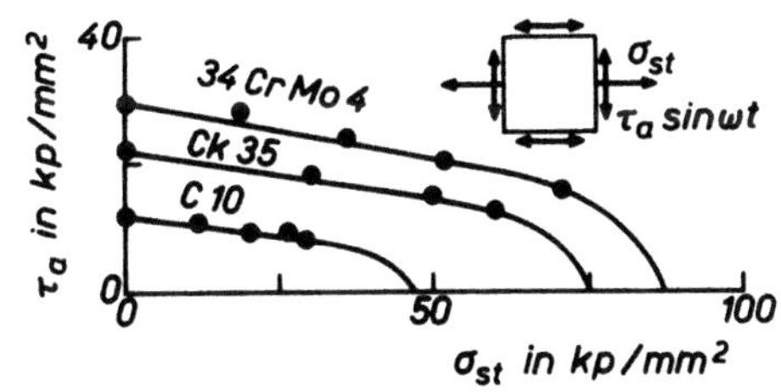

Abb. 6

Bei anisotropen Werkstoffen läßt sich das Versagen in entsprechender Weise erfassen. Je nach Lastspannungskombination und Orientierungsabhängigkeit der maßgeblichen mechanischen Eigenschaften ist sogar A_{11} = const. vorstellbar: In diesem Fall schwingen dann im Gegensatz zu dem hier behandelten anisotropen Schwingverhalten isotroper Werkstoffe anisotrope Werkstoffe isotrop.

Literatur

1. Sines, G.: Behavior of Metals under Complex Static and Alternating Stresses. Metal Fatigue, edited by G. Sines and J.L. Waisman, New York, McGraw-Hill Inc. 1959.
2. Dietman, H., und F. Baier: Spannungszustand und Festigkeitsverhalten. 2. Teil: Schwingbeanspruchung. Techn.-wiss.-Ber.-MPA Stuttgart H 71-02 (1971).
3. Troost, A.: Anwendung von Fließbedingungen auf schwingende Beanspruchung. Vortrag 23.2.1970, VDEh,Duisburg.
4. Troost, A., und E. El-Magd: Versagenskriterien metallischer Werkstoffe bei mehrachsiger schwingender Beanspruchung. Z. Flugwiss. 21, 146-147 (1973).
5. E. El-Magd und A.Troost: Anisotropes Schwingverhalten metallischer Werkstoffe. Z. Metall, im Druck.

Anschrift der Verfasser: Professor Dr.-Ing. Alex Troost und Dr.-Ing. Essam El-Magd, Rheinisch-Westfälische Technische Hochschule Aachen, Institut für Werkstoffkunde, D-5100 Aachen, Bundesrepublik Deutschland.

SACHVERZEICHNIS

VERZEICHNIS DER WERKSTOFFE

GPSR Compliance

The European Union's (EU) General Product Safety Regulation (GPSR) is a set of rules that requires consumer products to be safe and our obligations to ensure this.

If you have any concerns about our products, you can contact us on ProductSafety@springernature.com

In case Publisher is established outside the EU, the EU authorized representative is:

Springer Nature Customer Service Center GmbH
Europaplatz 3
69115 Heidelberg, Germany

Batch number: 10584556

Printed by Printforce, the Netherlands